制造业高端技术系列

硅表面可控自组装制造技术及仿真

史立秋　著

机 械 工 业 出 版 社

本书介绍了以机械-化学方法为主要加工手段，在单晶硅表面制造形状、位置和功能可控的自组装微纳结构技术，分析了硅表面可控自组装微纳结构的形成机理，建立了可控自组装微加工系统。为了获得较好的机械刻划表面，分别使用有限元仿真和分子动力学仿真技术模拟和分析了金刚石刀具对单晶硅表面进行切削的过程，并针对仿真结果，分析了刀具几何参数和切削参数对切削过程的影响，确定了最佳刀具几何参数和最优切削参数。同时，利用建立的微加工系统，在单晶硅表面制备了自组装微纳结构，进行了微观的摩擦性能和黏附性能检测，从微观角度为硅表面的功能性微纳结构在 MEMS/NEMS 中的应用提供了依据。

本书适合从事超精密加工技术、微纳制造技术研究的科研工作者、工程技术人员或高校教师、研究生、本科生阅读。

图书在版编目（CIP）数据

硅表面可控自组装制造技术及仿真 / 史立秋著 . 北京：机械工业出版社，2024. 11. --（制造业高端技术系列）. -- ISBN 978-7-111-76763-3

Ⅰ. TQ127.2

中国国家版本馆 CIP 数据核字第 2024JF6233 号

机械工业出版社（北京市百万庄大街22号　邮政编码100037）

策划编辑：周国萍　　责任编辑：周国萍　刘本明

责任校对：李　杉　张　薇　　封面设计：马精明

责任印制：李　昂

北京捷迅佳彩印刷有限公司印刷

2024 年 11 月第 1 版第 1 次印刷

169mm×239mm・12 印张・215 千字

标准书号：ISBN 978-7-111-76763-3

定价：79.00 元

电话服务

客服电话：010-88361066

010-88379833

010-68326294

网络服务

机　工　官　网：www.cmpbook.com

机　工　官　博：weibo.com/cmp1952

金　书　网：www.golden-book.com

机工教育服务网：www.cmpedu.com

前 言

自20世纪80年代末以来，纳米技术在信息、材料、生物、微电子和微制造方面显示出越来越重要的应用前景，已成为世界关注的重要科技前沿之一。硅在微电子领域已成为当今最重要的基础材料，随着纳米科学技术的发展，在硅表面设计和构筑具有特定功能和性质的纳米结构成为人们十分感兴趣的研究热点。而且随着电子器件越来越小型化，人们对纳米结构的需求也越来越迫切，需要对其进行广泛的探索和研究。通过自组装技术，以纳米材料为单元，能有效地构筑纳米或微米尺度上的功能结构。超精密加工技术水平的高低一向是评价世界国家制造技术水平的标准。随着时代的进步和技术的快速发展，国防、航空以及其他高新技术领域对加工材料的高表面质量的需求相当急切。研究超精密加工和纳米加工，利用新的理论来提高加工精度都将是未来的研究趋势和热点，而且极为迫切。本书提出一种新的微纳结构制造方法，以“割草种花”为主要手段，在有机溶液中对单晶硅表面构筑形状、位置和功能可控的微纳结构，并采用仿真分析研究微纳刻划过程，获得最优加工参数。

本书共分8章，每一章节的内容环环相扣，前后呼应，一气呵成，总体叙述了微纳制造技术中可控自组装微纳结构的新方法，对单晶硅超精密刻划过程进行仿真分析，建立超精密加工系统进行可控自组装实验研究，既有基本原理和公式的阐述，也有对该领域国内外现状的分析介绍。书中数据是作者本人及所带研究生研究工作的汇集，同时对一些科学现象加以挖掘，对一些基本原理进行深入浅出的解释。

本书主要内容为：第1章绪论，介绍目前纳米技术的发展以及微纳结构制造的国内外现状，提出一种硅表面微纳结构加工的新方法——机械-化学方法，并分析利用有限元和分子动力学对加工过程进行模拟分析的优势；第2章硅表面可控自组装的反应机理分析及微加工工艺，主要介绍利用量子化学模拟从理论角度分析自组装的过程，并建立微加工实验系统进行加工工艺研究；第3章单晶硅机械刻划有限元理论及模型建立，介绍了金刚石超精密切削单晶硅的切削机理，有限元法的基本思想和计算流程，利用大型商业有限元软件Marc建立了金刚石超精密切削单晶硅的二维有限元仿真模型；第4章单晶硅机械刻划过程的有限元仿真，主要介绍运用Marc对平面应变状态下的单晶硅塑性域加工的超精密切削模型进行分析研究，分析刀具几何参数和切削参数对切屑形成的影响，预测切削力、切削温度以及应力受刀具几何参数和切削参数改变的影响，使用优化后的切削加工参数对单晶硅的三维正交超精密切削过程进行研究；第5章单晶硅超精密切削的分子动力学仿真分析，对分子动力学模拟方法进行了简单介绍，讨论确定了模拟的初始条件，并建立了单晶硅纳米切削的三维仿真模型，在三维图像中从原子瞬时位置、温度和原子间势能等方面探讨单晶硅切削过程中材料去除方式与已加工表面的成形机理，主要介绍切削深度、切削速度、刀具前角和刀尖形状等因素对硅表面切削过程的影响；第6章硅表面可控自组装微纳结构制造，介绍利用建立的微加工系统在芳香烃重氮盐溶液中进行硅表面可控自组装实验，分别使用原子力显微镜（AFM）、扫描电子显微镜（SEM）、X射线光电子能谱（XPS）、红外光谱和飞行时间二次离子质谱（TOF-SIMS）对制造的自组装微纳结构进行检测和分析，从实验角度验证芳香烃重氮盐在硅表面进行可控自组装的反应机理；第7章硅表面可控自组装微纳结构的纳米力学性能检测，介绍基于AFM建立一套摩擦性能测试系统及软件，在考虑外界湿度、扫描速度等因素的前提下，并基于机械-化学方法在单晶硅（100）表面制备的芳香烃微纳结构的摩擦和黏附性能，期望从微观角度为硅表面制造的功能性结构在MEMS/NEMS中的应用提供依据；第8章硅表面可控自组装微纳结构的应用，将基于机械-化学方法的硅表面可控微纳结构制造技术应用在三个方面进行介绍，并分析其可行性，包括①在单晶硅（100）表面制备耐腐蚀的掩膜，进行三维微结构的加工；②实现硅表面DNA探针的有效固定，为DNA生物传感器的构建和DNA芯片的制作奠定基础；③在硅表面连接单臂碳纳米管。

本书适合从事超精密加工及微纳制造技术的科研工作者、工程技术人员或高校教师、研究生、本科生阅读。

本书得到了著者单位浙江水利水电学院南浔创新研究院（“南浔学者”项目RC2023010918）、浙江水利水电学院机械工程学院、浙江省科技厅（浙江省重大科技计划项目2021C03019、浙江省基础公益研究计划项目LZJWD22E090001、浙江省自然科学基金项目MS25E050008）的支持，在此表示感谢！

尽管著者为本书付出了十分的心血和努力，但书中难免存在一些疏漏和欠妥之处，敬请广大读者批评指正。

史立秋

2024年9月

目　录

第 1 章

绪　论

纳米技术是以纳米科学为基础，研究结构尺度在 0.1 ～ 100nm 范围内材料的性质及其应用，制造新材料、新器件，研究新工艺的方法和手段。纳米技术以物理、化学的微观研究理论为基础，以当代精密仪器和先进的分析技术为手段，是现代科学和现代技术相结合的产物。在纳米领域，各传统科学之间的界限变得模糊，各学科高度交叉融合。

微纳制造技术是一种将微米、纳米级别的结构制造出来的技术，它已经发展成为多种多样的技术，如光刻、薄膜沉积、电子束曝光、原子层沉积、纳米压印等。目前，微纳制造技术广泛应用于微电子、光电子、生物医学、新能源、新材料等领域，已经成为当今最前沿的技术之一。在微电子领域，微纳制造技术的应用包括微流控芯片、生物芯片、仿生材料等，发展趋势朝着多功能化、多层次化、高精度化、智能化和可持续化方向发展。

随着纳米科学技术的发展，设计和构筑具有特定功能和特性的纳米结构成为纳米器件研制的研究热点。而且随着电子器件越来越小型化，人们对纳米结构的需求也越来越迫切，为此进行了广泛的探索和研究。目前，纳米结构的制备主要有两种途径：“自上而下”的高分辨刻蚀技术和“自下而上”的直接组装工艺。“自上而下”的方法是由微电子技术中的常规光刻技术发展而来。该方法是将大块材料经改性或者分割成较小的所需形状，过程中通常涉及去除或蚀刻工艺以获取最终的形状，如常规的光刻技术。“自下而上”的方法是采用分子尺度材料作为组元去构建新一代功能纳米尺度装置的新的制作方法。随着纳米科技的发展，纳米制造技术的研究正致力于采用自下而上的化学构筑方式代替传统的自上而下的加工技术，这预示着未来装置的集成将依赖于纳米尺度材料，其中包括大分子（诸如 DNA 分子）和低维纳米结构（如金属颗粒和单层）。由于“自下而上”的方法无法实现形状和位置的可控自组装，因此发展受到了一定的限制。

随着纳米技术热的空前高涨，需要多种多样的制造方法，侧重点应放在成本低廉、使用方便的方法上。机械 - 化学相结合的方法应运而生，首先通过金刚石刀具刻划，使单晶硅表面的化学键如 Si—O 或 Si—H、Si—Si 键断裂，形成硅

的自由基，以引发它们与溶液中含有的有机分子共价键结合进而形成微纳结构。该方法是将“自上而下”的高分辨刻蚀技术和“自下而上”的化学自组装工艺结合起来，实现了机械刻划和纳米修饰一步完成。利用该方法不但可以在单晶硅基底上制备具有特殊性质、特殊功能的特定结构，实现形状和位置的高度可控，而且大大提高了制造自组装结构的效率。因此，为了利用机械 - 化学方法在硅表面制备形状和位置可控的功能性自组装微纳结构，本书首先通过建立一套能够在溶液中进行工作的微加工系统，从理论和实验两方面研究芳香烃重氮盐分子在硅表面的可控自组装机理，实现硅基底上微纳结构的制造，并对金刚石刀具超精密切削过程即单晶硅在溶液中“自上而下”的加工过程进行模拟仿真研究，综合分析优化切削参数以及确定刀具参数，得到较高质量的单晶硅衬底，为加工高质量的微纳结构提供一定的依据。此外，基于原子力显微镜（Atomic Force Microscope，AFM）系统建立一套 AFM 外部控制系统及软件，对制备的微纳结构进行纳米摩擦性能和黏附性能的检测；通过在硅表面制造带有不同末端基团的芳香烃结构，研究了机械 - 化学这种可控微纳结构制造技术的实际应用，可以用来制备硅表面抗腐蚀的掩膜，以及在硅表面固定 DNA 和连接碳纳米管。该技术为构筑以分子为结构单元的纳米结构或器件提供了一条合理的途径，对推进化学、生物电子器件的发展将会有极其重要的意义。

1.1　硅表面微纳结构加工技术

硅在微电子领域已成为当今最重要的基础材料。在电子商品中，几乎所有微处理器的集成电路都依赖于单晶硅片。目前能够实现硅表面微纳米尺度的加工技术，以加工方法来分可分为“自上而下”的刻蚀技术和“自下而上”的自组装技术。微纳米级刻蚀技术通常是指用于微电子技术中的基于半导体材料的加工技术，如各种光刻技术、三束加工技术和扫描探针显微技术；而“自下而上”的微纳米制备技术，主要包括目前研究较多的自组装技术、LB 法和分子沉积法等。

1.1.1　“自上而下”的刻蚀技术

自上而下的微纳米结构加工技术主要有 LIGA 技术、三束加工技术、微小机床的加工技术及 SPM 刻蚀技术等，下面逐一简介其发展状况。

LIGA 技术是 20 世纪 80 年代初在德国卡尔斯鲁尔原子能研究中心为提出铀 -235 研制喷嘴结构的过程中产生的。该技术是由半导体光刻工艺派生出来的，采用光刻方法一次生成三维空间微机械构件的方法。目前，采用 LIGA 技术可以制造各种各样的微器件和微装置，加工的材料可以是金属（含合金）、陶瓷、聚合物和玻璃等。这项技术是当前微小零件加工制作的主要技术，得到了十分广泛的应用。LIGA 技术的局限在于很难加工出三维的微小结构，LIGA 工艺所需要的 X 射线同步辐射光源比较昂贵和稀少，致使其使用受到一定的限制。

以电子束、光子束、离子束为代表的能量束微加工技术与微电子、光电子技术相互促进，取得了飞速发展，成为制造纳米结构的常用方法。电子束刻蚀技术可以通过一个在 50 ～ 100kV 电压下工作的商业 SEM 和 TEM 设备产生电子束。一般的电子束光刻系统有两种工作方式：电子束直写和投影曝光。电子束直写方法因为电子束直径很小，而制作集成电路的圆片又很大，利用这种方法光刻的分辨率虽然很高，但效率很低，通常用于制备高分辨率的掩模版，很难适用于大规模批量化生产。目前很多新颖的电子器件，如量子点、量子线等都是采用电子束直写技术来制备的。电子束投影曝光除了制作掩模版外，也可以像 DUV 一样经掩模版进行投影曝光。但电子束曝光技术面临的主要问题是低的生产率，以及库仑相互作用、邻近效应、热效应等物理效应的影响。离子束技术和电子束技术一样面临着众多的困难，例如它们都需要将带电粒子通过掩模版照射到涂有光刻胶的硅片表面，与传统工艺相比，都需要在真空中进行等。

以上介绍的微加工技术都是基于物理作用而形成的结构或零件，另外一种加工方法是采用传统的超精密加工的手段：采用超精密机床及微小刀具来实现微小尺寸零件的加工。如 Takeudi 在玻璃表面进行极薄切削（铣削），加工出直径仅 1mm 的三维人脸。Egashira 提出了一种工件振动的微超声波加工方法，在石英玻璃和硅上加工出直径为 5μm 的小孔。Kitahara 等人开发出世界上第一台微型车床，体积为 $32\times25\times30.5\mathrm{mm}^3$，质量约 0.1kg，主轴电动机额定功率为 1.5W，切削黄铜获得表面粗糙度 *Ra* 为 1.5μm，圆度为 2.5μm。国内哈尔滨工业大学已经建立了一台微型机床，并加工出 3mm 的三维人脸。与其他微加工方法相比，由于没有采用高能量束加工方法，这种方法在加工三维结构和获得高的加工精度方面具有很大的优越性。

扫描探针显微镜（Scanning Probe Microscope，SPM）的主要用途是测量物体表面的微观三维形貌和结构。然而随着研究的深入，人们发现通过控制探针与表面之间的作用，在纳米级甚至原子分子级范围内可以改变物体表面的结构，从而将其从测量领域扩展到纳米加工领域。其中以 AFM 的机械去除和扫描隧道显微镜（STM）的纳米刻蚀技术尤为突出。AFM 机械去除是通过针尖与表面的原子间作用力测量表面形貌的，因此在接触模式下通过增加针尖与表面之间的作用力会在接触区域处产生局部结构变化，当材料的变形超出其屈服极限时，表面将产生塑性变形，这就是采用机械去除加工方法的基本原理。基于 AFM 微探针机械去除加工法主要包括两种方式：其一，采用弹性系数为 10 ～ 100N/m 的硅或者氮化硅悬臂梁，探针半径为 10 ～ 30nm，这种探针可以在较软的金属、聚合物、单分子膜等材料表面加工纳米结构；其二，采用端部粘有金刚石针尖的不锈钢悬臂在样品表面进行加工，不锈钢悬臂梁的弹性系数可达 100 ～ 300N/m，针尖端部半径为 30 ～ 50nm，因此采用这种悬臂时可加工的材料范围很广。目前基于这种机械直接去除方法的研究主要集中在摩擦磨损方面，而在纳米加工方面则主要集中在二维规则图形、功能电子器件的加工制作和微修复等方面。STM 是通过调节作为反馈信号的隧道电流来控制针尖和样品之间的距离。减小偏压或增加隧道电流均可使针尖更接近样品表面，直至与样品接触。STM 纳米刻蚀使用的基底材料主要是半导体材料，这主要是考虑到这类材料成熟的处理工艺及其在电子器件、传感器等领域的潜在应用前景。Marrian 等研究了在 Si（100）表面上多种自组装单层（Self-assembly Monolayers，SAMs）的刻蚀工艺，通过改进，他们获得了 15nm 的分辨率。Sugimura 和 Nakagiri 则利用多步修饰技术制备了含有两种不同有机硅烷单分子膜的共面纳米结构，他们首先在基底上生长一层有机硅烷单分子膜，然后利用 STM 针尖施加电位，在吸附水的作用下发生电化学局部降解。随后，这部分区域可以再吸附另一种有机硅烷分子，这样就在基底表面生成了双组分、纳米级的自组装膜图案，这一过程实现了纳米结构在特定区域的增长，并可以进一步作为其他功能材料定位生长的模板。目前所有基于 SPM 技术的主要挑战是如何在保持高分辨率的情况下提高探针的扫描速度，从而促使 SPM 加工技术的商用化。虽然出现了像 IBM 的“百足虫”结构和 DPN 多针尖技术的多针尖并行制造系统，但如何精确控制并行系统中的每个针尖还是个难题。

随着器件特征尺寸的不断缩小，特别是进入纳米尺度的范围内，上述技术将面临很多挑战，既有来自基本物理规律的物理极限，也有来自于材料、技术、器件和传统理论方面的物理极限。上述技术和改进措施导致成本增加，市场对成本增加是难以接受的。能否在提高单位芯片面积上的功能数的同时而又维持成本不变，甚至有所降低，这将是考验摩尔定律能否继续有效的试金石。不论摩尔定律再能延长多久，CMOS 终归要走向尽头，达到发展的终点。这使得人们不得不考虑其他方法来替代现有的光刻系统，提出能够高效、低成本、适合规模化生产的新兴技术作为微纳尺度的加工技术。

1.1.2 “自下而上”的自组装技术

随着集成电路技术的飞跃发展，微细加工水平已经达到半导体微电子器件的材料极限，这促使人们以极大的热情去发展各种新材料的纳电子器件及其加工技术。化学工作者们成功地合成功能分子（Functional Molecular，FM）并由此组织成超分子基团功能体系，这是一种自下而上、由小而大的制作方向，即由原子、分子及其集合体向较大尺寸“合成”出器件的单元结构，并进而组织成器件。在得到功能分子后，如何将其组合成一定的器件结构，即如何形成一定的有序结构，甚至阵列结构，是决定这第二类加工技术是否能真正成为纳米器件加工技术的关键因素。将FM形成有序结构的技术主要为气液相外延技术、Langmuir-Boldgett（LB）技术、自组装（Self-Assembly，SA）技术，以及电化学技术等。其中，SA技术因其具有高稳定性（相比于LB技术而言），层间分子中心对准，可实现2D或3D有序的超晶格结构；可仿自然生物膜形成BLM以及S-BLM；有机、无机分子以及大分子、小分子等都可适用，关键在于分子头尾基功能团的设计以及附着基底表面的处理；同时还具有方法简单，无须复杂、昂贵的处理设备（相比于半导体气液相外延而言）的特点，受到广泛的关注。

利用SA技术制造微纳米结构最为活跃的技术是SAMs技术，其作为一种制备超薄有序膜结构的新技术，不仅为研究表面和界面现象提供了能在分子水平上精确控制界面性质的理想方法，而且是人工设计能获得特定功能膜材料的有效方法，从而迅速成为界面催化、化学及生物传感、防腐蚀等方面的研究重点。自组装单层是分子通过化学键自发地在固/液或气/固表面形成的有序膜结构，其研究已形成许多体系，可以在不同的基底表面组装不同的分子。根据基底材料和组装分子种类的不同，主要分为以下几类：①脂肪酸类在Ag、AgO、Al_2O_3和CuO表面的SAMs；②有机硅烷类在Si、SiO_2和硅聚合物表面的SAMs；③有机硫化合物在Au、Ag等金属和GaAs、InP等半导体材料表面的SAMs；④ R_3SiH在Ti、Ni、Fe、Mo等金属表面的SAMs。其中，有机硅烷在Si表面和硫醇在Au表面的分子自组装是研究最多的体系。近年来，随着纳米科学的兴起以及人类对微观层次理解的加深，人们对自组装单层行为进行了广泛而深入地研究，无论是在膜的稳定性、有序性和制备工艺上，还是在成膜的多样性和复杂程度上都有了长足的进步。

1995年，Linford、Childsey等人第一次报道了在氢终止硅表面制备稳定致密单层膜的方法。Si很容易被HF或NH_4F腐蚀得到平整的氢终止的表面，Si—H表面在加热条件下可以与烯烃、炔烃反应生成由共价键连接的Si—C有机膜，这种膜在615K时仍表现出良好的热稳定性；另外，多种检测手段如红外、X射线光电子能谱、椭圆偏振、接触角检测、AFM等证明了这种膜在空气及一些较苛刻的化学条件中，如有机溶剂、强酸中煮沸回流、超声等都是稳定的。此外，还有其他修饰硅表面的方法。如1997年，Wagner提出光化学的方法，用紫外光引发自由基反应生成稳定的Si—C共价键制备致密平整的单层膜等。Wolkow等人报道了苯乙烯分子能够在已经附有氢原子的硅表面上自组装成一排排有序的队列。首先使硅在高真空中得到一光滑的表面，然后在这个表面上连接氢原子，接着利用扫描隧道显微镜从硅的表面上除去单个的氢原子，从而得到一个不稳定的硅单键，这样就提供了苯乙烯分子能够连结的场所。Wolkow 所做的是一种可应用于商业的方法，如果这些类似的有序队列能够通过一些能传输电子的分子而制得的话，就能够在预先已制得的硅表面上自组装形成只有一个分子宽的导线。

国内一些学者也在硅基底表面自组装方面进行了大量的研究。王金清、杨生荣等人通过自组装在硅表面制备有机硅烷 /Ag_2O 纳米微粒复合膜，对单晶硅表面进行了硅烷化处理，获得了较均匀的硅烷化表面（APS/SAMs），采用分子自组装成膜技术成功使 Ag_2O 纳米微粒组装到硅烷化表面。AFM 形貌分析结果表明，Ag_2O 纳米微粒在 APS/SAMs 表面上呈亚单层分布，这一结果为纳米电子器件的构筑提供实验参考。为了在硅基底上得到不同化学基团修饰的图形，2001 年北京大学物化研究所的赵新生等人在氢终止硅（111）表面运用光刻技术和光化学反应结合来控制表面成膜反应的位置，成功地制备了硅表面上不同头基终止的单层膜的微观图形。2002 年，中国科学院兰州化学物理研究所的周金芳等人通过紫外激发在氢终止的单晶硅表面制得了十八烯的反应膜，并采用接触角测定仪、红外光谱仪、椭圆偏光仪及原子力显微镜等表征了薄膜的结构和摩擦学特性。结果表明，在紫外光照射下，十八烯在硅表面通过键合生成有序反应膜，从而降低硅表面的黏附能和减小摩擦。

利用“自下而上”的自组装来合成新材料是一种新的方法，它在制造高质量、大数量及结构与性质可控的新材料上有着巨大的潜力。传统的材料制备遵循“自上而下”的原则，这样的做法存在着许多弊端。自组装所采用的却是“自下而上”的模式，合理利用特殊分子结构中所蕴含的各种相互作用，分层次地逐步生长，最终巧妙地形成多级结构，自组装法必将对纳米科技起到积极的推动作用。

1.2 机械 - 化学方法制备功能化纳米结构

“自上而下”的刻蚀技术有其自身的加工局限性，而“自下而上”的自组装技术只能制备特定的图形结构，并不能按照人们的设计得到形状和位置高度可控的无缺陷功能性结构，这就需要外加条件对其调控，将“自下而上”的自组装技术与现有的“自上而下”的微结构加工技术相互结合制备具有复合图形结构的功能性器件，使得两者的优点均充分发挥出来，因此“机械 - 化学”相结合的制造技术应运而生。在机械 - 化学实验中，按照人为的设计通过机械刻划达到微纳结构在形状和位置上的可控，同时结合化学自组装技术在刻划的结构上共价连接具有不同末端基团的有机分子，实现硅表面的功能化。该技术实现了硅表面图形化和功能化的一步完成，是纳米结构制备追求的重要目标之一。

1.2.1 硅表面可控自组装微纳结构制造技术

利用半导体材料硅片或与硅相关的物质（二氧化硅等）为基底的自组装技术是一项很有前景的微纳结构制备技术，利用该技术可以进行硅表面防护及修饰，降低摩擦作用，改善表面及其他性质（如亲油或亲水性质）等。目前主要有两种方法在硅表面制造 SAMs 微纳结构：一种是利用 Si—O—Si 键，即通过在预氧化的硅表面上发生硅烷耦合反应；另一种是直接利用 Si—C 键，即通过在氢终止的硅表面上发生热的、光化学的或电化学的反应。后一种方法更加具有吸引力，是由于：①和 Si—O—Si 键相比，Si—C 键更不容易水解；②有机分子直接结合在单晶硅表面的 Si 原子上，后一种方法的制备具有更高的结构顺序；③前一种方法中对于氧化物厚度的控制比较困难。由于这类 SAMs 结构的有序性和常温下的高稳定性，尤其是所制得的功能 SAMs 具有纳米尺度结构和界面性质，适于构建传感界面和用于生物活性物质的固定，并且硅基是集成电路和芯片技术的基本材料，故很受生物传感器和生物芯片研究者的青睐。

利用机械 - 化学方法在硅表面制造自组装微纳结构，这一过程在液态环境中进行，先通过机械刻划（如 AFM 针尖刻划、金刚石刀具刻划、钨碳合金球刻划等）使单晶硅表面的化学键如 Si—O 或 Si—H、Si—Si 键断裂，形成硅的自由基，进而引发它们与溶液中含有的有机分子共价结合以形成微纳结构，如图 1-1 所示。这样，硅基底上经过刻划的地方将引发聚合生长，实现了形状和位置可控的自组装结构制造技术，解决了单独应用自组装技术的弊端，而且用机械 - 化学方法在硅片表面刻划生长的微纳结构在空气、水、热酸和 X 射线条件下的稳定性很好，这就使得它具有更好的应用前提。

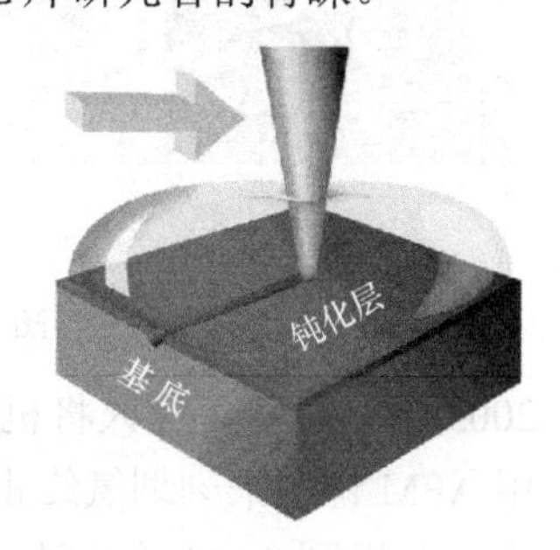

图 1-1 基于机械 - 化学方法制备纳米结构的示意图

2001 年，杨百翰大学化学系的 Niederhauser 等人在烯烃和炔烃的有机溶剂中用金刚石刀尖在 2 ～ 3N 力的作用下刻划硅表面的氧化层，制成了疏水栅栏，并用水和甲醇混合液滴进行了实验，如图 1-2a 所示。SEM 图像显示刻划的图形特征很不规整，宽度约 100μm，深度约 5μm。2002 年，Niederhauser 等人将这一方法扩展到在同一个硅表面制得不同种烯烃单层结构，如图 1-2b 所示。这种混合单层结构研究的目的是为了更加容易地通过多种官能团进一步地修饰表面，制造更先进的材料。2003 年，Lua 等人首先将氢终止的 Si（111）表面用十六烯溶剂浸湿，然后用 1/32in（0.8mm）大小的钨碳合金球（粘结到一个短的金属棒上）代替金刚石刀具刻划浸湿的 Si（111）片（在合理的刻划力下，钨碳球甚至能避免穿透硅表面的氧化层），表面图形特征可以小于 50μm 宽，并且有亚微米级的边线表面粗糙度。更引人注目的是，图形深度只有几个纳米。用该方法制造了 10 ～ 20Å（$1Å=10^{-10}m$）深度的微型疏水栅栏，栅栏内部通过浸入 50:50 的 NH_4OH/H_2O_2（体积比）溶液中使其亲水，制成的栅栏可以侵入胶体碳、半导体纳米颗粒和 DNA 溶液中，取出后这些物质可以沉积进栅栏内部。这项技术可以用来沉积矩阵材料于疏水栅栏内，用于 MADLIU 能谱分析。

a）炔烃

b）戊烯到十八烯的一系列烯烃

图 1-2　刻划硅得到的栅栏

2003 年，Mowat 等人将机械 - 化学方法扩展到更小尺寸的表面功能化，主要是用 AFM 针尖来刻划氢终止的硅表面，用 5μN 力能得到 30nm 宽的直线。这个技术需要用到 AFM 液体池，将针尖和硅基底浸入辛醇等溶剂中。AFM 针尖比以前用到的刻划工具都小，改善了力的控制，减小了表面损害，有利于加工尺寸的控制。2005 年，Cannon 等人改进了机械 - 化学刻蚀过程中用的金刚石刀具的刀尖把持机构，或者末端微进给机构，使其可以更好地控制刻划力。用金刚石刀尖结合末端进给机构，可以 0.08N 力刻划出更窄的特征线（1 ～ 10μm）。高的刀尖力下刻划的直线 8 ～ 15μm 宽、5μm 深；低的刀尖力下刻划的直线 8μm 宽，小于 1μm 深。目前，用金刚石针尖以最轻的力刻划得到的图形深度有 0.1μm，但表面粗糙度仍然是个问题。2007 年，Li Yang 等人综合上述方法分别用金刚石刀具和硬质合金球在 1,9- 十二烯、葵稀和辛烯溶液中刻划氧终止的硅表面和氢终止的硅表面制得了均匀的石蜡单层和混合单层。

使用边刻划边生长这种机械 - 化学相结合的方法制备自组装单层微纳结构不同于以往的常用方法，比如加热氢终止的硅片，使 Si—H 键断裂再和烯烃、炔烃等有不饱和键的溶液反应生成由共价键 Si—C 连接的有机膜，也不同于紫外线光引发自由基产生，生成稳定的 Si—C 共价键制备致密平整的 SAMs。虽然这种光照的方法比加热法要方便、快捷，但它一般并不能实现硅片的可控自组装。这种用机械 - 化学方法修改，或者是刻划硅的方法，已经证实是能同时得到功能化和成形硅表面的成本最低、速度最快的方法。

目前，提到的机械刻划方法中，用 AFM 针尖进行刻划时，虽然能加工出表面质量较好的纳米结构，但加工范围较小，效率较低，造价较高；而用金刚石刀具刻划，虽然可以提高加工效率，但难以保证微结构有较好的表面质量。因此，需要建立一套适合在溶液中加工微纳结构的系统。同时，机械 - 化学方法中用的有机溶剂大多利用醇类、炔烃、烯烃等长链分子，这主要是由于，一方面实验中长链分子的检测易于短链，另一方面长链分子可以形成高度有序的结构。但是，这些溶剂在硅表面制备的 SAMs 结构应用范围较窄，后续应用较少，主要受到 SAMs 头基的限制。溶剂的选取应考虑到与硅表面容易组装，生长的结构稳定性好，最主要的是后续应用要广泛。

短链分子因其头基的多样性和灵活性，逐渐被人们所认识，并且吸引越来越多研究者的兴趣。其中，芳香族重氮盐因其重氮基可以被其他基团取代，生成多种类型的产物，近年来许多研究者把芳香烃重氮盐有机分子通过电化学方法应用到硅基底上，通过这一中间介质可以实现硅 - 金属、硅 - 生物分子以及硅 - 碳纳米管的连接。

2003 年，Wacaser 等人用末端为羧基的芳香烃重氮盐在硅表面生成自组装膜。由于羧基带有很强的吸电性，研究在其上吸附铂离子，然后用电化学还原的方法把铂离子还原为铂原子，就实现了金属离子在自组装膜上的固定。此方法可以用来研究制备纳米导线或其他功能部件，还可以用来指导在固体基底上组装金属和半导体纳米晶体，用以生成光学和光化学传感器。此外，2003 年耶鲁大学的 Reed 等人通过芳香烃重氮盐 4- 三甲基硅基乙炔基氯化重氮苯在氢终止的 n 型 Si（111）面上产生了 4-TMS-EP 分子薄膜，该薄膜修改了界面的电特性，展现出非线性的电流 - 电压特性。在其上能够连接金属，实现了金属 - 分子 -Si 的连接。2005 年，美国莱斯大学的 Chen 等人通过在 2%（质量分数）的 HF 溶液中实时地转化芳基二乙基三氮烯为芳基重氮盐，实现了将芳基分子共价转移到氢终止的 Si（100）面，解决了用传统的电化学反应组装重氮盐薄膜时难以避免产生金属纳米丝的难题，并在此基础上进一步实现了在硅表面共价连接碳纳米管。2006 年，汉城的学者 Bum Keun Yoo 等人将一端为羧基的重氮盐共价连接碳纳米管，之后再通过羧基的强吸电性实现了在银表面自组装功能性碳纳米管。2007 年，美国普渡大学的 Adina Scott 等人通过电化学反应在氢终止的二氧化硅表面组装上一端带有活性基团的重氮盐分子，利用活性基团作为偶联剂实现了金属 - 重氮盐分子 - 硅器件的制造。

上述应用传统的电化学方法在硅表面连接芳香烃重氮盐，不但存在着产生金属纳米丝的难题，而且组装上的结构形状和位置都是不可控的。芳香族重氮盐能够通过共价键连接到经过处理的氢终止的硅表面，硅表面的这种有机自组装单层呈现出很高的电化学钝化和化学耐力，最主要的是它可以作为硅基底和其他分子的偶联层，具有相当重要的使用价值。但在目前所见文献中未见到将芳香烃重氮盐应用到机械 - 化学方法的报道。为此，我们提出将芳香烃重氮盐溶液作为有机溶剂在硅表面利用机械 - 化学方法制造形状和位置可控的微纳结构。

1.2.2 硅表面可控自组装微纳结构的模拟计算

硅表面的自组装单层结构因其优良的光电特性和广泛的应用前景引起人们的极大研究兴趣。由于自组装单层结构的物理尺度在纳米级，因此实验中利用 X 射线光电子能谱（XPS）、红外光谱（IR）、AFM、SEM 等一系列先进的分析仪器只可能对单层结构有一个整体的亚分子水平的了解，而不能在原子水平上对组装结构有所了解。也就是说，目前的实验表征方法仅仅能提供结构的整体宏观性质，而不能更详细地描述多个甚至单个分子在基底表面的空间分布情况，因而人们无法在原子水平上对组装结构有很深的了解。

20 世纪初，量子力学模拟技术的出现为人们从原子水平上了解自组装结构提供了一个平台。由于基于密度泛函理论（Density Functional Theory，DFT）的量子力学模拟具有较高的计算精度，是其他计算方法的基础，在分子和固体的电子结构研究中得到了广泛的应用。量子化学就是用量子力学的原理和方法来研究和解决化学问题，通过量子化学模拟一方面给出了原子水平上的组装图景，加深了对自组装过程的理解；另一方面也对实验研究中可能出现的一些有争议的结论给出明确的答案。

十八烯烃是一种典型的长链分子，也是实验中研究较多的一种分子。实验研究中通过分析红外光谱、接触角、椭圆偏光等数据显示，其可以在 Si 表面形成致密有序膜层，但实验上无法给出进一步的有关组装分子结构的信息。Sieval 等人利用模拟计算对该体系进行了研究。他们使用的力场分别是 UFF 和 PCFF，所用基底模型为 H 原子饱和的四层 Si 基底，其中下面两层固定。计算结果显示十八烷在 Si（111）表面形成的单层膜致密有序，覆盖率应该在 50% 附近，而不是有的文献报道的 97%。

山东大学的苑世领等人利用模拟计算研究了十二烷基在 Si（111）表面的自组装单层膜，通过分析单链结合能的变化，认为 50% 的覆盖率可能性最大，十二烷分子在 Si 表面的排列为“之”字形结构。他们还对酯基终止的单层膜结构做了简单研究，和甲基终止的相比，其倾斜角较小，这主要是由于基团的大小不同所引起的空间位阻效应的不同所致。

南京大学的 Yong Pei 等人，研究了十八醛在 Si（111）表面的吸附，从机理上阐释了该吸附模型是通过 O—Si 键连接而成，而不是 C—Si 键连接。模拟结果显示 $C_{18}H_{36}O$—的表面覆盖率为 66.7% 时，倾斜角为 19°，膜厚为 2.35nm，与实验值（倾斜角为 5°～15°，膜厚为 2.4nm）吻合较好。分析结果认为，通过 O—Si 连接的单层膜覆盖率比通过 C—Si 连接高，主要是空间范德华力的作用，因为—CH_2—基团范德华半径要比—O—的大，当覆盖度高的时候烷烃链相互之间的距离较近，产生了较大的斥力，因此其覆盖度相对较小。另外，键角 Si—O—C（129°）比键角 Si—C—C（113°）大也是造成其覆盖度高的原因。

2001 年，杨百翰大学的 Niederhauser 等人用 Gaussian98 基于第一原理计算了 Si（100）面（48 个原子）和十二烯、十六炔的机械 - 化学反应。他们主要计算了两种材料和硅表面相连时 Si—C 键的键角和键长，结果显示与硅发生反应时炔烃比烯烃更容易而且牢固，计算模型如图 1-3 所示。

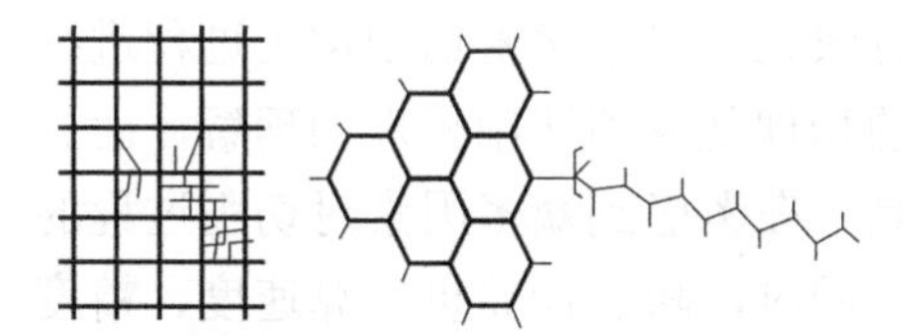

a）十二烯共价连接到硅团簇

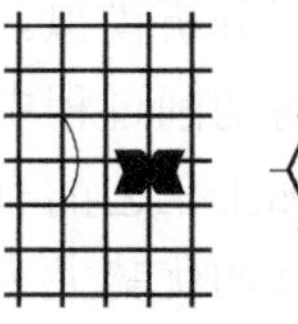

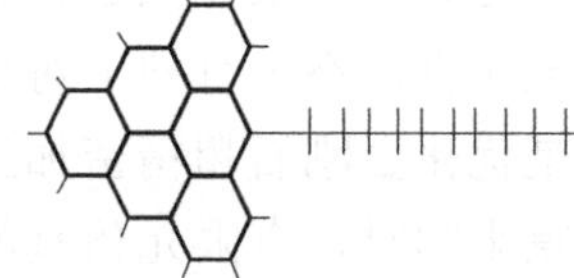

b）十六炔共价连接到硅团簇

图 1-3　模拟计算结果

2002 年，杨百翰大学的 Lua 等人用 Gaussian98 基于第一原理模拟计算了 SiCH3+ 和 SiC2H5+ 序列的单链和三链连接的能量，确定了用机械 - 化学方法在烯烃、炔烃溶液中刻划硅表面可能存在的反应序列，表明单链的 SiCH3+ 比三链的更稳定。

2005 年，杨百翰大学的 Lua 等人用 NW 化学软件包基于 Hartree-Fock 和 DFT 理论模拟计算了 Si（100）面（9 个原子）和氯丁酸的反应，分别计算了中间态、终态和始态间的能量差，结果显示能量是降低的，证明在氯丁酸溶液中在硅表面进行机械 - 化学方法的自组装反应是可行的，模拟结果如图 1-4 所示。

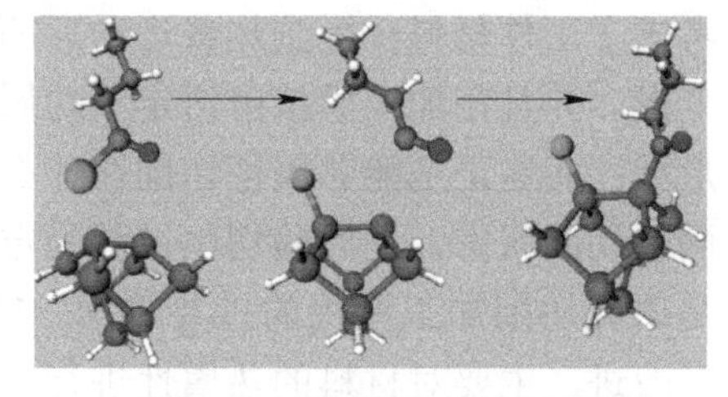

图 1-4　氯丁酸和硅团簇的结构优化模拟结果

目前，对单晶硅表面自组装单层结构的模拟计算研究多集中于对长链分子在表面的自组装结构的研究，而很少有对短链分子（少于5个碳）的研究，这主要是由于实验中对长链分子的研究要多于短链。基于机械 - 化学方法制备自组装微纳结构仍然是一门新兴技术，为了更深入地了解硅表面与重氮盐分子的化学反应方式、反应后组装结构的分子构型，为后续机械 - 化学实验制造自组装微纳结构起到理论指导作用，需要从理论上对相关问题进行探讨和研究。

1.3 单晶硅表面超精密切削的有限元仿真发展现状

应用有限元方法对超精密车削过程进行仿真，可以对切削过程中的物理现象和工件表面质量等进行预测。随着计算机运算速度和性能的大幅提高，为有限元软件运行提供了更好的平台。有限单元法不但自身逐渐完善，而且在与其他技术相结合方面也取得了较大的进展，如三维场的建模求解、自适应网格重划分、耦合问题和开域问题等。有限元法在求解多重非线性等复杂问题和多场耦合方面的强大功能也日趋凸显出来，进而对各种塑性成型加工过程的研究都广泛地采用有限元法进行分析模拟。采用有限元法对超精密切削加工过程进行虚拟仿真，不仅有利于对切削过程中产生的物理现象和切削机理的理解，而且也是优化金刚石超精密加工工艺的有力工具。在考虑到众多因素对切削过程的多重影响时，有限元仿真的优势尤为显著。同时，随着计算机运算速度、精度等技术的发展，以及计算机视觉技术的进步，也势必会促进虚拟仿真加工更深入的研究。

Zienkiewicz 于 1971 年最早采用有限元法研究切削加工过程，当时是采用预先给定形成的切屑形状，随后对刀具加载运动的方法。对刀具加载过程中，被切削材料达到屈服极限，发生塑性屈服的区域沿主剪切平面的扩张情况进行了分析。他的模型没有考虑工件材料变形产生的变形热、刀 - 屑之间的摩擦产生摩擦热，以及工件材料流动应力受温度和应变速率影响的材料热传导特性，只考虑了工件材料在受到加载运动后的刀具的推挤作用，而引发的小位移弹塑性变形。并且在加工模拟前给定了切屑的形状，忽略了切削过程中切屑的形成和形状；而这正是能够表征切削在什么状态下进行的，切屑的不同形状代表着不同的切削状态，是检验切削过程稳定性的一个标准，因此切屑的形成和形状正是研究切削加工过程的重要目标。1976 年，Shirakash 和 Usui 对上述模型进行了改进，主要对材料的热属性进行了进一步的完善。其建立的材料模型考虑了刀 - 屑之间的摩擦，以及工件材料流动应力受应变、温度和应变速率影响的热传导的材料特性。他们预先设定切削过程中材料产生的塑性流动，然后慢慢反复调整模拟过程中切屑的形状，直到符合预先设定的塑性流动状态，以此来得到切屑的形状。他们在模拟过程中采用的这种迭代收敛法（Iterative Convergence Method）获得了成功，建立的材料模型也比较符合实际，这都在后续的研究中得到了进一步的应用和发展。1984 年，Iawa 等采用刚塑性模型，将 Shirakashi 和 Usui 模拟过程中采用的迭代收敛法中的收敛准则改为流场，分析模拟了低速稳态正交切削过程，发现模拟得到的分析结果同实验数据能较好的吻合。在他们的模型里，考虑了材料的加工硬化、刀 - 屑之间的摩擦和切屑的断裂，但是没有考虑切削过程中工件内部应力、切削热产生和影响。

随着有限元方法的发展，国内外学者开始对硬脆性材料的切削加工过程进行模拟仿真，众多学者使用有限元静力学的方法来研究。1991 年，日本的 K.Ueda 等人使用断裂力学分析和静力学加载的方法，通过有限元模拟和实验验证研究了几种陶瓷发生脆 - 塑性转变的临界切削深度，模拟出来的结果与实验值有很好的一致性。2002 年，A.G.Mamalis 等人主要对轴承钢 100Cr6 的超精密切削加工过程中切屑的分离进行了研究，使用大型商用有限元软件 Marc 的自动网格重划分功能完成这次切 - 屑分离过程的模拟，分析结果与实验值较好地吻合。这种方法利用单元畸变准则取消了以往研究中预先设定的分离线，更加符合实际切削情况。2003 年，日本学者 Takahiro Shirakashi 和 Toshiyuki Obikawa 通过对硬脆性材料的切削过程进行有限元仿真，得到如下结论：在切削厚度小于硬脆性材料的脆 - 塑性转变的临界厚度时，脆性材料的超精密切削过程可以使用塑性材料模型。

国内利用有限元模拟切削的研究也取得很大发展。2010 年，哈尔滨工业大学陈俊云等为研究不同的切削加工参数对超精密车削加工的切削力、温度和应力等的影响，对金刚石精密车削铝合金过程进行了三维仿真，借助 Deform-3D 有限元仿真软件对金刚石刀具精密车削进行三维仿真，建立了摩擦力模型、材料本构模型以及切削分离准则，改变切削参数，得到不同的切削加工过程中的切削力、切削热、残余应力、应变等信息，通过分析这些物理现象的变化进行比较选择，得到优化后的切削参数，从而对切削过程具有一定的指导意义。

目前，研究人员通常用大型通用商业有限元软件研究脆性材料的塑性切削过程，大部分都是对某一方面进行的仿真研究，比如有的学者设定了切 - 屑分离线对切削过程进行模拟；有的学者预先设定切屑形状来研究；有的学者忽略了切削热的产生和对切削过程的影响；有的学者采用刚塑性有限元模型，忽略了工件内部应力对加工后表面质量的影响。金刚石超精密切削加工高度动态和非线性过程，传统的解析法和实验方法很难对切削机理进行定量分析和研究，有限元法为工程设计人员提供了有关变形过程的详细数据。本书综合考虑切削过程中的多重因素，深入探讨切削过程中硬脆材料在塑性域的成形机理，掌握其

变形规律，合理地设计刀具形状和选用相关的切削参数，对单晶硅的塑性域超精密切削具有一定的意义。

1.4 单晶硅超精密切削的分子动力学仿真发展现状

现如今，计算机模拟技术已经成为科学研究的重要手段。分子动力学模拟仿真可以说是计算机的衍生物，它能直观地展现微观运动过程。因此，利用分子动力学对纳米加工进行研究成为各个国家的研究热点。

世界上首台电子计算机在 1946 年横空出世，有物理学家提出借助计算机进行分子动力学研究。20 世纪 50 年代后期，Alder 等最先在统计力学范畴内应用分子动力学方法，这是世界公认的首次分子动力学仿真，之后又将该方法运用在硬球模型系统的气液相变问题上。至此，微观尺度的研究领域掀起了分子动力学仿真的热潮，继而扩展到更多领域。分子动力学发展到 70 年代，学者又将涨落耗散理论、密度泛函理论等许多全新思想引进其中，并与热力学、统计学等学科结合，从而提出许多新算法，丰富和完善了分子动力学体系。进入 90 年代，计算机的飞速革新更是让分子动力学有如神助，得到了极大的发展。

20 世纪 80 年代，美国劳伦斯・利弗莫尔国家实验室（LLNL）将分子动力学方法应用到超精密加工领域，实验员使用该方法研究了单晶铜纳米切削过程。此次仿真为超精密加工研究提供了新的理论方法，具有深远的影响。到了 90 年代，利弗莫尔实验室又继续在金刚石 - 硅界面上进行压痕及切削实验的分子动力学仿真，实验员仿真了金刚石刀具正交切削单晶硅（001）晶面的过程，发现已加工表面上原子和切屑中的原子都转变成非晶态。期间提出周期性边界条件一说，此假说是将工件划分成边界区、恒温区、牛顿区三个区块，如图 1-5 所示。此种划分方法是现代分子动力学仿真模型的基础。

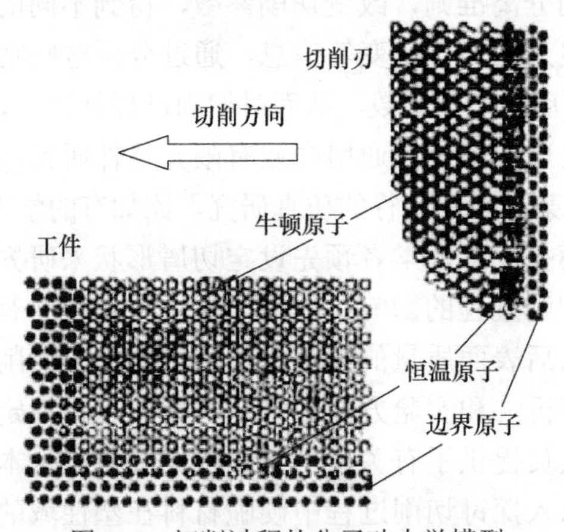

图 1-5　切削过程的分子动力学模型

美国俄克拉何马州立大学的学术专家 N.Chandrasekaran 和 R.Komanduri 对纳米切削的分子动力学仿真进行了许多深入研究。在之前仿真模型的基础上进行了一些改动，提出长度限制分子动力学（LRMD）的观点，使模拟速度得到大幅度提升，进一步降低了模拟对机器内存的要求。而后在对单晶铝的纳米切削研究中，学者们利用瞬时的切削过程图像分析切削机理在不同切削方向和晶向的条件下的差别，他们发现晶体的晶向和刀具的切削方向均影响切削力和加工表面的形变，还总结了纳米切削中塑性变形的三种情况，即与切削方向平行、垂直以及呈一定的角度。R.Komanduri 教授还带领他的学生在之前实验的基础上开展了单晶硅纳米切削的分子动力学仿真。他们在研究过程中发现切削刃钝圆半径和负前角有助于硅表面的原子以塑性方式去除，同时还观察到晶体表面在加工过程中没有发生非晶态转变，而是发生结构的相位转换。

日本在切削加工的分子动力学方面的研究开展也比较早。日本大阪大学的 S.Shimada 和 N.Ikawa 教授以及名古屋大学的 T.Inamura 教授在纳米加工机理的分子动力学仿真方面进行了很多研究，前期工作得出的结论与美国基本相似，随后他们就在此基础上进一步地深入研究，在对无缺陷的单晶硅表面进行微压痕和微切削过程使用分子动力学方法模拟后，发现存在两个临界标准，它们决定了材料的去除方式。随后又对切削过程中的各种参数进行仿真分析，如最小切削厚度、切削力和切削温度等。还借助 3D 仿真模型进行硅表面超精密切削的已加工表面形成的研究。

国外还有很多国家也对切削加工的分子动力学仿真做了研究。Rentsh 于 20 世纪 90 年代在德国 Bremen 大学研究了纳米切削中晶格走向对其加工机理的影响。英国的研究人员 Sanz-Navarro 等分别以不同的三个晶向对单晶硅进行纳米压痕的分子动力学模拟，并分析其过程中的形态变化。韩国首尔国立大学的 D.E.Kim 等学者仿真不同晶向条件下的单晶硅纳米压痕，从微观原子分析纳米压痕中的单晶硅相位转变。诸如此类的研究还有很多，这里就不一一列举。

国内的分子动力学研究开展得比较晚。清华大学摩擦实验室在温诗铸院士的指导下，从 1993 年开始纳米摩擦的分子动力学研究。

天津大学于思远教授和其博士研究生林滨在单晶硅的超精密磨削加工中借助分子动力学模拟方法进行研究，并分析加工参数对磨削过程的影响。而房丰洲教授则在金刚石针尖刻划单晶硅的实验中应用分子动力学仿真，实验表明：在加工中形成毛刺和材料的侧向流均可以降低表面粗糙度值。

哈尔滨工业大学的董申和梁迎春教授以及其指导的研究生建立非线性分子动力学模型，得出位错运动是切屑的产生和加工表面的形成机制。他们还对单晶硅超精密切削进行分子动力学模拟，同时还研究了单晶与多晶材料加工中切

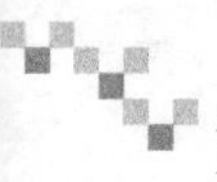

屑与已加工表面的形成机理。

大连理工大学的郭东明教授以及燕山大学的王加春教授也均在机械加工的分子动力学研究领域颇有建树。郭东明教授和郭晓光博士在研究单晶硅磨削过程时，采用并行的分子动力学仿真。研究结果表明：单晶硅的磨削机理是硅原子发生非晶相变。

从上面大量的研究实例中可以看出，通过借助分子动力学来研究一些现实中难以达成的实验或观察微观运动都十分简单方便。但是将分子动力学应用在超精密机械加工中的研究年限较短，仍然是一项较新的技术方法。因此，这种方法还是会存在一些不完善的地方，如由于仿真条件的限制，只能模拟较小规模和较为理想简单的系统，这与实际情况会有很大的出入。在模拟时所采用的经验势函数具有一定局限性，而且现今还没有一种能够验证仿真结果正确与否的方法，这些因素都在一定程度上阻碍了分子动力学的发展。所以，如果这些方面能够在未来得以改善，那么分子动力学将会应用得更加广泛，使用价值也会更高。

1.5 硅表面功能化自组装膜及其性质

1.5.1 自组装膜的纳米机械摩擦性能检测

随着纳米科技的发展，近年来为了测试材料样品的力学性能产生了许多测试技术。与 AFM 相结合的纳米划痕技术已广泛地应用于定量分析材料表面的刻划变形、破裂机理和摩擦形态等诸多领域。与传统的材料力学、摩擦性能测试方法相比，该类纳米划痕实验具有试件材料选择面广、实验中途更换试件容易等优点。下面以相对湿度对摩擦力的影响研究为例说明。

钱林茂、雒建斌等人利用 AFM 研究了 SiO_2 和 OTE SAM/SiO_2 表面摩擦性能的位置效应，考察了两种样品的磨损性能。在较宽的相对湿度范围（5% ～ 99%）内，研究了 SiO_2 和 OTE SAM/SiO_2 表面摩擦力随湿度的变化规律。摩擦力测试时，针尖在 40nm 的线上沿 X 方向往复扫描，每次摩擦力扫描过程中载荷按线性规律变化。得到云母、SiO_2 和 OTE SAM/SiO_2 三种样品表面摩擦力信号随载荷变化曲线，如图 1-6 所示。

通过实验得出结论：在微摩擦过程中，黏附力对摩擦力的影响不容忽视；二氧化硅和 OTE SAM/SiO_2 表面摩擦力随载荷的变化曲线基本为线性；随湿度的增大，二氧化硅表面由于水膜的形成、扩散和增厚使得摩擦力呈现出先增大后减小的马鞍形变化趋势，与此相反，在斥水的 OTE 表面，水膜表面张力的影响被大大削弱，OTE 膜表面的摩擦力随湿度增大而逐渐减小。硅表面自组装膜的形成，使其表面的机械摩擦性能发生一定的变化，起到了改性的效果。研究表明，有些自组装膜能使硅表面的摩擦系数有较大幅度的减小，这样的改性硅片能在航天、军事上发挥其功用。

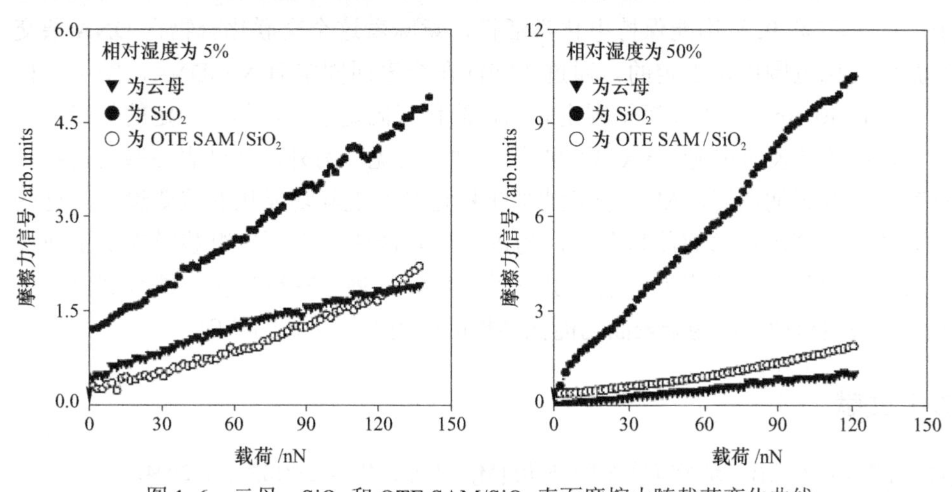

图 1-6　云母、SiO_2 和 OTE SAM/SiO_2 表面摩擦力随载荷变化曲线

1.5.2　硅表面自组装膜的功能化

随着基因的结构与功能研究的不断深入，基因的分离及分析检测在卫生防疫、医学诊断、药物研究、环境科学及生物工程等领域发挥着越来越重要的作用，其中利用 DNA 分子间的特异性互补配对规律发展起来的各种 DNA 生物传感技术，引起了国内外生物分析工作者的广泛关注。DNA 电化学生物传感器是一门新兴的，涉及生物化学、电化学、医学及电子学等领域的交叉学科，它提供了一种全新的 DNA 检测技术，具有简单、可靠、价廉、灵敏和选择性好等优点，并且与目前的 DNA 生物芯片技术兼容，在分子生物学和生物医学工程领域具有很大的实际意义和应用价值。在 DNA 生物传感器的构建中，DNA 探针在转换器表面的有效固定是传感器能够进行准确检测的前提。固定应该使 DNA 保持原有生物活性，不易脱落，并易于与靶物质接触。

近年来，在金表面固定 DNA 探针的研究进行得如火如荼，根据拟固定的探针是否需要修饰及如何修饰，将固定方法分为两类，其中对探针进行修饰后固定的相关研究更多。Ye 等用 PCR 扩增一段特异的乙型肝炎病毒（HBV）的 DNA 片段（181bp），分离纯化后，通过 100℃水浴加热 5min，立即放入冰水中冷却制备用于固定 ssDNA 的探针。探针固定前，先用巯基乙酸处理金表面，在金表面形成外端带有羧基的自组装单分子层，在 EDC 作用下，通过探针 3’

端的羟基与金表面的羧基缩合形成酯键，将探针共价固定在金表面。Peng 等预先合成一个带有活泼酯基团的含硫化合物 TAPD，TAPD 在金表面上自组装形成单分子层，然后与探针作用，使探针共价固定在金表面。TAPD 是一个导电的分子，在 55℃和 92℃均能保持电化学活性，意味着这个交联化合物在 DNA 杂交的温度变化范围内是稳定的。通过 TAPD 在金表面固定 H_2N-ssDNA，整个过程只需不到 40min，大大缩短了固定时间，简化了固定程序，具有一定的优势。

目前在硅表面实现 DNA 探针的结合并不常见。另外，在硅表面通过自组装膜连接单臂碳纳米管、Al 原子等纳米颗粒也是实现其功能化的重要途径。这些交叉学科和高新技术的蓬勃发展，为进一步功能化硅表面自组装膜提供了现实的操作空间和广阔的应用前景，引发了作者尝试将一些纳米粒子结合到自组装膜上的兴趣和动力，为硅表面功能化结构的应用打下坚实的基础。

参考文献

[1] 陈光华，邓金祥．纳米薄膜技术与应用 [M]．北京：化学工业出版社，2004．

[2] GRIGORE L. Metallic microstructures by electroplating on polymers: an alternative to LIGA technique[J]. Material Science and Engineering, 2000, 74(1): 299-303.

[3] VIEU C, CARCENAC F, Pepin A, et al.Electron-beam lithography:Resolution limits and applications[J]. Surface Science in Micro & Nanotechnology, 2000, 164(1): 111-117.

[4] TAKEUCHI Y, SAWADA K, SATA T. Ultraprecision 3D micromachining of glass[J]. Annals of CIRP, 1996, 45(1): 401-404.

[5] EGASHIRA K, MASUZAWA T.Microultrosonic machining by the application of workpiece vibration[J]. Annals of CIRP, 1999, 48(1): 131-134.

[6] LU Z, YONEYAMA T. Micro cutting in the micro lathe turning system[J]. International Journal of Machine Tools & Manufacture, 1999, 39(7): 1171-1183.

[7] 孙雅洲，梁迎春，董申．微小型化机床的研制 [J]．哈尔滨工业大学学报，2005，37（5）：591-593.

[8] JENG Y R, TSAI P C, FANG T H. Nanomeasurement and fractal analysis of PZT ferroelectric thin films by atomic force microscopy[J]. Microelectronic Engineering, 2003, 65(4): 406-415.

[9] PERKINS F K, DOBISZ E A, BRANDOW S L, et al. Fabrication of 15nm wide trenches in Si by vacuum scanning tunneling microscope lithography of an organosilane self-assembled film and reactive ion etching[J]. Applied Physics Letters , 1996, 68(4): 550-552.

[10] SUGIMURA H, NAKAGIRI N. Nanoscopic surface architecture based on scanning probe electrochemistry and molecular self-assembly[J].Journal of the American Chemical Society, 1997, 119(39): 9226-9229.

[11] TSENG A A, NOTARGIACOMO A, CHEN T P. Nanofabrication by scanning probe microscope

lithography: A Review[J]. Journal of Vacuum Science & Technology B: Microelectronics and Nanometer Structures Processing, Measurement, and Phenomena, 2005, 23(3):877-894.

[12] XU Z J, YANG X N, YANG Z.Adsorption and self-assembly of surfactant/supercritical CO_2 systems in confined pores: A molecular dynamics simulation[J]. Langmuir, 2007, 23(18): 9201-9212.

[13] LING X Y, REINHOUDT D N, HUSKENS J. Reversible attachment of nanostructures at molecular printboards through supramolecular glue[J]. Chemistry of Materials, 2008, 20(11):3574-3578.

[14] LINFORD M R, FENTER P P, EISENBERGER M, et al. Alkyl monolayers on silicon prepared from 1-alkenes and hydrogen-terminated silicon[J]. Journal of the American Chemical Society, 1995, 117(11):3145-3155.

[15] WAGNER P, NOCK S, SPUDICH J A, et al. Bioreactive self-assembled Monolayers on hydrogen-passivated Si(111) as a new class of atomically flat substrates for biological scanning probe microscopy[J]. Journal of Structural Biology, 1997, 119(2):189-201.

[16] LOPINSKI G P，WAYNER D D M， Wolkow R A. Self-directed growth of molecular nanostructures on silicon[J]. Nature, 2000, 406(6791): 48-51.

[17] 王金清，杨生荣，王博，等．单晶硅表面有机硅烷 /Ag_2O 纳米微粒复合自组装膜的制备和表征 [J]．化学物理学报，2003，16（1）：41-44.

[18] 吴瑞阁，欧阳贱华，赵新生，等．硅表面上构筑具有化学特性的图形的新方法 [J]．物理化学学报，2001，17（10）：931-935.

[19] 周金芳，任忠海，杨生荣．十八烯反应膜的制备及其微观摩擦学性能研究 [J]．摩擦学学报，2002，22（5）：399-401.

[20] NIEDERHAUSER T L, JIANG G L, LUA Y Y, et al. A new method of preparing monolayers on silicon and patterning silicon surfaces by scribing in the presence of reactive species[J]. Langmuir, 2001, 17(19):5889-5900.

[21] NIEDERHAUSER T L, LUA Y Y, JIANG G L, et al. Arrays of chemomechanically patterned patches of homogeneous and mixed monolayers of 1-alkenes and alcohols on single silicon surfaces[J]. Angewandte Chemie International Edition,2002, 41 (13): 2353-2356.

[22] LUA Y Y, NIEDERHAUSER T L,WACASER B A, et al. Chemomechanical production of submicron edge width, functionalized, -20μm features on silicon[J]. Langmuir, 2003, 19(4): 985-988.

[23] WACASER B A, MAUGHAN M J,MOWAT I A, et al. Chemomechanical surface patterning and functionalization of silicon surfaces using an atomic force microscope[J]. Applied Physics Letters, 2003, 82(5): 808-810.

[24] CANNON B R, LILLIAN T D, MAGLEBY S P, et al. A compliant end-effector for microscribing[J]. Precision Engineering, 2005, 29(1): 86-94.

[25] YANG L, LUA Y Y, TAN M, et al. Chemistry of olefin-terminated homogeneous and mixed

monolayers on scribed silicon[J]. Chemistry of Materials, 2007, 19(7): 1671-1678.

[26] LEI M, ZIAIE B, NUXOLL E, et al. Integration of hydrogel with hard and soft microstructures[J]. Journal of Nanoscience and Nanotechnology, 2007, 7(3): 780-789.

[27] WANG J, FIRESTONE M A, AUCIELLO O, et al. Surface functionalization of ultrananocrystalline diamond films by electrochemical reduction of aryldiazonium salts[J]. Langmuir, 2004, 20(26): 11450-11456.

[28] WACASER B A, MAUGHAN M J, MOWAT I A, et al. Chemomechanical surface patterning and functionalization of silicon surfaces using an atomic force microscope[J]. Applied Physics Letters, 2003, 82(5): 808-810.

[29] WANG W, LEE T, KAMDAR M, et al. Electrical characterization of metal–molecule–silicon junctions [J]. Superlattices and Microstructures, 2003, 33(4): 217-226.

[30] CHEN B, FLATT A K, JIAN H H, et al. Molecular grafting to silicon surfaces in air using organic triazenes as stable diazonium sources and HF as a constant hydride-passivation source[J]. Chemistry of Materials, 2005, 17(19): 4832-4836.

[31] YOO B K, MYUNG S, LEE M, et al. Self-assembly of functionalized single-walled carbon nanotubes prepared from aryl diazonium compounds on Ag surfaces[J]. Materials Letters, 2006, 60(27): 3224-3226.

[32] SCOTT A, JANES D B, RISKO C, et al. Fabrication and characterization of metal-molecule-silicon devices[J]. Applied Physics Letters, 2007, 91(3): 1-3.

[33] ZHAO S, ZHANG K, YANG M. Fabrication of photosensitive self-assembled multilayer films based on porphyrin and diazoresin via H-bonding[J]. Materials Letters, 2006, 60(19): 2406-2409.

[34] PAN Q M, JIANG Y H. Effect of covalently bonded polysiloxane multilayers on the electrochemical behavior of graphite electrode in lithium ion batteries [J]. Journal of Power Sources, 2008, 178(1): 379-386.

[35] SIEVAL A B, HOUT B, ZUILHOF H, et al. Molecular modeling of covalently attached alkyl monolayers on the hydrogen-terminated Si(111) surface [J]. Langmuir, 2001, 17(7): 2172-2181.

[36] YUAN S L, CAI Z T, JIANG Y S. Molecular simulation study of alkyl monolayer on the Si(111) surface [J]. New Journal of Chemistry, 2003, 27(3): 626-633.

[37] PEI Y, MA J, JIANG Y S. Formtion mechanisms and packing structures of alkoxyl and alkyl monolayers on Si(111): theoretical studies with quantum chemistry and molecular simulation models[J]. Langmuir,2003, 19(18): 7652-7661.

[38] LUA Y Y, NIEDERHAUSER T L, Matheson R, et al. Static time-of-flight second ion mass spectrometry of monolayer on scribed silicon derived from 1-alkenes, 1-alkynes, and 1-haloalkanes [J]. Langmuir, 2002, 18(12): 4840-4846.

[39] LUA Y Y, FILLMORE W J J, YANG L, et al. First reaction of a bare silicon surface with

acid chlorides and a one-step preparation of acid chloried terminated monolayer on scribed silicon[J]. Langmuir, 2005, 21(6): 2093-2097.

[40] 张文生，张飞虎．金刚石刀具刀尖几何形状对超精密切削加工质量的影响 [J]．工具技术，2005，（08）：38-39.

[41] ZENG K, et al.Controlled indentation:a general approach to determine mechanical properties of brittle materials[J]. Acta Materialia, 1996,44(3): 1127-1141.

[42] MAMALIS A G, BRANIS A S, MANOLAKOS D E. Modeling of precision hard cutting using implicit finite element methods[J]. Journal of Materials Processing Technology, 2002, 123(3): 464-475.

[43] SHIRAKASHI T, OBIKAWA T. Feasibility of gentle mode machining of brittle materials and its condition[J]. Journal of Materials Processing Technology, 2003,138(1/3): 522-526.

[44] 陈俊云，罗健．超精密车削加工有限元仿真研究 [J]．机床与液压，2010，38（15）：70-72.

[45] KOMANDURI R, CHANDRASEKARAN N, RAFF L M. MD Simulation of nanometric cutting of single crystal aluminum-effect of crystal orientation and direction of cutting[J]. Lubrication and Wear：Wear an International Journal on the Science and Technology of Friction, 2000, 242(1/2): 60-88.

[46] 林滨，吴辉，于思远，等．纳米磨削过程中加工表面形成与材料去除机理的分子动力学仿真 [J]．纳米技术与精密工程，2004，2（2）：136-140.

[47] 温诗铸．纳米摩擦学进展 [M]．北京：清华大学出版社，1996.

[48] 韩雪松，王树新，于思远．基于辛算法的纳米加工过程的分子动力学仿真研究 [J]．机械工程学报，2005，41（4）：17-21.

[49] 罗熙淳，梁迎春，董申．分子动力学在单点金刚石超精密车削机理研究中的应用 [J]．工具技术，2000，34（4）：3-6.

[50] 郭晓光．单晶硅纳米级磨削过程的分子动力学仿真 [D]．大连：大连理工大学，2008.

[51] 钱林茂，雒建斌，温诗铸．二氧化硅及其硅烷自组装膜微观摩擦力与粘着力的研究 [J]．物理学报，2000，49（11）：1-6.

[52] YE Y K, ZHAO J H, YAN F, et al. Electrochemical behavior and detection of hepatitis B virus DNA PCR production at gold electrode[J]. Biosensors and Bioelectronics, 2003, 18(12): 1501-1508.

[53] JIANG G, NIEDERHAUSER T L, DAVIS S D, et al. Stability of alkyl monolayers on chemomechanically scribed silicon to air, water, hot acid, and X-rays[J]. Colloids and Surfaces A: Physicochemical and Engineering Aspects, 2003, 226(1): 9-16.

第 2 章 硅表面可控自组装的反应机理分析及微加工工艺

由于硅表面可控自组装微纳结构的物理尺度多在微纳米量级，目前的实验表征方法仅能提供单层结构的整体宏观性质，而不能更详细地描述多个甚至单个分子或原子在基底表面的空间分布情况，因而人们无法在原子水平上对组装结构有很深的了解。得益于计算机技术的迅速发展，现在科学家已经可以从材料的原子构成出发，不借助任何经验和实验导出量，对材料的能带结构，以及相关的费米面、能态密度和电子云分布等问题进行计算，计算所得的结果不仅能用于解释实验结果，而且还有可能可靠地预言材料的很多性质，并在某些情况下实现实验方面的重要发现。近年来，相关理论和数值算法的飞速发展，使得基于密度泛函理论的量子化学模拟计算方法成为凝聚态物理、量子化学和材料科学中的常规计算研究手段。

本章将分析在芳香烃重氮盐溶液中利用机械 - 化学方法进行硅表面可控自组装的反应机理，并采用量子化学模拟计算对芳香烃重氮盐分子在硅表面的组装行为进行模拟，得出单个芳香烃分子在单晶硅（100）表面稳定存在的构型、结合能及化学键布局，从微观尺度上解释芳香烃重氮盐分子在硅表面自组装微纳结构的机理，为后续的实验研究奠定理论基础。理论计算使用了 Accelery 公司的 Material Studio 软件中的 CASTEP（Cambridge Sequential Total Energy Package）计算模块。

2.1 硅表面可控自组装微纳结构反应机理分析

芳香烃重氮盐的结构通式为 [Ar—N ≡ N]X—的化合物，式中 Ar 为芳烃基（C_6H_6），X 一般为 Cl 或者 HSO_4 等。重氮盐可发生多种反应：与水煮沸，与乙醇共热，与 CuX 及 HX 或 KI 或 HBF4 反应，与 KCN 及 CuCN 反应，分子中的—N]X 基团可分别被 OH、H、X（C1、Br、I、F）、CN 等置换。芳香族重氮基可以被其他基团取代，生成多种类型的产物，所以芳香族重氮盐在有机合成上很重要。

依据前人的研究成果，我们推论在芳香烃重氮盐溶液中利用金刚石刀具刻划单晶硅（机械的方法），使其表面产生一个不稳定的硅自由基，如图 2-1 所示，

该自由基与溶液中发生脱氮反应生成的芳香烃重氮盐活性基团进行自由基加成反应，形成 Si—C 键（化学的方法），如图 2-2 所示。利用此机械—化学相结合的方法，可在刀具刻划区域形成自组装微纳结构，而未经过刻划的区域没有任何变化，从而实现硅表面的可控自组装。

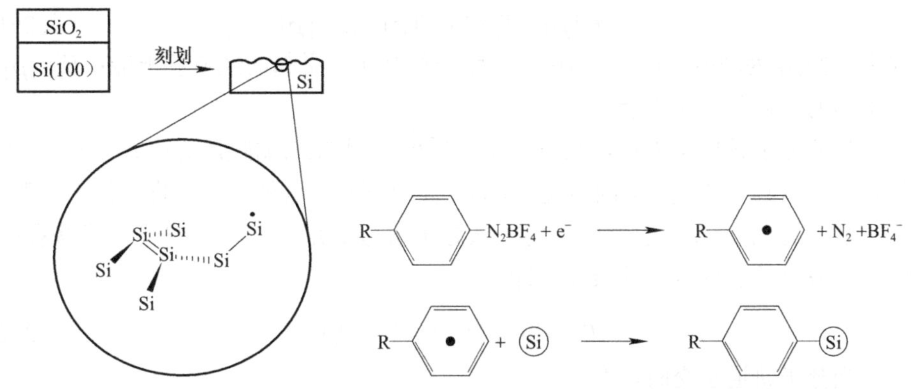

图 2-1　刻划硅片在刻划处生成活性自由基　　图 2-2　硅自由基和芳烃基团结合

2.2　量子化学模拟的理论基础

量子化学模拟的理论基础是密度泛函理论。密度泛函理论的基础思路来源于 E.Fermi 和 H.Thomas 把原子、分子和固体的基态物理性质用电子密度函数描述的想法。20 世纪 60 年代中期，Hohenberg、Kohn 和 Sham 等发展了单电子近似的近代理论—— 密度泛函理论，不仅给出了将多体多电子问题简化为单电子问题的理论基础，而且成为分子和固体的电子结构和总能量计算的有力工具。密度泛函理论是多粒子系统理论基态研究的重要方法。

随着量子理论的建立和计算机技术的发展，人们希望能够借助计算机对微观体系的量子力学方程进行数值求解，然而量子力学的基本方程—— 薛定谔方程的求解是极其复杂的。量子化学就是用量子力学的原理和方法来研究和解决化学问题，其根本就是求解分子体系的薛定谔方程。克服这种复杂性的理论飞跃是电子密度泛函理论的确立。电子密度泛函理论是 20 世纪 60 年代在 Thomas-Fermi 理论的基础上发展起来的，通过粒子密度来描述体系基态的物理性质。因为粒子密度只是空间坐标的函数，这使得密度泛函理论将 3N 维波函数问题简化为三维粒子密度问题变得十分简单直观。另外，粒子密度通常是可以通过实验直接观测的物理量。粒子密度的这些优良特性，使得密度泛函理论具有诱人的应用前景。密度泛函理论也是一种完全基于量子力学的从头算（Ab-Initio）理论，但是为了与其他的量子化学从头算方法区分，人们通常把基于密度泛函理论的计算称为第一性原理计算。

密度泛函理论是建立在 Hohenberg 和 Kohn 关于非均匀电子气理论基础之上的。该理论认为，所有的基态性质都是电荷密度 ρ 的泛函，因此总能量 E_t 可以由式（2-1）表示，即：

$$E_t[\rho]=T[\rho]+U[\rho]+E_{\mathrm{XC}}[\rho] \tag{2-1}$$

式中，$T[\rho]$ 为动能泛函；$U[\rho]$ 为由库仑相互作用引起的经典静电能；$E_{\mathrm{XC}}[\rho]$ 为电子间的交换关联作用能。

只要能求解出总能量，系统基态性质便可得知。总能量 E_t 用式（2-1）表示是为了强调其中各项是ρ 的显泛函。以后的式子中，这种显泛函将变得不太明显。以下从波泛函 Ψ 来构建电荷密度。从分子轨道的角度来看，波泛函能够看成是单电子波泛函的反对称性乘积，即

$$\Psi = A(n)\left|\phi_1(1)\,\phi_2(2)\cdots\phi_n(n)\right| \tag{2-2}$$

当分子轨道正交时，有

$$\left\langle \phi_i \mid \phi_j \right\rangle = \delta_{ij} \tag{2-3}$$

电荷密度可用单电子波泛函（占据态分子轨道的波泛函）求得，即

$$\rho(r)=\sum_i |\phi_i(r)|^2 \tag{2-4}$$

从式（2-1）和式（2-4）可以推得 T 和 U，即

$$T=\left\langle \sum_i^n \phi_i \left|\frac{-\nabla^2}{2}\right| \phi_i \right\rangle \tag{2-5}$$

$$\begin{aligned} U &= -\sum_{\alpha}^{N}\left\langle \rho(r_1)\frac{Z_\alpha}{|R_\alpha - r_1|}\right\rangle + \frac{1}{2}\left\langle \rho(r_1)\rho(r_2)\frac{1}{|r_1-r_2|}\right\rangle + \sum_{\alpha}^{N}\sum_{\beta<\alpha}\frac{Z_\alpha Z_\beta}{|R_\alpha - R_\beta|} \\ &\equiv \langle -\rho(r_1)V_{\mathrm{N}}\rangle + \left\langle \rho(r_1)\frac{V_{\mathrm{e}}(r_1)}{2}\right\rangle + V_{\mathrm{NN}} \end{aligned} \tag{2-6}$$

式中，Z_α 为 N 原子系统中 α 核子上的电荷；ρV_{N} 为电子和核子之间的吸引力；$\rho V_{\mathrm{e}}/2$ 为电子和核子之间的排斥力；V_{NN} 为核子和核子之间的吸引力。

2.2.1 局域密度近似和广义梯度近似

为了使计算方便快捷，在计算的过程中需对交换关联能 [即式（2-1）中的最后一项] 做一些近似。一种简单高效的近似方法是局域密度近似（Local Density Approximation，LDA），该方法基于著名的均匀电子气的交换关联能。一些研

究者已经求解出其解析表达式。局域密度近似方法假设电荷密度的变化足够慢，即将分子周围的每一个区域看成是一个均一的电子气。这样总的交换关联能可以通过对这些电子气积分而获得，即

$$E_{XC}[\rho]=\int\rho(r)\varepsilon_{XC}(\rho)\mathrm{d}r \tag{2-7}$$

式中，ε_{XC} 为密度 ρ 的均匀电子气的单电子交换相关能。

交换关联势的最简单形式是由 Slater 推得：$\varepsilon_{XC}[\rho]=\rho^{1/3}$。在该近似中，关联项未被包括。较复杂的近似形式由 Vosko 等人推得。

由于 LDA 是建立在理想的均匀电子气模型基础上，而实际原子和分子体系的电子密度远非均匀的，所以通常由 LDA 计算得到的原子或分子的化学性质往往不能满足化学工作者的要求。若进一步提高计算精度，就需要考虑电子密度的非均匀性，这一般是通过在交换相关能泛函中引入电子密度的梯度来完成的，即广义梯度近似（Generalized Gradient Approximation，GGA）。在 GGA 近似下，交换相关能是电子密度及其梯度的泛函。综上所述，总能量可以用式（2-8）表示，即

$$E_t[\rho]=\sum_i\left\langle\phi_i+\left|\frac{-\nabla^2}{2}\right|\phi_i\right\rangle+\left\langle\rho(r_1)\left[\varepsilon_{XC}[\rho(r_1)]+\frac{V_e(r_1)}{2}-V_N\right]\right\rangle+V_{NN} \tag{2-8}$$

为了确定实际能量，根据正交归一化条件，E_t 必须随着 ρ 的变化而及时优化：

$$\frac{\delta E_t}{\delta\rho}-\sum_i\sum_j\varepsilon_{ij}\left\langle\phi_i|\phi_j\right\rangle=0 \tag{2-9}$$

式中，ε_{ij} 为拉格朗日系数。

Kohn-Sham 推出一套耦合方程，即

$$\left\{\frac{-\nabla^2}{2}-V_n+V_e+\mu_{XC}[\rho]\right\}\phi_i=\varepsilon_i\phi_i \tag{2-10}$$

式中，μ_{XC} 为交换关联势，通过对 E_{XC} 差分获得。

对于局域密度近似，μ_{XC} 可表示为：

$$\mu_{XC}=\frac{\partial}{\partial\rho}(\rho\varepsilon_{XC}) \tag{2-11}$$

采用式（2-4）中的能量本征值可以得到新的能量表达式，即

$$E_t=\sum_i\varepsilon_i+\left\langle\rho(r_1)\left[\varepsilon_{XC}[\rho]-\frac{V_e(r_1)}{2}-\mu_{XC}[\rho]\right]\right\rangle+V_{NN} \tag{2-12}$$

对于非常高的电子密度，交换能起主导作用，其 GGA 的非局域性更适合处理密度的非均匀性。GGA 大大改进了原子的交换能和相关能计算结果，但是价

层电子的电离能仅有小的改变。分子中的键长和固体中的晶格常数稍有增加，离解能和内聚能明显下降。对于较轻的元素，GGA 的结果一般与实验符合得很好，共价键和金属键、氢键和范德华键的键能计算值都得到了改善。

2.2.2 赝势

提高平面波基 DFT 计算的效率和准确性的另外一个途径就是采用赝势。赝势是一种人为设计的势，用来模拟原子核和芯电子对价电子联合作用。其基本思想是在计算中不考虑芯电子而只考虑价电子的影响。芯电子和核的势被一个较弱的赝势所取代，该赝势与一组被修改了的价电子波泛函（或赝波泛函）相互作用，而这些波泛函在芯半径内几乎是无节点的，平坦程度几乎达到最大限度。赝波泛函能够在少量的平面波基中展开，这样可以大量地节省计算时间。

应用赝势主要有以下几个特点：

1）计算中涉及的电子较少。由于计算中不涉及实电子，只需计算较少的波泛函。

2）计算精确度高。应用赝势计算得到的值为价电子系统的总能量，与全电子系统的总能量相比将减少为原来的 1/1000。由于不同的离子以及价键构型之间的能量差只与价电子有关，所以计算精确度能够明显提高。

3）计算的准确性略有下降。由于固体的性能不仅依赖于价电子也依赖于实电子，所以计算中不包括离子时会影响计算中的准确性。但是，许多计算结果表明：赝势计算结果与全电子计算结果差距很小，可以忽略。

4）计算中所用平面波数量较少。如上所述，应用赝势可以减少所用基泛函的数量。

在计算过程中，应当多用具有范数守恒性的赝势，也可以应用 Vanderbilt 的超软赝势。对于第一周期元素和过渡金属元素，超软赝势最具优势，而范数守恒的限制 [式（2-12）] 使得这些元素具有“深”赝势（需要较大的截断能量）。尽管增加截断半径可能会产生更软的势，但会导致可转移性下降。Vanderbilt 对这个问题的处理方法是摒弃对赝波泛函的范数守恒限制，并且引进一组以原子为中心的扩张电荷。这样使得赝电荷密度与扩张的电荷密度之和保持了原始电荷分布的大小与形状，满足式（2-12）的条件。此外，能够构建一个具有很大芯半径的赝波泛函，而基集很小。大量的计算结果表明，超软赝势的准确性可与目前最好的全电子第一性原理方法相比。

2.3 模型的建立和计算方法

2.3.1 建立模型

量子化学模拟是基于给出的模型，根据要求通过调用一系列的算法，计算得到所研究体系的多种性质，从而能够在原子水平上解释实验现象，合理预测实验结果，进一步指导实验过程。任何模拟工作的展开都源于所建立的模型，因此模型的正确与否直接关系计算结果的准确与否。同样，分子模型也是模拟工作中至关重要的一环，不正确的模型会导致模拟结果的偏差，甚至错误。模型的建立是源于实验，但是又不是完全等同于实验。因为真实的实验过程往往是很复杂的，需要考虑的影响因素很多，而模型的建立不可能面面俱到把所有的影响因素都考虑进去。模型的建立只能是以真实的实验为基础，并对其进行一定的简化而得到的模拟真实环境。

在量子化学模拟计算中，常用的计算模型有两种，团簇模型和超晶胞模型。团簇模型用于模拟有限原子的孤立系统，而超晶胞模型模拟的是具有一定对称性边界条件的三维周期性系统，所以超晶胞模型比团簇模型更能反映理想状态下真实的晶体系统。正确的模型加上正确的模拟方法才能得到正确的结果，作者研究选取单晶硅的（100）晶面为计算模型，研究 Si（100）晶面和芳香烃重氮盐分子在经过机械 - 化学方法组装后的结合性能，从理论上探讨两者之间的分子构型、结合能及化学键布局等。

单晶硅为面心立方晶型结构，如图 2-3 所示。Si 原子采取四面体配位形式，Si 原子占据 8 个顶点，同时有 6 个 Si 原子占据六个面的面心位置，整个晶胞由 8 个硅原子构成，Si—Si 键键长为 3.35Å，键角为 109.47°，单晶硅晶胞的参数见表 2-1。

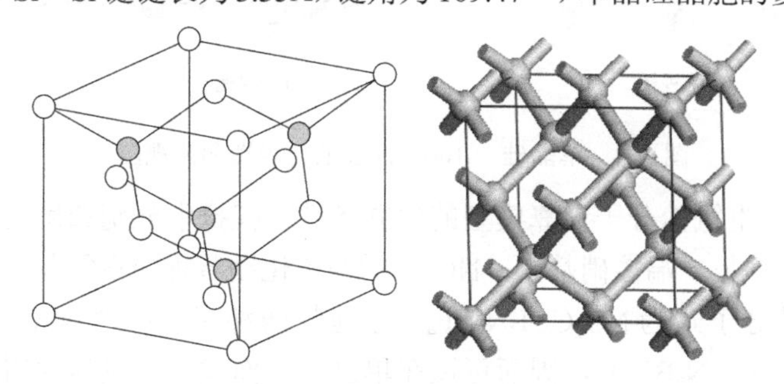

图 2-3 单晶硅晶型结构

表 2-1 单晶硅晶胞参数

参数	a/pm	b/pm	c/pm	α/（°）	β/（°）	γ/（°）	Si—Si 键键长 / Å
值	5.4307	5.43	5.43	90	90	90	3.35

由于 Si（100）晶面具有优良的光电性能，因而在电子元件的制作中被广泛采用。作者在进行模拟计算和机械 - 化学实验时，都是对 Si（100）晶面进行研究。Si（100）表面有两个悬挂键，很容易发生重构。目前尽管对 Si（100）表面的研究较多，但对其重构表面的具体结构仍然没有一致的说法，低能电子衍射（Low-Energy Electron-Diffraction，LEED）和衍射测量的实验研究认为，Si（100）表面至少有三种重构形式。其中，Si（100）2×1 是最主要的重构方式，除此之外，还有 c（4×2）和 p（2×2）。Si（100）2×1 重构即表面基矢中，一个等于体内基矢的 2 倍，另一个与体内基矢相等。很多理论研究的结果也表明，Si（100）2×1 重构表面是比较稳定的一种 Si（100）表面重构模型。

1）Si（100）晶面计算模型的建立条件：采用的 Si（100）切面模型是 Si（100）2×1 重构表面模型。沿单晶硅（100）方向切割，取三层 Si 原子，超晶胞取 $\sqrt{2}\times\sqrt{2}$ 原始晶胞，真空层厚度为 15Å。在 Si（100）晶面所选取的超晶胞模型中，包含 27 个 Si 原子，表面包含 9 个 Si 原子，如图 2-4 所示。此模型所采用的是球棍模型（即原子用球，连接相邻原子的键用棍来表示）。本书中的所有后续模型均是基于这一基本模型得到的。根据需要在 *x*、*y* 方向上对其进行扩展，可以得到一系列大小不同的模拟盒子。

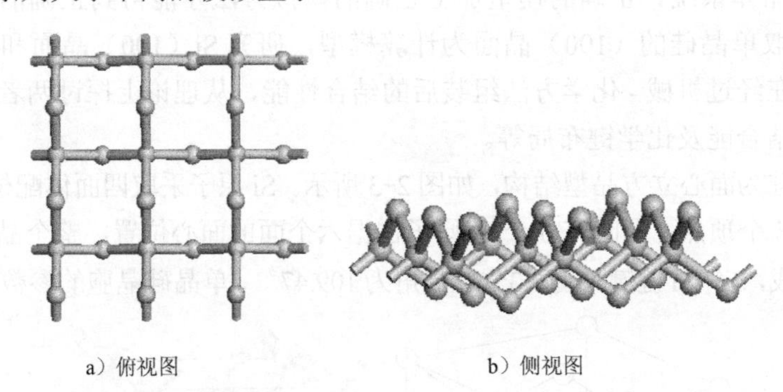

a）俯视图　　b）侧视图

图 2-4　单晶硅（100）晶面的俯视图和侧视图

2）芳香烃重氮盐分子计算模型的建立条件：模拟中分别选用两种芳香烃重氮盐分子。一种是一端接硝基（$—NO_2$）的四氟化硼芳香烃重氮盐，骨架碳原子数为 6 个，其分子式为 $NO_2C_6H_4N_2BF_4$，它包括两种端基：硝基（$—NO_2$）和四氟化硼重氮基（$—N_2BF_4$），因而可以在单晶硅表面发生更灵活的组装。由于芳香烃重氮盐分子中的重氮基在溶液中很容易发生脱氮反应，因此在溶液中真正与硅表面发生作用的是断开氮氮三键后的一端连接硝基的苯环 $NO_2C_6H_4$，本书以后提到的一端为硝基的芳香烃重氮盐分子均指断裂以后的 $NO_2C_6H_4$ 分子，如图 2-5a 所示。此模型采用的是球棍模型，图中灰色的球是 C 原子，红色的球是

O 原子，白色的球是 H 原子。为了说明硅原子与硝基重氮盐连接不是通过与硝基中的 O 原子反应形成 Si—O 键，而是通过 Si—C 键连接到 Si 基底的，又建立了另一种四氟化硼芳香烃重氮盐，其分子式为 $C_6H_5N_2BF_4$。同样，建立模型时将其简化为苯环 C_6H_5 即可，如图 2-5b 所示。

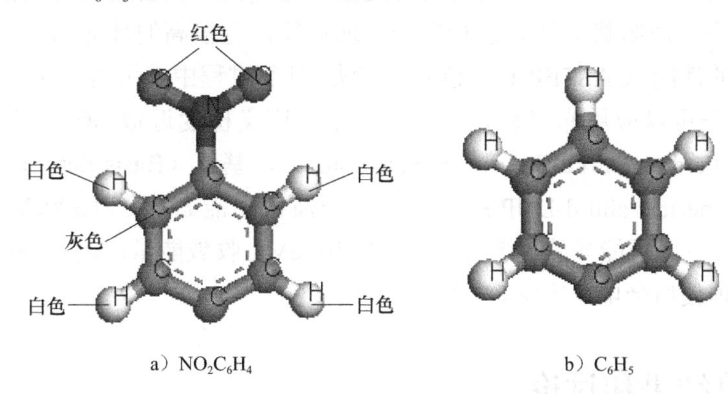

a）$NO_2C_6H_4$　　b）C_6H_5

图 2-5　芳香烃重氮盐分子结构

3）计算 $C_6H_4NO_2$ 分子和 C_6H_5 分子与 Si（100）晶面相互作用的模型选取：在结构优化完成的 Si（100）晶面上选取中间硅原子，把优化好的两种分子根置于其上方，Si 和苯环 C 间距在 2.000Å 左右。根据需要通过控制取代的芳香烃分子的数量来得到不同的表面覆盖度。由于受模拟计算机运算条件的限制，计算时以单个芳香烃分子与硅表面进行组装为研究对象。最后得到的基本单元模型如图 2-6 所示，该模型包括三层 Si 原子，为了提高计算速度，Si（100）晶面模型计算以及组装芳香烃分子计算时，其下面两层硅原子被固定。

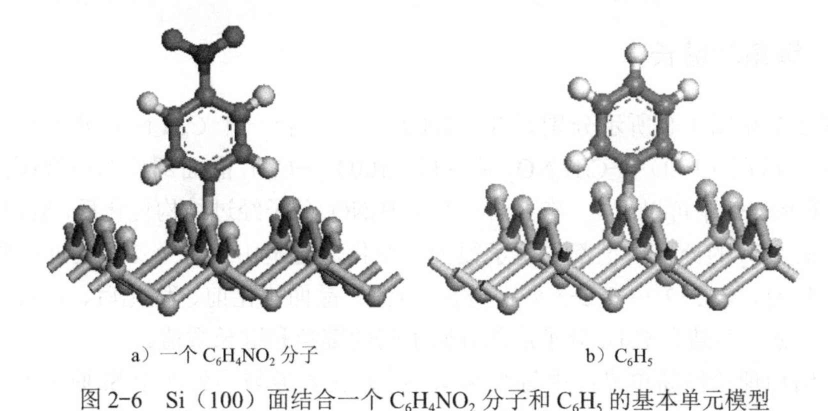

a）一个 $C_6H_4NO_2$ 分子　　b）C_6H_5

图 2-6　Si（100）面结合一个 $C_6H_4NO_2$ 分子和 C_6H_5 的基本单元模型

2.3.2　计算方法

基于密度泛函理论的量子化学模拟计算方法的发展最终要体现到计算程序

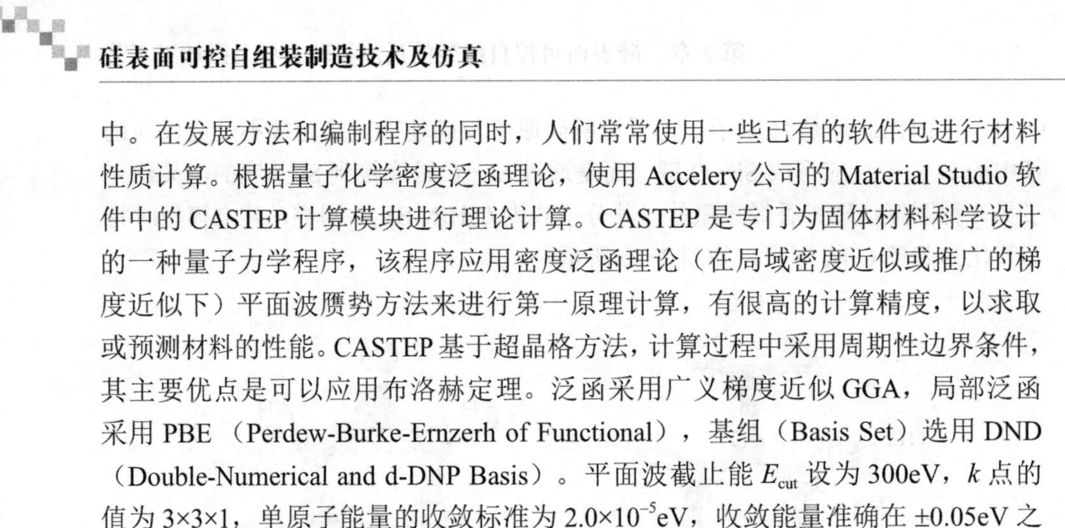

中。在发展方法和编制程序的同时，人们常常使用一些已有的软件包进行材料性质计算。根据量子化学密度泛函理论，使用 Accelery 公司的 Material Studio 软件中的 CASTEP 计算模块进行理论计算。CASTEP 是专门为固体材料科学设计的一种量子力学程序，该程序应用密度泛函理论（在局域密度近似或推广的梯度近似下）平面波赝势方法来进行第一原理计算，有很高的计算精度，以求取或预测材料的性能。CASTEP 基于超晶格方法，计算过程中采用周期性边界条件，其主要优点是可以应用布洛赫定理。泛函采用广义梯度近似 GGA，局部泛函采用 PBE（Perdew-Burke-Ernzerh of Functional），基组（Basis Set）选用 DND（Double-Numerical and d-DNP Basis）。平面波截止能 E_{cut} 设为 300eV，k 点的值为 3×3×1，单原子能量的收敛标准为 2.0×10^{-5}eV，收敛能量准确在 ±0.05eV 之内，核心处理使用全电子方法。

2.4 计算结果和讨论

计算时按照设计构型和相同计算条件，首先对两种芳香烃重氮盐分子（硝基重氮盐 $NO_2C_6H_4$ 和芳基重氮盐 C_6H_5）和 Si（100）晶面模型进行结构优化，得到比较稳定的优化结构和 Si（100）晶面及芳香烃分子的能量；然后把优化好的芳香烃分子置于得到的比较稳定的 Si（100）优化结构上，采用相同条件进行结构优化获得 Si（100）和两种分子相互作用的稳定结构，对优化后的 Si（100）晶面及（100）晶面结合 $NO_2C_6H_4$—和 C_6H_5—后的结构进行一系列计算和分析，包括键长、键角、结合能和化学键布局。

2.4.1 键角和键长

图 2-7 和图 2-8 所示分别是 Si（100）晶面结合一个 $C_6H_4NO_2$ 分子和一个 C_6H_5 分子后在（100）—$C_6H_4NO_2$ 晶面和（100）—C_6H_5 晶面部位的三视图。从图 2-7 和图 2-8 中可以看出，在结合一个 $C_6H_4NO_2$ 分子经过结构优化后，Si（100）面和 $C_6H_4NO_2$ 的分子构型都发生了很大的变化，这是由于各个原子之间的相互作用引起的。表 2-2 和表 2-3 分别是 Si（100）晶面优化前、优化后、结合一个 $C_6H_4NO_2$ 分子和结合 C_6H_5 分子后部分原子间的键角和键长数值。

按结构理论推断单晶硅中每个 Si 以 sp^3 杂化轨道与另外四个 Si 原子形成四面体的空间结构，Si-Si 键长 d =2.352Å，Si-Si-Si 键角为 109.471°。当晶体沿某一方向切割后得到不同表面，晶体表面的原子结构明显地不同于体相的原子结构，其原因是固体中每个原子都贡献出相同数目的电子和周围其他原子形成化学键，从而使固体中原子结合在一起。但是固体表面上的原子由于其一面的原

子的化学键被切断，因而具有多余的未配对的价电子形成悬挂键，导致表面的结构与晶体体相内部产生差异。而单晶硅不同的晶面形成表面的情况又存在差异，导致其结构参数也不相同。

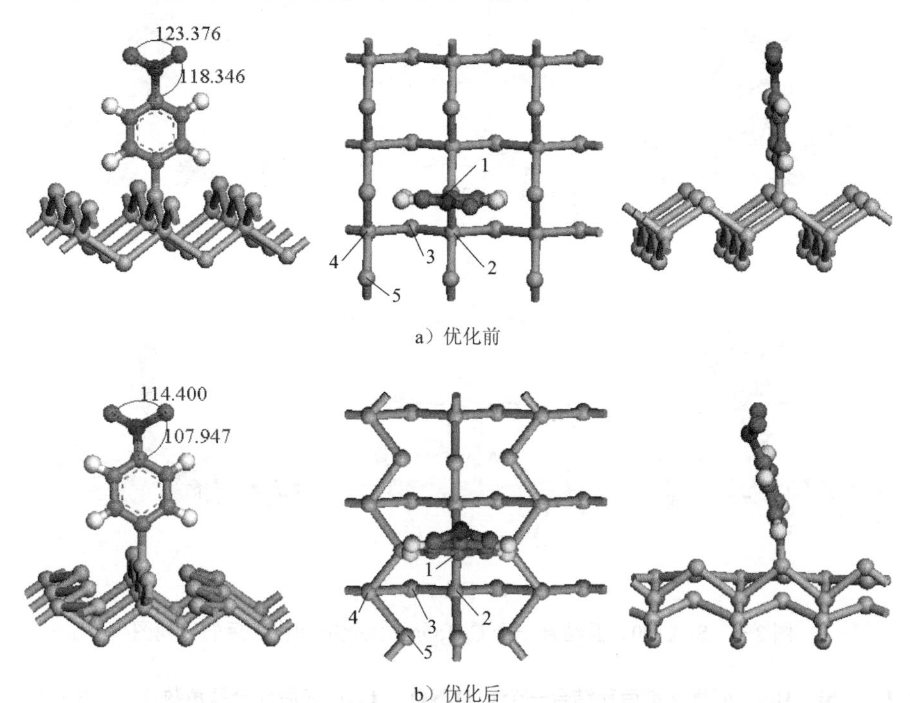

图 2-7 Si（100）面结合一个 $C_6H_4NO_2$ 分子优化前和优化后的三视图

结构优化后的键长和键角数值都发生了变化，与计算模型有关的键长和键角值见表 2-2 和表 2-3，其数值都与理论值不同。表 2-2 和表 2-3 中数值含有所选（100）晶面超晶胞优化后中选定的一个 Si 原子分别结合一个 C_6H_5 分子和 $C_6H_4NO_2$ 前后（图 2-7 和图 2-8）键长和键角数值。在表 2-2 和表 2-3 中，∠234 表示图 2-7 和图 2-8 中标记的 2、3、4 号硅原子间的夹角，d_{2-3} 表示图 2-7 和图 2-8 中标记的 2、3 号硅原子间的键长，其他的以此类推。

从表 2-2 的数据可以看出，在（100）晶面 1 号 Si 原子上分别结合一个 $C_6H_4NO_2$ 和 C_6H_5 后键角都发生了明显的变化，有的变大，有的变小。图 2-7 中的 ∠123 由 109.202° 增大到 111.428°，∠234 由 109.471° 减小到 106.302°，∠345 由 109.201° 减小到 63.204°。图 2-8 中 ∠123 和 ∠345 均减小，∠234 没有变化。同时，根据计算结果和图 2-7 还发现，组装前 $C_6H_4NO_2$ 分子中的 N—O 键长为 0.125nm，O—N—O 键角为 123.376°，C—N—O 键角为 118.346°，而组装后，N-O 键长变为 0.146nm，O—N—O 键角变为 114.40°，C—N—O 键角为

107.947°，这是因为$C_6H_4NO_2$分子中的O原子与部分Si原子存在着相互吸引力的作用。

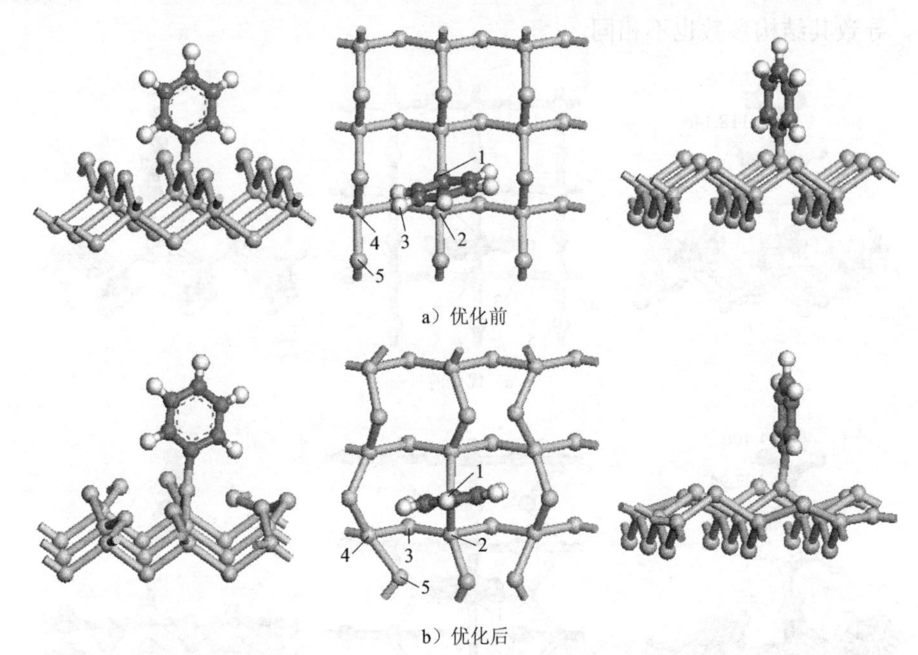

图2-8　Si（100）面结合一个C_6H_5分子优化前和优化后的三视图

表2-2　Si（100）面优化前后和结合一个$C_6H_4NO_2$、C_6H_5前后部分键角数值（单位：°）

键角	∠123	∠234	∠345
（100）优化前	109.471	109.471	109.471
（100）优化后	109.202	109.471	109.201
（100）—$C_6H_4NO_2$	111.428	106.302	63.204
（100）—C_6H_5	106.572	109.471	63.542

从表2-3中键长数据可以看出，分别结合一个$C_6H_4NO_2$和C_6H_5后，d_{2-3}和d_{3-4}的键长没有改变，而d_{1-2}和d_{4-5}发生了不同的变化。在（100）—$C_6H_4NO_2$中，d_{1-2}的值由0.232nm增加到0.239nm，d_{4-5}由0.231nm增加到0.253nm。在（100）—C_6H_5中，d_{1-2}的值由0.232nm减小到0.228nm，d_{4-5}由0.231nm增加到0.237nm。通过对Si（100）表面组装两种芳香烃重氮盐分子前后键长和键角的变化，可以详细地描述单个芳香烃分子在Si表面的空间分布情况，很直观地从原子水平上对组装结构有更深的了解。

表 2-3 Si（100）晶面优化前后和结合一个 $C_6H_4NO_2$、C_6H_5 前后部分键长数值 （单位：nm）

键长	d_{1-2}	d_{2-3}	d_{3-4}	d_{4-5}
（100）优化前	0.233	0.233	0.233	0.233
（100）优化后	0.232	0.233	0.233	0.231
（100）—$C_6H_4NO_2$	0.239	0.233	0.233	0.253
（100）—C_6H_5	0.228	0.233	0.233	0.237

2.4.2 晶面能量

图 2-9 分别是 $C_6H_4NO_2$/Si（100）和 C_6H_5/Si（100）优化后的系统总能量变化曲线，从图中可以明显地看出优化后的系统总能量大幅度降低，并逐步趋于稳定，表明两种芳香烃重氮盐分子都可以与刻划后的 Si（100）面的 Si 原子发生反应，且组装后的系统稳定性提高。

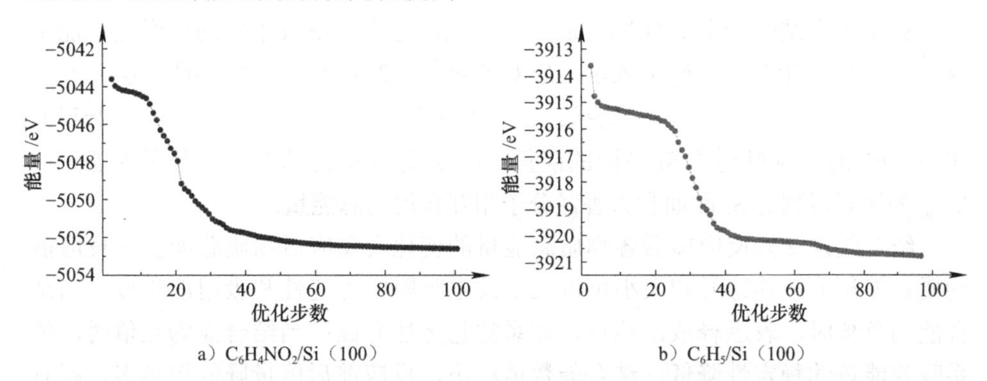

图 2-9 $C_6H_4NO_2$/Si（100）和 C_6H_5/Si（100）优化后的系统总能量变化曲线

表 2-4 是 Si（100）晶面 Si 原子分别结合一个 $C_6H_4NO_2$ 和 C_6H_5 前后的总能量，表 2-5 是结合前后 Si 原子的平均能量。（100）晶面所选计算模型包含 27 个 Si 原子，表面有 9 个 Si 原子。计算得到的能量是所选整个计算模型原子的总能量（表 2-4），假设把各原子的能量看成是相同的（实际上表面的原子的能量要高于体相内原子的能量），则（100）晶面结合 $C_6H_4NO_2$ 和 C_6H_5 前后 Si 原子平均能量计算结果见表 2-5。

表 2-4 Si（100）晶面 Si 原子分别结合一个 $C_6H_4NO_2$ 和 C_6H_5 前后的总能量 （单位：eV）

晶面	总能量
Si（100）	−2899.48
Si（100）—$C_6H_4NO_2$	−5052.52
Si（100）—C_6H_5	−3920.67

表 2-5　Si（100）晶面 Si 原子结合一个 $C_6H_4NO_2$ 和 C_6H_5 前后 Si 原子平均能量（单位：eV）

晶面	Si 原子平均能量
Si（100）	−107.39
Si（100）—$C_6H_4NO_2$	−187.13
Si（100）—C_6H_5	−145.21

对于体相内的 Si 原子，无论是哪一个晶面，它们的成键情况和周围环境都是一样的，所以能量也是相同的。而计算结果是分别结合两种重氮盐分子后晶面的 Si 原子的平均能量不同，结合 $C_6H_4NO_2$ 的 Si 原子平均能量为 −187.13eV，结合 C_6H_5 的为 −145.21eV。结合 $C_6H_4NO_2$ 的 Si 原子平均能量低于 C_6H_5 的 Si 原子平均能量，其原因可归结为表面原子能量的不同所致。由此可以推断结合 $C_6H_4NO_2$ 后，Si（100）晶面表面 Si 原子的稳定性高于结合 C_6H_5 后 Si 原子的稳定性。

Si 原子上结合一个 $C_6H_4NO_2$ 后能量变低，是由于形成了新的化学键。能量降低的大小可用结合能 E_a 来表示，E_a 是通过式（2-13）计算得到的，即

$$E_a=E_{Si+m}-（E_{Si}+E_m）\tag{2-13}$$

式中，E_{Si} 为计算得到的 Si 晶面的能量；E_m 为计算得到的芳香烃分子的能量；E_{Si+m} 为计算得到的 Si 晶面和芳香烃分子相互作用的总能量。

结合能定义为反应前后各物质总能量的变化（反应后物质总能量 − 反应前物质总能量），其符号和大小可以表示发生吸附的可能性和吸附的程度。当结合能为负数时，表示释放出能量，体系的稳定性升高；当结合能为正值时，体系吸收能量的稳定性降低。结合能数值越小，反应前后能量降低得越多，越有利于反应的发生。结合一个 $C_6H_4NO_2$ 后，能量降低，降低值就是形成 C-Si 化学键释放出的能量，表 2-6 为结合能计算结果。Si（100）晶面结合一个 $C_6H_4NO_2$ 后形成一个 C—Si 键释放出的能量—— 结合能为 −11.929eV，而结合 C_6H_5 后晶面放出的能量—— 结合能为 −8.59eV，两个晶面的结合能都较小，说明芳香烃分子可以稳定地组装在 Si 表面。

表 2-6　Si（100）晶面分别结合一个 $C_6H_4NO_2$ 和 C_6H_5 的结合能　（单位：eV）

晶面	结合能
Si（100）—$C_6H_4NO_2$	−11.929
Si（100）—C_6H_5	−8.59

2.4.3　化学键布局

表 2-7 是所选取的单晶硅 Si（100）晶面分别吸附一个 $C_6H_4NO_2$ 和 C_6H_5 前

后 Si_1 原子化学键布局，Si_1 为图 2-7 和图 2-8 中标记的 1 号 Si 原子。化学键布局值增大，意味着化学键的共价键成分升高，离子键成分降低，或者说共价键的极性减弱。

表 2-7　Si（100）晶面吸附一个 $C_6H_4NO_2$ 和 C_6H_5 前后 Si_1—Si 和 Si_1—C 化学键布局

晶面	Si_1—Si 布局	Si_1—C 布局
（100）	0.64	
（100）—$C_6H_4NO_2$	0.75	0.71
（100）—C_6H_5	0.80	0.73

表 2-7 化学键布局数据显示，在结合一个 $C_6H_4NO_2$ 和 C_6H_5 前后 Si_1—Si 的化学键布局由 0.64 分别变为 0.75、0.80，都有所升高。说明 Si_1 原子结合一个 $C_6H_4NO_2$ 和 C_6H_5 分子后，Si_1—Si 化学键共价性升高，离子性降低，或者说 Si_1—Si 键的极性减弱。这可以表明 Si 表面在组装上芳香烃重氮盐单层结构后，Si 的内部结构较组装前趋于稳定，整个系统的稳定性升高。当两个原子之间的化学键布局的数值为正时，原子间形成的化学键为共价键；当数值接近零时，形成离子键；小于零时，形成反键。从表 2-7 中的 Si_1—C 的化学键布局值可以看出，结合一个 $C_6H_4NO_2$ 和 C_6H_5 后，Si_1—C 的数值分别为 0.71 和 0.73，均为正值，表明形成了共价键，即芳香烃重氮盐分子是通过 Si—C 共价键组装在单晶硅 Si（100）表面的，这也进一步证明了 2.1 节提出的推论是可行的，从理论上为后续自组装结构的制备实验奠定基础。

2.5　微加工系统的建立

随着单晶硅应用的日益广泛，在硅表面低成本制备形状和位置高度可控的微纳结构是目前的研究热点。有必要通过改进制作工艺，寻求一种更简单、更容易的方法实现硅表面的改性和制备功能性纳米结构。机械 - 化学相结合的方法，已经证实是一种能够同时得到功能化硅表面的、成本最低的而且速度最快的方法。但目前在机械刻划单晶硅表面的实验中，当用 AFM 针尖进行刻划时，虽然能加工出表面质量较好的纳米结构，但加工范围较小，效率较低；而用金刚石刀具刻划，虽然可以提高加工效率，但难以保证微结构有较好的表面质量。因此，为了更好地利用机械 - 化学方法实现硅表面的可控自组装，需要建立一套适合在溶液中加工微结构的系统。

本节针对上述问题设计并建立了一套在溶液中进行机械 - 化学实验的微加工系统，具体介绍如下。

2.5.1 微加工系统的原理

本章建立的基于金刚石刀具刻划的自组装系统（即基于机械 - 化学法的微加工系统）原理如图 2-10 所示。该系统主要包括三部分：三维精密微动工作台（德国 PI 公司生产的 E-516）、MiniDyn 9256A1 型三向测力仪（KISTLER 仪器公司）和 CCD 放大系统。具体实物如图 2-11 所示。

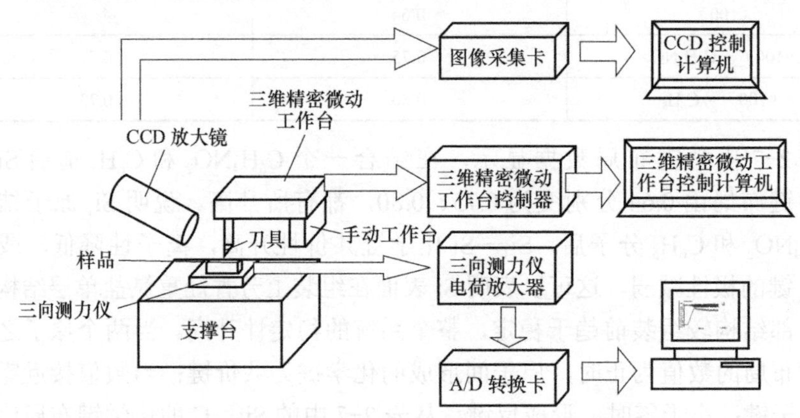

图 2-10 基于机械 - 化学法的微加工系统原理

图 2-11 基于机械 - 化学法的微加工系统

通过三维精密微动工作台和手动工作台控制刀具移动，用 CCD 放大系统观测逼近过程，用三向测力仪检测刀具和工件的接触情况，从而控制刀具在硅表面的加工深度。实验中由外部信号来控制微动工作台的压电陶瓷驱动（PZT）放大器模块，以驱动其运动。使用 5019B 型多通道电荷放大器，配用该公司生产的数据采集系统软件 DynoWare System 和 5216 型 A/D 转换卡采集刻划过程中力的信号。通过三向测力仪和 CCD 放大系统调整刀具，用三维精密微动工作台带动刀具在硅片上进行微纳米加工，并结合手动工作台的移动可以实现在较大范围内对硅片表面的成形加工。

将经过化学预处理的硅样品浸入装有芳香烃重氮盐溶液的溶液池中，并将溶液池放置在图 2-11 所示的装置中。控制三维精密微动工作台，利用金刚石刀具在组装溶液中刻划需要的图形，从而实现硅表面的成形和功能化的同时完成，即刻划区域的自组装。

2.5.2 微加工系统各组成部分介绍

根据所要建立的系统，需要用到三维精密微动工作台、手动工作台、高灵敏度压电式三向测力仪等。下面进行简要介绍。

（1）三维精密微动工作台　为实现微量进给和刻划，需要使用三维精密微动工作台，因此需要了解它的工作原理，并编制能够驱动工作台微动的软件。

实验采用 PI 公司生产的三维精度微动工作台，其 *X*、*Y* 和 *Z* 向移动范围分别为 0 ～ 100μm、0 ～ 100μm、0 ～ 20μm，*X*、*Y* 向重复精度为 ±5nm，*Z* 向重复精度为 ±2nm。该工作台控制箱由 PZT 放大器模块、伺服控制模块和显示 / 接口模块组成，可以选择不同模块来实现不同的功能。实验中选用电容传感器伺服控制模块、三通道低压 PZT 放大器模块和含有 IEEE-488 及 RS-232 接口的显示模块。PZT 可通过面板上的电位器或外部信号来控制，本实验采用外部信号控制。电容传感器对压电陶瓷驱动器进行位置伺服控制，保证工作台的运动精度。显示面板在线显示 PZT 的位置和输出电压，IEEE-488 以及 RS-232 串口用来接收外部计算机发送的标准的 SCPI 命令语言对工作台运动进行在线控制。因此在加工程序开始前，电容传感器伺服控制模块上所有伺服开关均应设置为 OFF，显示 / 接口模块的通信方式在面板上选择，在线 / 离线模式由软件触发。此三维精密微动工作台的灵活性提供了应用上的多种选择，同时也保证了系统的加工精度。

三维精密微动工作台的运行轨迹通过 RS-232 串口由字符串命令控制，并最终实现微结构的纳米尺度加工。软件采用模块化设计，每一模块实现一种微结构的加工功能，并由使用者预先设定工作台的参数和被加工结构的特征参数。利用 VB 编制友好的人机交互界面，可以方便地选择需要加工的微结构，并设置相关参数，编程环境中提供了矩形微结构的加工程序模块，并能够在加工程序运行之前，进行工作台硬件参数的初始化，包括在线 / 离线控制、位置伺服控制和速度伺服控制的设置。

（2）手动工作台　*X*、*Y* 和 *Z* 向的行程分别是 15mm、15mm 和 15mm，移动精度为 10μm。三维精密微动工作台与它相连接，它的主要作用是可以较大范围地控制三维精密微动工作台的位置，进而控制刀具，实现它与样品之间的快速逼近，并能够结合三维精密微动工作台实现较大范围内的微结构加工。

（3）三向测力仪　本实验使用的是KISTLER仪器公司生产的MiniDyn 9256A1型三向测力仪，用于刻划力的测量。这种测力仪采用薄形设计，可方便地安装在支撑台上并与样品相连接。它的基本原理是把传感器中压电陶瓷受到的力转换成电信号传到电荷放大器中，再由相关程序把该电信号转换成数据信号，以坐标图形式输出。其技术参数见表2-8。刻划力测量时，使用5019B型多通道电荷放大器，配用该公司生产的数据采集系统软件DynoWare System和5216型A/D转换卡，附带的驱动软件可通过RS-232C接口遥控电荷放大器。

表2-8　MiniDyn 9256A1型三向测力仪的技术参数

<table>
<tr><td rowspan="3">测量范围</td><td>F_x/N</td><td>−250 ～ 250</td></tr>
<tr><td>F_y/N</td><td>−250 ～ 250</td></tr>
<tr><td>F_z/N</td><td>−250 ～ 250</td></tr>
<tr><td>超载</td><td>F_z/N</td><td>−300 ～ 300</td></tr>
<tr><td colspan="2">测量阈值 /mN</td><td><2</td></tr>
<tr><td rowspan="2">灵敏度</td><td>F_x、F_z/（pC/N）</td><td>−11</td></tr>
<tr><td>F_y/（pC/N）</td><td>−13</td></tr>
<tr><td rowspan="3">固有频率</td><td>F_{ox}/Hz</td><td>≈ 5.1</td></tr>
<tr><td>F_{oy}/Hz</td><td>≈ 5.5</td></tr>
<tr><td>F_{oz}/Hz</td><td>≈ 5.5</td></tr>
<tr><td colspan="2">尺寸/$\frac{长}{mm}\times\frac{宽}{mm}\times\frac{高}{mm}$</td><td>80×75×25</td></tr>
</table>

2.6　微结构加工工艺研究

本节利用建立的微加工系统进行加工实验，研究了刀尖几何形状、刻划力、刀具前角和切削刃钝圆半径对微结构加工形貌和质量的影响，总结出以加工质量为主的最优加工参数，为后续自组装微纳结构的制造和检测奠定了基础。

2.6.1　刀具的选取

本实验加工材料为单晶硅，考虑到金刚石刀具的硬度和耐磨性比其他刀具材料高出1～2个数量级，因此选用了金刚石刀具作为加工工具。通过分析刀尖几何形状、刀具前角和切削刃钝圆半径对加工质量的影响，确定了刀具的形状和加工参数。

（1）刀尖几何形状对加工质量的影响　常用天然金刚石刀具的刀尖几何形状有尖刃、多棱刃、直线切削刃及曲线切削刃（主要是圆弧切削刃）等几种。

在这几种不同刀尖几何形状的金刚石刀具中，尖刃刀具难以加工出超精密表面，但可以实现微小结构的加工；圆弧切削刃刀具虽然刃磨困难，但加工残留面积较小；而直线切削刃刀具的加工残留面积最小，加工表面质量最高，但其不足之处是安装调整比较困难。

圆弧切削刃金刚石刀具对刀容易，使用方便，但刀具制造、研磨困难，价格较高。国外金刚石刀具较多地采用圆弧切削刃，推荐的切削刃刀尖圆弧半径为 0.5 ～ 3mm 或更小。在刻划深度相同的条件下，随着刀尖圆弧半径的减小，工件的表面粗糙度值增大，这是因为圆弧切削刃加工时留下的残留面积随着刀尖圆弧半径的变化而变化。当刀尖圆弧半径减小时，切削刃变得越来越小，工件上切削的残留面积越来越大。刀尖圆弧半径越小，工件的表面粗糙度值越大。所以从加工表面的表面粗糙度方面考虑，应该选择尽可能大的刀尖圆弧半径。但随着刀尖圆弧半径的继续增大，刀具将变得越来越钝，对工件产生很大的挤压力和摩擦力。同时，由于工件安装等情况的影响，在工件不同位置会产生不同的变形，使得切削层不再均匀，造成工件平面度降低。因此，刀尖圆弧半径的选择要兼顾加工表面粗糙度和平面度。

（2）刀具前角对加工质量的影响　在单晶硅的超精密切削中，金刚石刀具的质量对已加工表层质量有着显著的影响，其中对刀具前角和刃口锋锐度的选择显得尤为重要。实验研究表明，负前角可以有效地提高已加工表层的质量。对此一般的解释是当车刀前角为负前角时，可以对材料的被切削区域施加一个压应力场，该压应力场抑制了材料内被切削区域裂纹的扩展，因此可以实现单晶硅的塑性域切削。

哈尔滨工业大学的博士生赵奕运用线弹性断裂力学和有限元方法，对不同前角和刃口半径下切削区域的应力场分布和微裂纹扩展进行了仿真研究。有限元分析结果表明，采用适当范围的负前角切削可得到较好的表面质量，当刀具前角为 –15° 左右时，切削区域的最大拉应力值最小，这有利于抑制微裂纹的产生。因此，在对脆性材料进行超精密车削时，应选用 –25° ～ –15° 范围前角的车刀，有利于实现塑性域车削。

作者用建立的系统进行了下面的加工实验，采用前角分别为 0° 和 –15° 的圆弧刃金刚石刀具（圆弧半径为 1.5mm，切削材料为单晶硅），切削单晶硅（100）面。得到的加工表面的原子力显微镜检测图如图 2–12 所示。从图 2–12 明显可以看出，当车刀前角为 –15° 时，材料表面质量较好，加工表面基本是由塑性滑移形成的，如图 2–12b 所示；而车刀前角为 0° 时，加工表面不平整，有许多微裂纹脆性扩展在已加工表面，形成凹坑，如图 2–12a 所示。

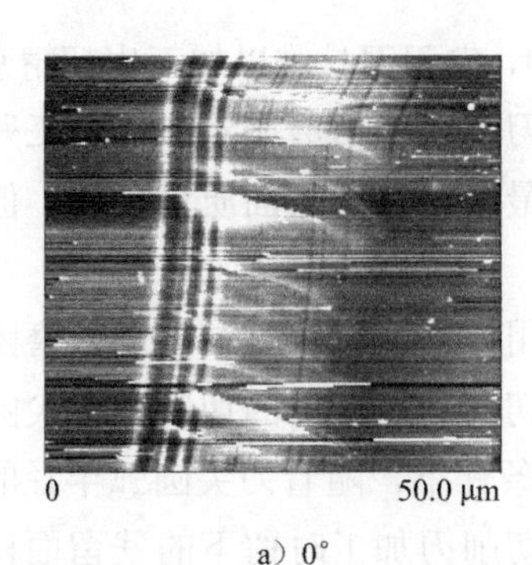

a）0°

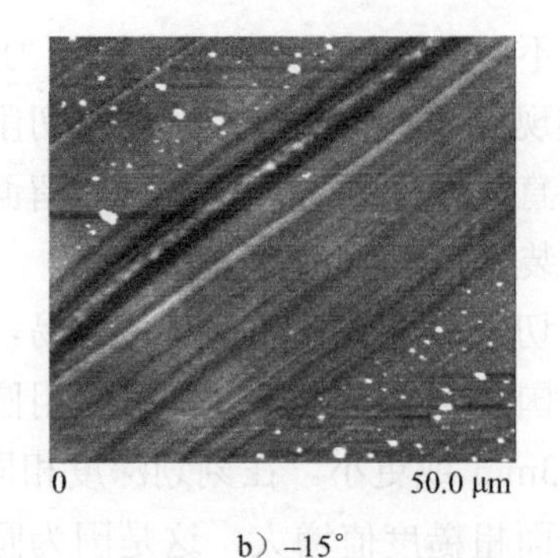

b）−15°

图 2-12　用车刀前角为 0° 和 −15° 的金刚石车刀车削单晶硅表面原子力显微镜检测图

（3）切削刃钝圆半径对加工质量的影响　由于切削刃不可能做成一条锋利的几何线，总是存在切削刃钝圆。切削刃钝圆半径越小，切削刃越锋利；切削刃钝圆半径越大，切削刃越钝。切削刃钝圆对加工表面挤压和摩擦的程度与切削刃的锋利度有关，切削刃越钝，加工表面的变形越大，加工误差也越大，加工质量越差。由此看来，要实现超精密切削，必须进行极微量的去除，也就是刀具的切削刃必须极其锋利或切削刃钝圆半径极小，这样才能保证去除的切削厚度足够小。因此，能够保证超精密切削稳定进行的最小切削厚度与金刚石刀具的切削刃钝圆半径有一定的关系。

金刚石刀具切削刃钝圆半径的大小是用金刚石刀具实现超精密切削的一个关键技术参数，目前国外声称已达到 2nm，我国总体上尚处于亚微米水平，而哈尔滨工业大学精密工程研究所目前可以达到几十纳米水平。当其他条件具备，在对加工表面质量有特殊高要求时，需要精心制造金刚石刀具，以达到切削刃锋利度要求。

哈尔滨工业大学的赵清亮博士用有限元分析了刃口半径对微裂纹扩展的影响，结果表明，在车刀刃口和工件表面接触区域最外点附近的微裂纹最容易发生扩展。当裂纹处于接触区域最外点时，刃口半径越小，裂纹越不易扩展；刃口半径越大，裂纹越容易发生扩展。因此，在脆性材料的超精密车削中，为了实现塑性域车削，应当尽可能选用刃口锋利的刀具。图 2-13 是分别选用四把金刚石车刀，刀具切削刃钝圆半径从小到大约为 60nm、170nm、300nm 和 650nm，切削单晶硅得到的 AFM 形貌图。由图 2-13 中可以看到，使用切削刃钝圆半径小的金刚石车刀进行切削得到的已加工表面明显存在车刀切削留下的塑性切削沟，表面完整无裂纹且表面粗糙度值低，这说明切屑基本上是以塑性变形方式从材料表面上去除的。而使用切削刃钝圆半径较大的金刚石车刀进行切削得到的已加工表面出现许多残留裂纹和凹坑，表面状况恶化，说明切削过程伴随着大量的材料脆性断裂，这些脆性破坏形成的凹坑严重地影响了表面质量。实验结果和有限元分析结果相一致，说明刃口锋利的车刀有利于实现对单晶硅的塑性域切削。

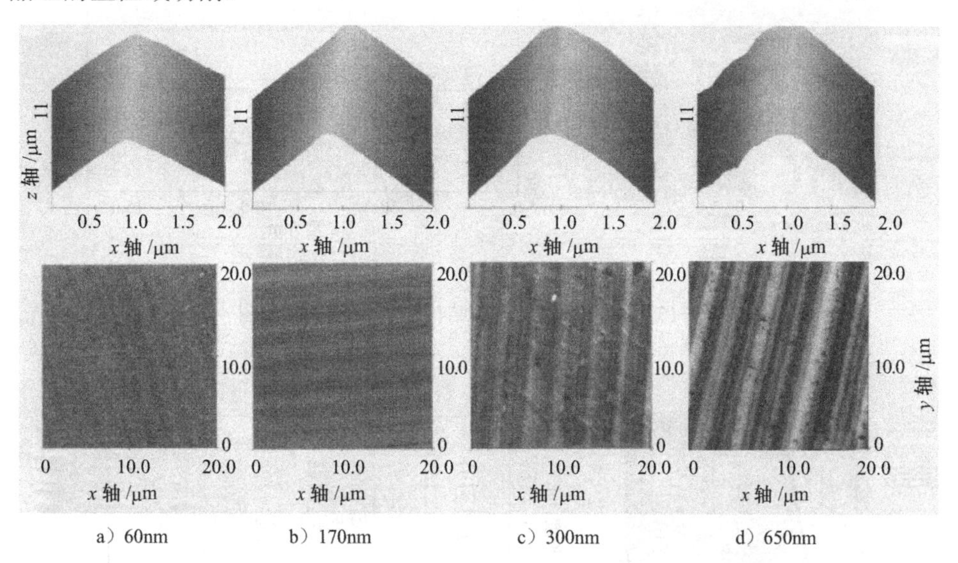

a）60nm　b）170nm　c）300nm　d）650nm

图 2-13　不同刃口半径的金刚石车刀切削硅的 AFM 形貌图

综合以上分析，本实验选用尖刃和圆弧刃金刚石刀具进行加工。其中，尖刃金刚石刀具的夹角为 83° 58′，如图 2-14a 所示；圆弧刃金刚石刀具（图 2-14b）的刀尖圆弧半径为 5mm，前角为 −15°，刃口半径为 80nm。

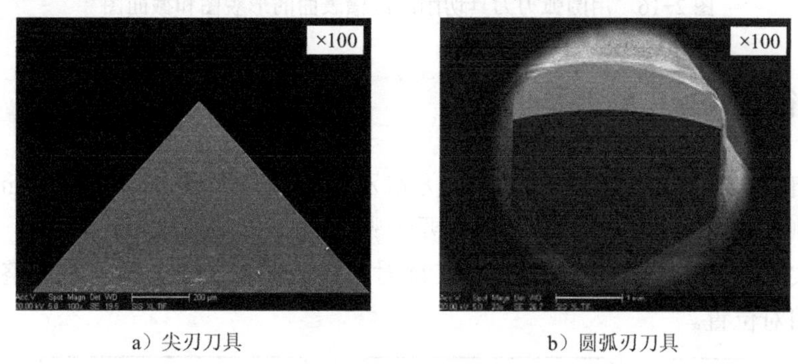

a）尖刃刀具　b）圆弧刃刀具

图 2-14　SEM 扫描两种刀尖形貌图

如图 2-15 所示，用尖刃能刻划出较窄的沟槽，宽度为 1μm 左右，深度为 35nm。但由于其内部形貌不易用原子力显微镜检测，而且其上生长的组装结构也不易用 XPS 等化学方法表征（最小检测面积是 $2\times0.8mm^2$）。为了便于后续可控自组装结构的表征和检测，在进行可控自组装结构的制备和检测实验中，多数图形结构选择能刻划出较大面积的圆弧刃刀具，使用这种刀具刻划出的沟槽形貌图和截面图如图 2-16 所示。

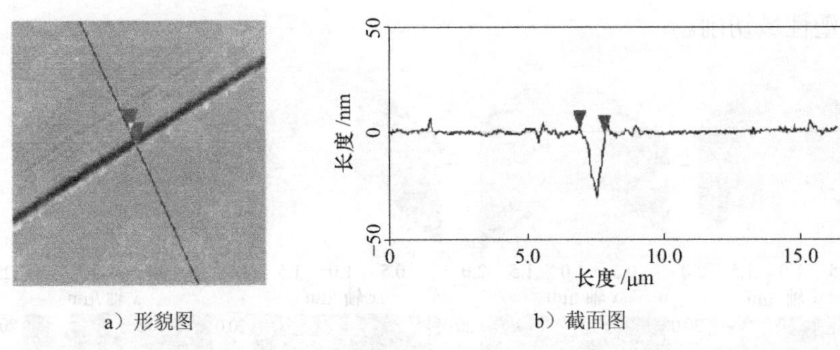

a）形貌图　　b）截面图

图 2-15　用尖刀刻划的微结构的形貌图和截面图

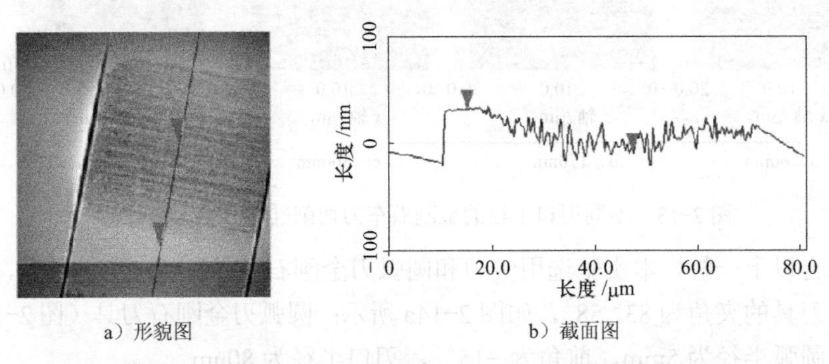

a）形貌图　　b）截面图

图 2-16　用圆弧刃刀具切削的沟槽表面的形貌图和截面图

2.6.2　微结构加工的主要步骤

把自然氧化的硅片分别用丙酮、无水乙醇、蒸馏水超生清洗各 5min，然后固定在测力仪的固定件上，加工的主要步骤如图 2-17 所示。可以看出，在进行微加工实验前，最关键的步骤是用 CCD 对刀系统和三向测力仪系统调整工件与刀具的相对位置。

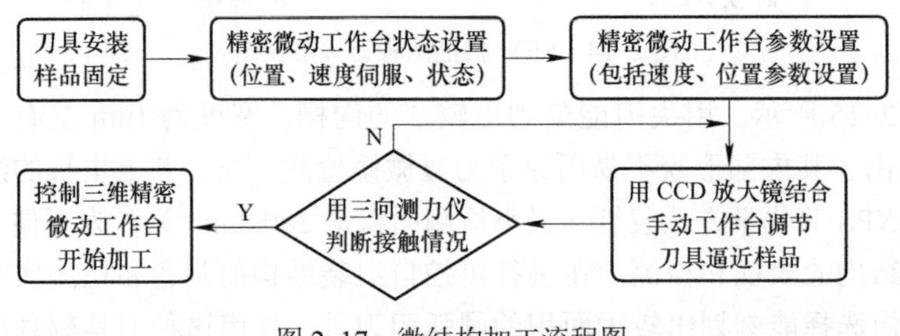

图 2-17　微结构加工流程图

2.6.3 加工过程中刻划力的影响

在对刀过程中，先用粗动工作台移动刀具，当刀尖距离样品表面很近时（用CCD 对刀，能够移动到接近甚至小于 100μm 处）停止。三向测力仪测力的时间设置为 10s 左右（和精密微动工作台 Z 向移动速度以及刀尖和样品的距离有关），利用精密微动工作台控制刀具向样品移动，同时启动三向测力仪，可以从所测得的 Z 向力的突变来判断刀尖和样品的接触情况，通过它可以对刻划深度进行控制。图 2-18 是圆弧刃刀具逼近样品时三向测力仪受力的变化图。

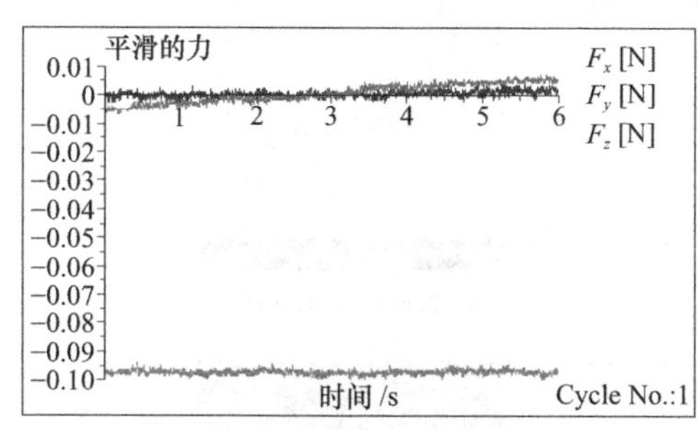

a）刀具和样品未接触

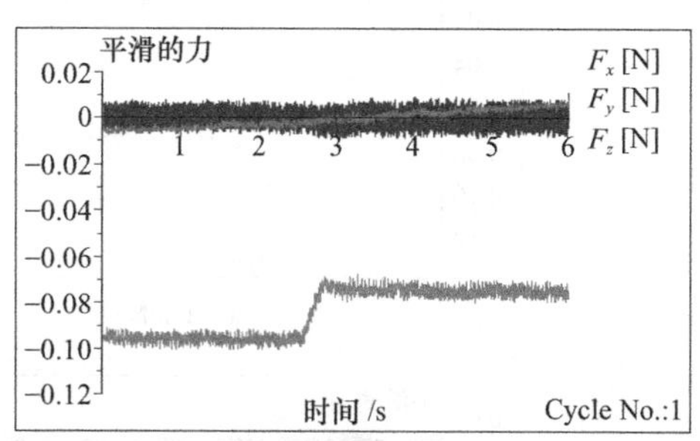

b）刀具接触样品

图 2-18　圆弧刃刀具逼近样品时三向测力仪受力的变化图

图 2-18a 所示为刀具未接触样品时三向测力仪所受的力，Z 向的力为 −0.10N，是由样品及固定件自身重力引起的，主要判断此力的突变情况，继续用精密微动工作台控制刀具逼近工件表面，当所受 Z 向力有突变时，如图 2-18b 中所示，表明刀具和样品发生接触，此时刀尖对样品作用力大约为 20mN。图 2-19 是相应的对刀过程照片。

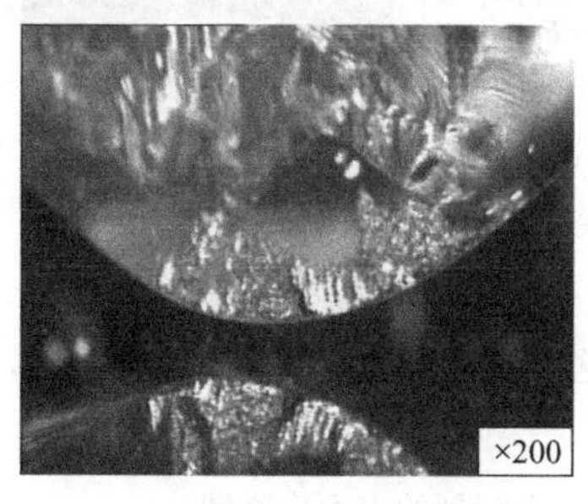

a）刀具和样品未接触

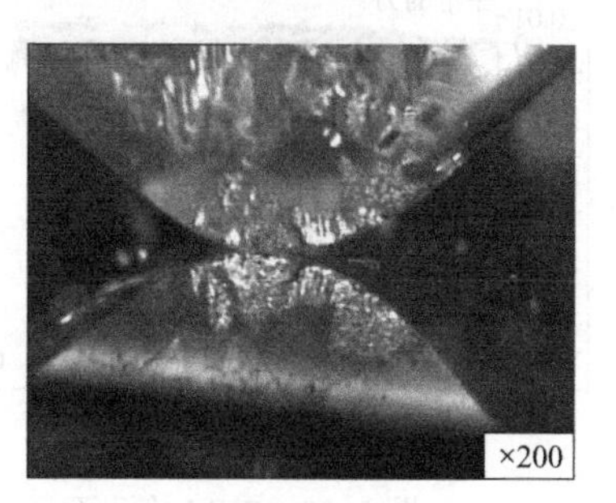

b）刀具接触样品

图 2-19　CCD 拍摄的刀具逼近样品的过程照片

在微加工系统中，刀具的把持机构是纯刚性结构，因此，刻划深度与垂直载荷之间近似呈线性关系，通过控制刀具 Z 向力的大小，可以实现不同深度沟槽的刻划。如图 2-20 所示的扫描电镜图片是用圆弧刃刀具在刻划速度为 2μm/s，

Z 向力分别为 20mN、60mN、80mN 时刻划的表面形貌，可以看出随着刻划力越来越大，表面质量逐渐变差。这是由于随着刻划力的增大，被加工表面刻划深度随之增加，被去除材料的增多影响了表面质量。经过实验发现，当刻划力在 20 ～ 40mN 时刻划的表面质量较为理想，此时去除材料较少，对表面质量影响较小。刻划过程中力的大小如图 2-20 所示。

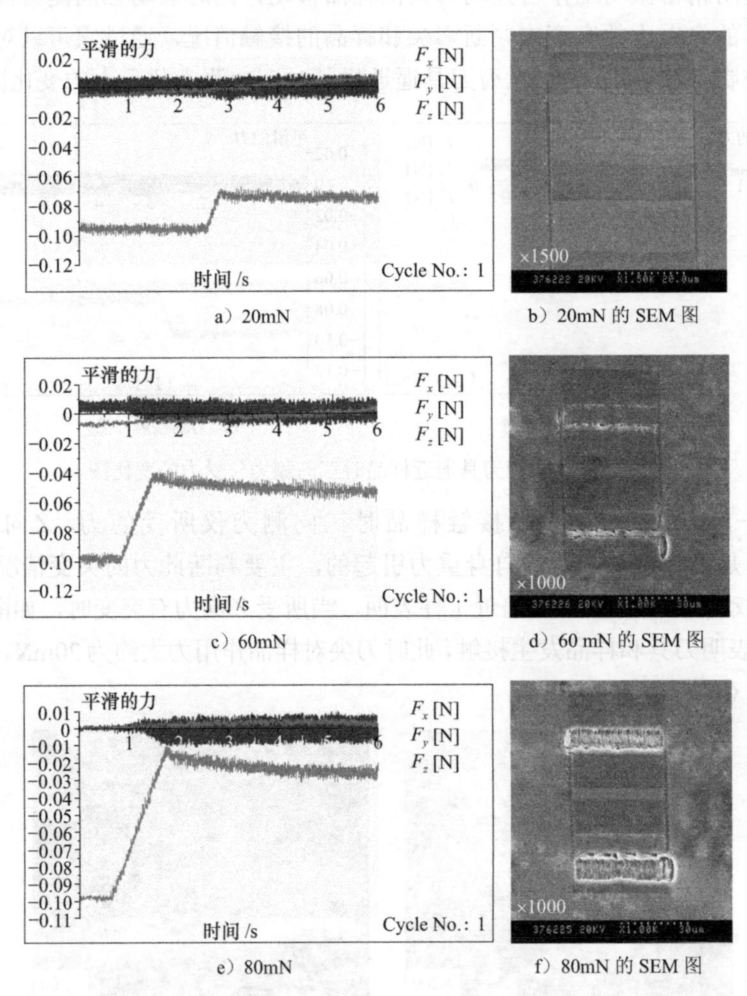

a）20mN　b）20mN 的 SEM 图

c）60mN　d）60 mN 的 SEM 图

e）80mN　f）80mN 的 SEM 图

图 2-20　SEM 检测不同刻划力刻划的表面形貌图

2.6.4　典型微结构的加工

通过上述对刀尖几何形状、刀具前角、切削刃钝圆半径和刻划力对微结构加工质量影响的分析，总结出了以加工质量为主的最优加工参数。其中，刻划力为 20mN、刀具前角为 −15°、尖刀的夹角为 83°58′。对于圆弧刃刀具来说，刀尖圆弧半径为 1.2mm 和 5mm，刃口半径为 80nm。为实现自组装微纳结构制造技术的可控性，分别使用尖刃和圆弧刃金刚石刀具加工了几种典型的微结构，为下一步自组装结构的检测和应用提供了较好的实验基底。

图 2-21 是使用金刚石尖刃刀具刻划得到的十字网格微结构。图 2-21a 为 AFM 形貌图，由图可见，方格的边线线宽在 1.5μm 以内，每个网格的边长约为 3μm；图中 2-21b 为相应的截面图，从图中可知，十字网格微结构的刻痕深度为 60nm 左右。图 2-22a 是用金刚石尖刃刀具刻划出的宽度为 1μm 左右、深度约为 45nm、间隔 10μm 的直线阵列微结构 AFM 形貌图，其截面如图 2-22b 所示。

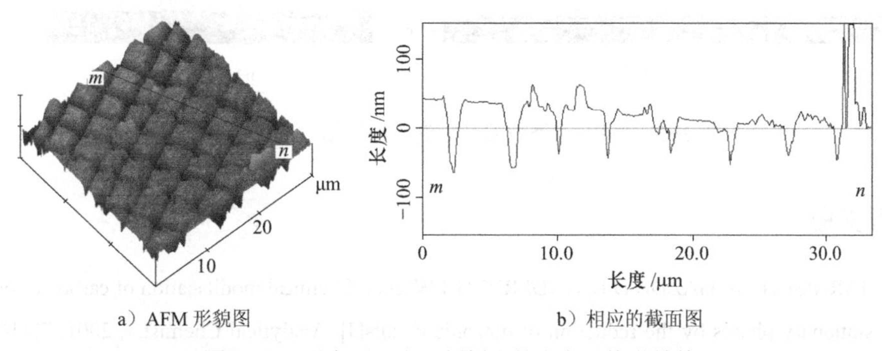

a）AFM 形貌图　　b）相应的截面图

图 2-21　用金刚石尖刃刻划出的十字网格微结构

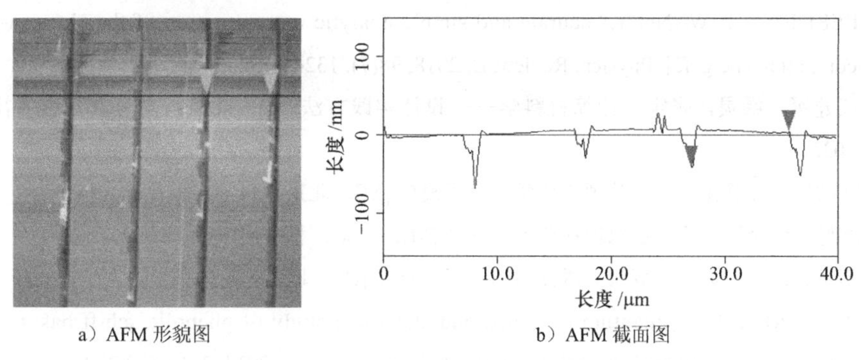

a）AFM 形貌图　　b）AFM 截面图

图 2-22　用金刚石尖刃刀具刻划的微结构 AFM 形貌图和截面图

图 2-23 是分别使用尖刃和圆弧刃刀具刻划的规则微结构的 SEM 图。图 2-23a 为线宽在 1μm 左右、间隔距离 1μm 的直线阵列；图 2-23b 为宽度 50μm、长度 60μm 的矩形槽阵列，整体面积为 350×460μm^2。这两个微结构图形说明，能够通过结合使用精密微动工作台和手动工作台实现较大范围内的微结构加工。这为后续可控自组装结构的制备及其在 MEMS/NEMS 中的应用奠定了基础。

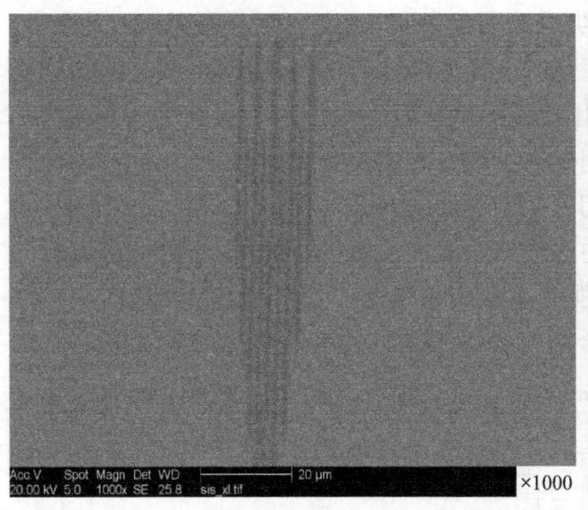

a）尖刃刀具刻划

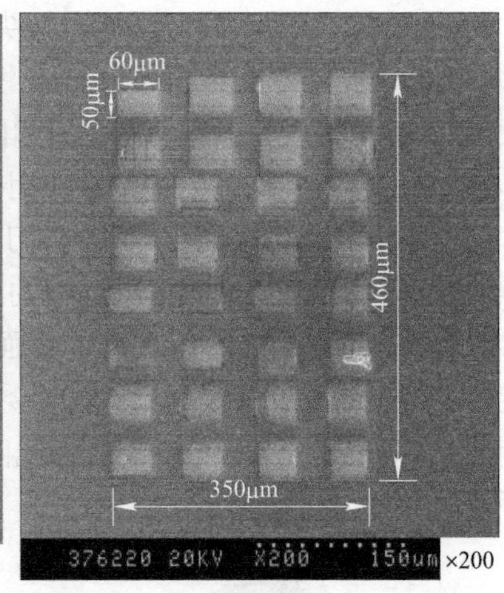

b）圆弧刃刀具刻划

图 2-23　用不同类型刀具刻划出的微结构的 SEM 图

参考文献

[1] HARNISCH J A, GAZDA D B, ANDEREGG J W, et al. Chemical modification of carbonaceous stationary phases by the reduction of diazonium salts[J]. Analytical Chemistry, 2001, 73(16): 3954-3959.

[2] PERDEW J P, WANG Y.Accurate and simple analytic representation of the electron-gas correlation energy[J]. Physical Review, B, 2018, 98(7): 13244-13249.

[3] 江建军，缪灵，张宝．计算材料学—— 设计实践方法 [M]．北京：高等教育出版社，2022.

[4] 陈敏伯．计算化学——从理论化学到分子模拟 [M]．北京：科学出版社，2018.

[5] 周健，梁奇锋．第一性原理材料计算基础 [M]．北京：科学出版社，2019.

[6] 李贺康．超导量子计算相关器件的制备工艺研究 [D]．北京：中国科学院大学，2019.

[7] ANOUAR E H. A quantum chemical and statistical study of phenolic schiff bases with antioxidant activity against dpph free radical [J]. Antioxidants, 2014, 3(2): 309-322.

[8] 赵奕，董申，周明，等．脆性材料超精密车削中脆塑转变的研究 [J]．工具技术，1998，32（11）：6-10.

[9] 赵清亮，陈明君，梁迎春，等．金刚石车刀前角与切削刃钝圆半径对单晶硅加工表层质量的影响 [J]．机械工程学报，2002，38（12）：57-59.

第 3 章 单晶硅机械刻划有限元理论及模型建立

超精密切削刻划不同于普通切削，首先应该以超精密切削的理论为基础，去理解和分析超精密切削过程，优化超精密切削中的参数。超精密切削与普通切削最大的区别就是切削厚度与刀具半径在同一数量级，刀具不再是尖刃，所以超精密切削过程中一定要考虑钝圆半径对切削过程的影响。其次，超精密切削过程是一个大变形、大位移的高度非线性问题，要应用有限元的非线性理论去求解。只有掌握有限元法的线性、非线性理论以及其求解过程，抓住有限元算法思想核心，才能灵活地驾驭和利用有限元软件这个分析工具。最后，利用已有的超精密切削和有限元法理论，使用大型商业有限元软件 MSC.Marc 正确建立超精密切削的二维模型。

3.1 切削的基本理论

3.1.1 切削变形区

为便于对切削过程进行分析，应先了解切削变形区的划分。如图 3-1 所示，切削中的工件根据其塑性变形特性可分为以下三个变形区。

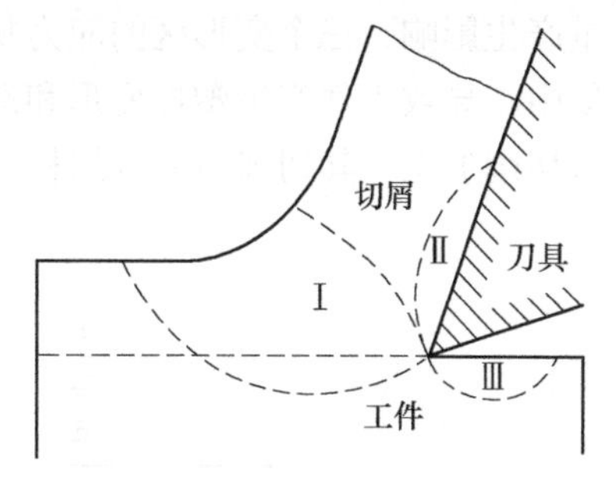

图 3-1 切削过程中的三个变形区

第Ⅰ变形区：即第一变形区，这个区域的材料在进入该区之前只有弹性变形，进入之后发生剪切变形并随之出现加工硬化，因此这一区域又称为剪切区。

第Ⅱ变形区：即第二变形区，当切屑已经形成并沿刀具前刀面与工件材料分离时，切屑上底部的材料同前刀面接触受到强烈的挤压和摩擦，使这部分材料再次变形并流动变缓。

第Ⅲ变形区：后刀面与已加工表面材料接触的区域称为第三变形区。已加工的工件表面受到切削刃下方的挤压和后刀面的摩擦，这个区域的材料再次发生变形。

这三个变形区都随着刀具的向前运动而随之移动，且都集聚在切削刃附近。三个变形区的应力比较集中而且复杂，切屑与工件在第一变形区分离，随后切屑在第二变形区、已加工表面在第三变形区分别受到前刀面和后刀面的挤压和摩擦。

3.1.2 超精密切削机理及最小切削厚度

1. 超精密切削机理

超精密加工就是在超精密机床设备上对材料进行微量切削，以获得镜面和很高形状精度的加工过程，其精度从微米到亚微米，乃至纳米。用金刚石刀具在精密机床上进行超精密切削，还可在芯片基底上加工出高精度的微纳结构。精密切削的切削厚度非常小，最小切削厚度可达到 1nm。精密切削使用的单晶金刚石刀具要求刃口极为锋利，刃口钝圆半径在 0.5 ～ 0.01μm。

在实际超精密切削工件材料时，切削刃和前刀面的主要任务是去除工件上的材料，刀具前角 γ 和钝圆半径 r_n 值的大小直接影响塑性变形的程度和切屑形状，并对切削过程中产生的物理现象和已加工表面质量产生显著影响。超精密切削时，工件材料被通过分流点 O 且平行于已加工表面的分流线分为上、下两部分（图 3-2），分流线以上的材料（也称为切削层）沿前刀面向上移动形成切屑，分流线以下的材料（也称为塑性变形层）被 O 点以下的切削刃碾压和受到后刀面的摩擦后形成已加工表面。这个过程中被加工的工件材料经过后刀面的挤压产生压缩弹塑性变形，塑性变形不可恢复，已加工表面残留压应力对已加工表面质量产生影响。三个变形区的应力状态十分复杂，应力集中造成工件材料中的位错集中，导致工件产生塑性变形和滑移分离。刃口半径越小，越能进行极薄的超精密切削加工，其切削刃前方的材料应力越集中，越易变形，加工表面质量越好。

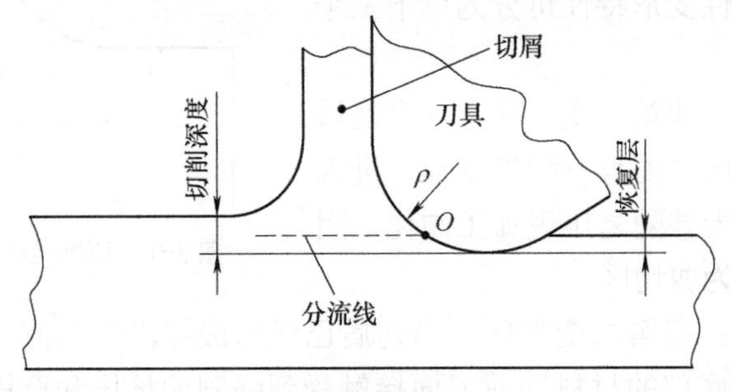

图 3-2 精密切削原理

2. 最小切削厚度

微量切除的原理是一种加工方法所能达到的加工精度取决于这种加工方法

能够移除的极限最小切削厚度 $h_{D\min}$，能切除的 $h_{D\min}$ 越小，工件材料抵抗塑性变形的能力越强，工件最终工序的最小切入深度应等于或小于零件的加工精度（允许的加工误差）。因此，最小切削深度反映了它的精加工能力。

在精密和超精密切削中，极限最小切削厚度 $h_{D\min}$ 与刃口半径 ρ 有密切的关系，如图 3-3a 所示。A 为极限临界点，A 点以上的工件材料受到刀具挤压后，将堆积起来形成切屑，与工件分离；而 A 以下，被加工的材料经弹塑性变形而形成已加工表面。

现在对 A 点的受力情况进行分析。如图 3-3b 所示，在 A 点处工件受水平力 F_x 和垂直力 F_y 作用。这两个力也可分解为 A 点处的切向力 μN 和法向力 N，则 N 和 μN 力可用下式计算

$$N = F_y \cos\theta + F_x \sin\theta$$

$$\mu N = F_x \cos\theta - F_y \sin\theta$$

化简后为：

$$\tan\theta = \frac{F_x - \mu F_y}{\mu F_x + F_y}$$

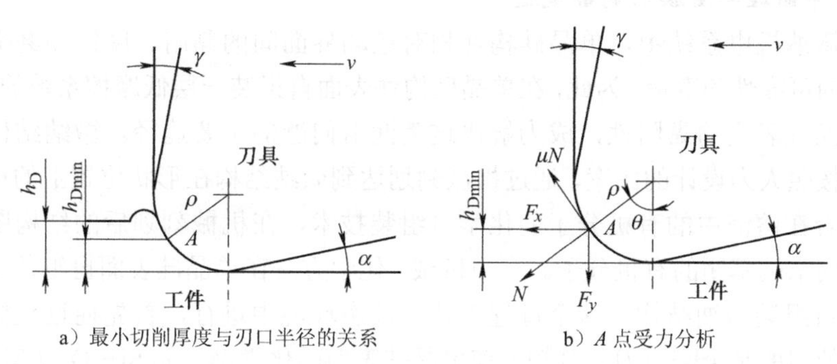

图 3-3 最小切削厚度与刃口半径的关系及 A 点受力分析

在实际摩擦力 $(\mu N)'$ 大于 μN 为前提时，刀具钝圆半径处的圆弧与正在切削加工中的材料没有相对滑移，分流线以上的材料将随切削刃前进，逐渐堆积，最后形成切屑而被切除。故：

$$(\mu N)' > F_x \cos\theta - F_y \sin\theta$$

极限最小切削厚度 $h_{D\min}$ 应为

$$h_{D\min} = \rho(1-\cos\theta) = \rho\left(1 - \frac{1}{\sqrt{1+\tan^2\theta}}\right)$$

化简后为

$$h_{D\min}=\rho\left(1-\frac{F_y+\mu F_x}{\sqrt{\left(F_x^2+F_y^2\right)\left(1+\mu^2\right)}}\right)$$

分析上述方程可知，当切削刃刃口半径 ρ 为某一值时，能切下的最小切削厚度 $h_{D\min}$ 和临界点处的 $\frac{F_y}{F_x}$ 比值、刀具工件材料间摩擦系数有关。当切削深度小于最小切削厚度很多时，在工件表面产生弹性变形，随着切削的继续进行，已加工表面弹性恢复，没有切屑产生；随着切削深度的增加，切削深度仍然在最小切削厚度以下，工件表面将会残留下刀具经过的塑性变形，此时也没有切屑产生；当切削深度大于最小切削厚度时，便开始产生切屑。

切削时，A 点处的 $\frac{F_y}{F_x}$ 比值一般在 0.8 ～ 1 范围内。对于用金刚石刀具的超精密切削，根据经验可以取 F_y=0.9F_x，金刚石刀具与单晶硅之间的摩擦因数 μ 是 0.07。用前面的公式可以算出：在 F_y=0.9F_x，μ=0.07 时，$h_{D\min}$=0.316ρ。

3. 单晶硅单层膜的制备概述

在微纳机电系统中，单晶硅构件相对运动界面间的黏附、摩擦和磨损将影响系统的可靠性和寿命。为此，在单晶硅构件表面自组装一层低摩擦系数的结构，改善单晶硅表面的黏附性，成为解决这类润滑问题的主要途径。微纳结构的加工是先按照人为设计的图案，通过机械刻划达到微纳结构在形状位置上的可控，同时结合在溶液中的有机分子的化学自组装技术，在机械刻划后的结构图形上连接不同末端基团的有机分子。利用机械 - 化学方法在单晶硅表面自组装单层膜和制造自组装微纳结构，这个过程需要在液态环境中进行，首先通过机械刻划（本书使用的是金刚石刀具刻划）使单晶硅表面的化学键（如 Si—O 或 Si—H、Si—Si 键）断裂，形成单晶硅的自由基，进而引发它们与溶液中含有的有机分子共价结合以形成表面单层膜结构和微纳结构，实现单晶硅表面的功能化。

3.2 有限元法概述

随着电子和细微产品的不断发展，微纳结构的加工对生产率、基底表面质量和加工精度提出了更高的要求，有限元模拟将是提供解决这一系列问题的重要手段。采用有限元法模拟切削可获得切削实验无法或难以直接测量的状态变量，如加工后工件的应力场、应变场和切削温度分布等，根据仿真模型选择恰

当的切削参数和刀具参数，有利于得到高质量的单晶硅表面，为进一步在单晶硅表面进行机械 - 化学加工微纳结构奠定基础。有限元法的基本思想如下：

1. 结构简化及连续体的离散化

将真实结构简化为力学模型，引入一些假设和简化条件。此外，还要对载荷做某些简化。计算中使用简化后的模型。然后将连续体离散为有限个形状规则的小单元体，相邻单元之间用节点相连并对单元和节点进行编号。作用在单元上的外载荷，按等效原则移植为节点载荷。用划分后的有限个小单元的集合体代替原来的连续体。

2. 单元分析

1）Marc 以单元节点位移作为基本未知量，假定单位元位移模式（单元的位移插值函数），单元内其余各点的位移通过节点位移用插值函数 $\{\boldsymbol{u}\}=[\boldsymbol{N}]\{\boldsymbol{u}^{\mathrm{e}}\}$ 求得。其中，$\{\boldsymbol{u}\}$ 为单元内任一点的位移列阵；$\{\boldsymbol{u}^{\mathrm{e}}\}$ 为单元节点位移列阵；$[\boldsymbol{N}]$ 为单元形函数矩阵。

2）利用几何方程、物理方程 $\{\boldsymbol{\varepsilon}\}=[\boldsymbol{B}]\{\boldsymbol{u}^{\mathrm{e}}\}$、$\{\boldsymbol{\sigma}\}=[\boldsymbol{D}]\{\boldsymbol{\varepsilon}\}$，导出单元应力表达式 $\{\boldsymbol{\sigma}\}=[\boldsymbol{D}][\boldsymbol{B}]\{\boldsymbol{u}^{\mathrm{e}}\}=[\boldsymbol{S}]\{\boldsymbol{u}^{\mathrm{e}}\}$。其中，$\{\boldsymbol{\varepsilon}\}$、$\{\boldsymbol{\sigma}\}$ 为单元内任一点应变、应力列阵；$[\boldsymbol{B}]$、$[\boldsymbol{D}]$ 为单元应变、弹性矩阵；$[\boldsymbol{S}]=[\boldsymbol{D}][\boldsymbol{B}]$ 为单元的应力矩阵。

3）虚功原理 $\left(\boldsymbol{u}^{*\mathrm{e}}\right)^{\mathrm{T}}\{\boldsymbol{R}^{\mathrm{e}}\}=\int_V\left(\boldsymbol{u}^{*\mathrm{e}}\right)^{\mathrm{T}}[\boldsymbol{B}]^{\mathrm{T}}[\boldsymbol{D}][\boldsymbol{B}]\{\boldsymbol{u}^{\mathrm{e}}\}\,\mathrm{d}V$，可简写为 $\{\boldsymbol{R}^{\mathrm{e}}\}=[\boldsymbol{K}^{\mathrm{e}}]\{\boldsymbol{u}^{\mathrm{e}}\}$。其中，节点外载荷 $\{\boldsymbol{R}^{\mathrm{e}}\}=\int_{\Omega^{\mathrm{e}}}[N]^{\mathrm{T}}b\mathrm{d}V+\int_{\Gamma^{\mathrm{e}}}[N]^{\mathrm{T}}t\mathrm{d}S+\boldsymbol{F}$，$\int_{\Omega^{\mathrm{e}}}[N]^{\mathrm{T}}b\mathrm{d}V$ 为单元内体力（或内热源）的贡献，$\int_{\Gamma^{\mathrm{e}}}[N]^{\mathrm{T}}t\mathrm{d}S$ 为面力（或热流）的贡献，$\boldsymbol{F}$ 为节点集中力；$[\boldsymbol{K}^{\mathrm{e}}]=\int_V[\boldsymbol{B}]^{\mathrm{T}}[\boldsymbol{D}][\boldsymbol{B}]\mathrm{d}V$，称为单元刚度矩阵；$\boldsymbol{u}^{*\mathrm{e}}$ 为单元 e 中节点虚位移，它所引起的虚应变为 $\boldsymbol{\varepsilon}^*$。

3. 整体分析

将单元刚度矩阵 $[\boldsymbol{K}^{\mathrm{e}}]$ 组集成总体刚度矩阵 $[\boldsymbol{K}]$，并将 $\{\boldsymbol{R}^{\mathrm{e}}\}$ 组集成总载荷列阵 $\{\boldsymbol{R}\}$，一般说来，集合所依据的原理是根据节点上力的平衡条件得出的。于是得到以总载荷列阵 $\{\boldsymbol{R}\}$、总体刚度矩阵 $[\boldsymbol{K}]$ 以及整个物体的节点位移列阵 $\{\boldsymbol{u}\}$ 表示的整个物体的平衡方程为：

$$[\boldsymbol{K}]=\sum_{\mathrm{e}}[\boldsymbol{K}^{\mathrm{e}}]$$

$$\{\boldsymbol{R}\}=\sum_{\mathrm{e}}[\boldsymbol{R}^{\mathrm{e}}]$$

$$[K]\{u\} = \{R\}$$

引入边界条件，求出各节点的位移，解出整体结构的节点的位移列阵$\{u\}$后，再根据单元节点的编号找出对应于单元的位移列阵$\{u^e\}$，单元内任一点的应力和应变就可利用几何、物理方程求得。

3.3 非线性有限元基础与求解方法及迭代的收敛判据

切削加工过程是一个高度的动态性、非线性的工艺过程。已加工表面质量受到切削用量、刀具几何参数、切屑的流动、工件的温度分布、热流和刀具磨损等因素的综合影响，不能简化为线性问题，应用非线性理论才能得到符合实际的结果。

3.3.1 非线性有限元基础

非线性问题大致可分为以下三类：

（1）几何非线性　几何非线性是由应变和位移之间存在的非线性关系引起的。这里指切削过程中的大位移、大应变问题。

（2）材料非线性　材料非线性是由材料内部变形应力应变的非线性关系引起的。这里指切削中材料产生的弹塑性变形。

（3）边界非线性　边界非线性是由边界条件和载荷引起的。这里的非线性边界条件是指切削中的接触和摩擦问题。

非线性有限元基础包括：

（1）大变形有限元方程　单晶硅材料在进行超精密切削时，有大变形、大位移现象。Marc 软件提供了两类参考系描述这类几何非线性问题，一类是将参考坐标始终建立在初始未变形构型上的总体 Lagrange 描述，在 Marc 中激活 LARGE DISP；另一类是以当前变形构型为参考坐标的更新 Lagrange 描述，在 Marc 中激活 LARGE STRAIN。从图 3-4 中可以形象地看出两种描述的区别。总体 Lagrange 特别适用于非线性弹性问题，因此本书选择更新 Lagrange 描述。

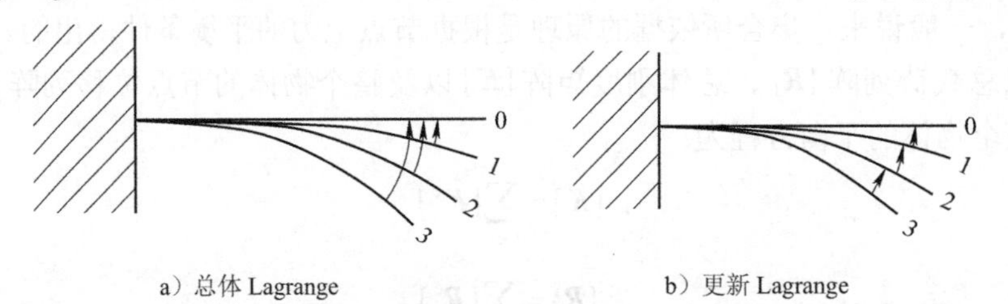

a）总体 Lagrange　　b）更新 Lagrange

图 3-4　总体 Lagrange 方法和更新 Lagrange 方法的区别

更新 Lagrange 方法所有变量以当前 t 时刻的构型为参考位形，用虚功原理建立时间增量 $t+\Delta t$，物体平衡条件等效方程为

$$\int_T {}^{t+\Delta t}_{t}\boldsymbol{\sigma}_{ij}\delta_{t+\Delta t}\boldsymbol{\varepsilon}_{ij}{}^{t+\Delta t}\mathrm{d}V={}^{t+\Delta t}Q \tag{3-1}$$

式中，${}^{t+\Delta t}_{t}\boldsymbol{\sigma}_{ij}$、${}^{t+\Delta t}V$、${}^{t+\Delta t}Q$、$\delta_{t+\Delta t}\boldsymbol{\varepsilon}_{ij}$ 分别是时间 $t+\Delta t$ 位形的应力、体积和外载荷的虚功、相应的无穷小应变的变分，其中

$${}^{t+\Delta t}Q=\int_{t+\Delta t_V}{}^{t+\Delta t}_{t+\Delta t}t_k\delta u'_k\mathrm{d}s+\int_{t+\Delta t_V}{}^{t+\Delta t}\rho\,{}^{t+\Delta t}_{t+\Delta t}f_k\delta u_k{}^{t+\Delta t}\mathrm{d}V \tag{3-2}$$

式中，δu_k 是当前位移分量 ${}^{t+\Delta t}u_k$ 的变分；${}^{t+\Delta t}_{t+\Delta t}f_k$、${}^{t+\Delta t}_{t+\Delta t}t_k$ 分别是时刻 $t+\Delta t$ 同一位形内度量的体积和面积载荷。方程中的所有变量都是以更新后的位形作为参考，式（3-1）可以转化为

$$\int_T {}^{t+\Delta t}_{t}\boldsymbol{S}_{ij}\delta^{t+\Delta t}_{t}\boldsymbol{\varepsilon}_{ij}{}^{t}\mathrm{d}V={}^{t+\Delta t}Q \tag{3-3}$$

式中，${}^{t+\Delta t}_{t}\boldsymbol{S}_{ij}$ 和 ${}^{t+\Delta t}_{t}\boldsymbol{\varepsilon}_{ij}$ 分别是时间 $t+\Delta t$ 位形的应力张量和应变张量，都以 t 时刻构型的位形为参考，分别称为更新的应力张量和更新的应变张量。它们与应力 ${}^{t+\Delta t}\sigma_{rs}$ 和弹性模量 ${}^{t+\Delta t}e_{rs}$ 的关系如下：

$${}^{t+\Delta t}_{t}\boldsymbol{S}_{ij}=\frac{{}^{t}\rho}{{}^{t+\Delta t}\rho}{}^{t+\Delta t}\sigma_{rs}\cdot{}^{t}_{t+\Delta t}x_{i,r}\cdot{}^{t}_{t+\Delta t}x_{j,s} \tag{3-4}$$

$${}^{t+\Delta t}_{t}\boldsymbol{\varepsilon}_{ij}=e_{rs}\cdot{}^{t+\Delta t}_{t}x_{r,i}\cdot{}^{t+\Delta t}_{t}x_{s,j} \tag{3-5}$$

为建立增量方程，应力增量分解为

$${}^{t+\Delta t}_{t}\boldsymbol{S}_{ij}={}^{t}\boldsymbol{\sigma}_{ij}+{}_{t}\boldsymbol{S}_{ij} \tag{3-6}$$

应变增量存在的关系如下：

$${}^{t+\Delta t}_{t}\boldsymbol{\varepsilon}_{ij}={}_{t}\boldsymbol{\varepsilon}_{ij} \tag{3-7}$$

其中（η、u 分别为应变分量）

$${}_{t}\boldsymbol{\varepsilon}_{ij}={}_{t}e_{ij}+{}_{t}\eta_{ij}\,,\quad {}_{t}e_{ij}=\frac{1}{2}({}_{t}u_{i,j}+{}_{t}\eta_{ij})\,,\quad {}_{t}\eta_{ij}=\frac{1}{2}\cdot{}_{t}u_{k,i}\cdot{}_{t}u_{k,j} \tag{3-8}$$

利用以上各式，代入式（3-1）可以推导出更新的拉格朗日方程。

$$\int_T {}_{t}\boldsymbol{S}_{ij}\delta_{t}\boldsymbol{\varepsilon}_{ij}{}^{t}\mathrm{d}V+\int_T {}^{t}\boldsymbol{\sigma}_{ij}\delta_{t}\eta_{ij}{}^{t}\mathrm{d}V={}^{t+\Delta t}Q-\int_T {}^{t}\boldsymbol{\sigma}_{ij}\delta_{t}e_{ij}{}^{t}\mathrm{d}V \tag{3-9}$$

（2）材料弹塑性本构关系　在单晶硅的塑性域超精密切削中，假设单晶硅材料为弹塑性材料模型，开始进行切削时工件材料由弹性状态进入塑性状态，随着切削过程的继续，塑性变形继续进行直至材料断裂。这一过程中塑性应变的数值不仅取决于当前的应力状态，还与塑性变形历史有关，故弹塑性有限元法采用增量法描述材料的这种应力应变的非线性关系。本书采用冯·米塞斯屈服准则、相关正交流动法则推导弹塑性本构关系。

用偏应力张量表示冯·米塞斯屈服准则的屈服函数为

$$\boldsymbol{J}_1 = \boldsymbol{S}_{ii} = \boldsymbol{S}_{xx} + \boldsymbol{S}_{yy} + \boldsymbol{S}_{zz} \tag{3-10}$$

$$\boldsymbol{J}_2 = \frac{1}{2}\boldsymbol{S}_{ij}\boldsymbol{S}_{ij} = \frac{1}{6}\left[(\sigma_1 - \sigma_2)^2 + (\sigma_2 - \sigma_3)^2 + (\sigma_3 - \sigma_1)^2\right] \tag{3-11}$$

$$\boldsymbol{J}_3 = \frac{1}{3}\boldsymbol{S}_{ij}\boldsymbol{S}_{jk}\boldsymbol{S}_{ki} \tag{3-12}$$

因为$\boldsymbol{J}_1$为0，忽略$\boldsymbol{J}_3$对屈服函数的影响。标准的冯·米塞斯屈服准则在三维应力空间下可表示为

$$F(\boldsymbol{J}_2) = \boldsymbol{\sigma}_{\mathrm{eq}} - \boldsymbol{\sigma}_y = \sqrt{\frac{3\boldsymbol{S}_{ij}\boldsymbol{S}_{ij}}{2}} - \boldsymbol{\sigma}_y = 0 \tag{3-13}$$

冯·米塞斯屈服函数可表示为

$$f(\boldsymbol{\sigma}_{ij}) = 0 \tag{3-14}$$

塑性应变增量的分量与应力增量分量之间的关系表示为

$$\mathrm{d}\boldsymbol{\varepsilon}_{ij}^p = \mathrm{d}\boldsymbol{\lambda}\frac{\partial \boldsymbol{f}}{\partial \boldsymbol{\sigma}_{ij}} \tag{3-15}$$

式中，$\mathrm{d}\boldsymbol{\varepsilon}_{ij}^p$为塑性应变增量的分量；$\mathrm{d}\boldsymbol{\lambda}$为待定有限量，它的具体数值和材料硬化法则有关；$\boldsymbol{f}$为与屈服函数相关的塑性势；$\boldsymbol{\sigma}_{ij}$为应力张量分量。

采用式（3-6）冯·米塞斯屈服条件，则各向同性硬化后继屈服函数表示为

$$F(\boldsymbol{\sigma}_{ij}, k) = \frac{1}{2}\boldsymbol{S}_{ij}\boldsymbol{S}_{ij} - \frac{1}{3}\boldsymbol{\sigma}_s^2(\bar{\varepsilon}^p) = 0 \tag{3-16}$$

式中，k为硬化参数；S_{ij}为应力偏张量，$\boldsymbol{S}_{ij} = \dfrac{\partial \boldsymbol{f}}{\partial_{ij}}$；$\boldsymbol{\sigma}_s$为流动应力；$\bar{\varepsilon}^p$为等效塑性应变。

为方便有限元计算，应变可以写成弹性应变与塑性应变之和。相应的，应变增量便为弹性应变增量与塑性应变增量之和。

$$\mathrm{d}\boldsymbol{\varepsilon}_{ij} = \mathrm{d}\boldsymbol{\varepsilon}_{ij}^e + \mathrm{d}\boldsymbol{\varepsilon}_{ij}^p \tag{3-17}$$

胡克定律仍然适用于弹性应变，故弹性应变增量与应力增量的关系有：

$$\mathrm{d}\boldsymbol{\sigma}_{ij} = \boldsymbol{D}_{ijkl}^e \mathrm{d}\boldsymbol{\varepsilon}_{kl}^e = \boldsymbol{D}_{ijkl}^e\left(\mathrm{d}\boldsymbol{\varepsilon}_{kl} - \mathrm{d}\boldsymbol{\lambda}\frac{\partial \boldsymbol{f}}{\partial \boldsymbol{\sigma}_{kl}}\right) \tag{3-18}$$

式中，$\boldsymbol{D}_{ijkl}^{e}$ 为弹性应力 - 应变关系矩阵，其元素由弹性模量、泊松比确定。

由式（3-6）、式（3-8）和式（3-9）可得：

$$\mathrm{d}\lambda=\frac{\left(\dfrac{\partial \boldsymbol{f}}{\partial \boldsymbol{\sigma}_{ij}}\right)\boldsymbol{D}_{ijkl}^{e}\mathrm{d}\boldsymbol{\varepsilon}_{kl}}{\left(\dfrac{\partial \boldsymbol{f}}{\partial \sigma_{ij}}\right)\boldsymbol{D}_{ijkl}^{e}\left(\dfrac{\partial \boldsymbol{f}}{\partial \sigma_{kl}}\right)+\left(\dfrac{4}{9}\right)\boldsymbol{\sigma}_{s}^{2}E^{p}} \tag{3-19}$$

将式（3-10）代入式（3-9）得应力增量与应变增量之间的非线性关系方程。

$$\mathrm{d}\boldsymbol{\sigma}_{ij}=\boldsymbol{D}_{ijkl}^{ep}\mathrm{d}\boldsymbol{\varepsilon}_{kl} \tag{3-20}$$

式中，$\boldsymbol{D}_{ijkl}^{ep}=\boldsymbol{D}_{ijkl}^{e}-\boldsymbol{D}_{ijkl}^{p}$，$\boldsymbol{D}_{ijkl}^{p}$ 为塑性矩阵。

（3）方程组的求解　有限元的求解主要是对刚度矩阵的求解得到节点位移，在切削过程中这些方程组都是非线性的，求解时要将其线性化。Marc 采用的是隐式算法。隐式时间积分为：

$$[\boldsymbol{M}]^{t+\Delta t}\{\ddot{\boldsymbol{u}}\}^{(i)}+{}^{t}[\boldsymbol{K}]\Delta\{\boldsymbol{u}\}^{(i)}={}^{t+\Delta t}\{\boldsymbol{R}\}-{}^{t+\Delta t}\{\boldsymbol{F}\}_{t+\Delta t}^{i-1} \tag{3-21}$$

式中，${}^{t}[\boldsymbol{K}]=\int_{V}[\boldsymbol{B}_{L}]^{T}[C][B]\mathrm{d}V$，为线性应变增量的刚度矩阵，其中 $[\boldsymbol{B}_{L}]$ 为线性应变 - 位移的变换矩阵；$[\boldsymbol{M}]=\int_{0V}[N]^{T}[N]^{0}\mathrm{d}V$，为与时间无关的质量矩阵；${}^{t+\Delta t}\{\boldsymbol{R}\}=\int_{0V}[N]^{T}\ {}^{t+\Delta t}_{0}\{\boldsymbol{T}\}^{0}\mathrm{d}V+\int_{0V}[N]^{T}\ {}^{t+\Delta t}_{0}\{\boldsymbol{F}\}^{0}\mathrm{d}V$，为 $t+\Delta t$ 时刻作用于节点上的外力矢量，${}^{t+\Delta t}_{0}\{\boldsymbol{T}\}$ 和 ${}^{t+\Delta t}_{0}\{\boldsymbol{F}\}$ 分别为 0 时刻每单位面积的表面力和每单位体积的体力矢量；${}^{t+\Delta t}_{0}\{\boldsymbol{F}\}_{t+\Delta t}^{(i-1)}$ 为 $t+\Delta t$ 时刻对应于第 $i-1$ 步迭代的单元应力的等效节点力；$\Delta\{\boldsymbol{u}\}^{(i)}$ 为第 i 次迭代中节点位移增量矢量；${}^{t+\Delta t}\{\ddot{\boldsymbol{u}}\}^{(i)}$ 为 $t+\Delta t$ 时刻第 i 次迭代中的节点加速度矢量；${}^{t}\{\ddot{\boldsymbol{u}}\}$ 为 t 时刻节点的加速度矢量；${}^{t}\{\boldsymbol{R}\}$ 为 t 时刻作用于节点上的外力矢量；${}^{t}\{\boldsymbol{F}\}$ 为 t 时刻单元应力的等效节点力矢量。每个时间增量步都会有很多个位移增量的迭代循环直至收敛，进入下一个时间增量步。

3.3.2　非线性有限元的求解方法及迭代的收敛判据

1. 非线性有限元的求解方法

非线性求解方法就是将非线性问题线性化。对于非线性方程组，MSC.Marc 软件提供了牛顿 - 拉斐逊（Newton-Raphson）法、修正的牛顿 - 拉斐逊迭代法、修正应变法、直接代入法和弧长法这几种解法。对于超精密切削问题，前两种

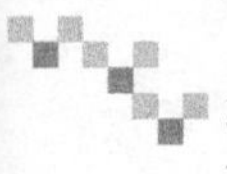

方法比较适合。

1）牛顿 - 拉斐逊法：牛顿 - 拉斐逊法的矩阵 $\boldsymbol{K}$ 是曲线在某点的切线的斜率，每次迭代需要根据新的迭代位移更新方程组系数矩阵，并重新分解，计算量非常大，使用时间也较长。但该方法迭代的收敛性较好，适用于切削图 3-5 所示的高度多重非线性问题。

2）修正的牛顿 - 拉斐逊迭代法：为了省去用牛顿 - 拉斐逊法求解时每次迭代重新形成和分解刚度矩阵的计算时间，此方法采用只在每个增量步开始时才重新更新系数矩阵并重新分解的方法。但这样每次迭代中不再更新刚度矩阵系数，虽然节省了计算时间，但是导致收敛性差，不利于分析大变形等高度非线性问题。比起牛顿 - 拉斐逊迭代法，修正的牛顿 - 拉斐逊迭代法收敛速度较慢，适用于非线性程度较低的问题，如图 3-6 所示。

通过比较，本书选用的是牛顿 - 拉斐逊迭代法。

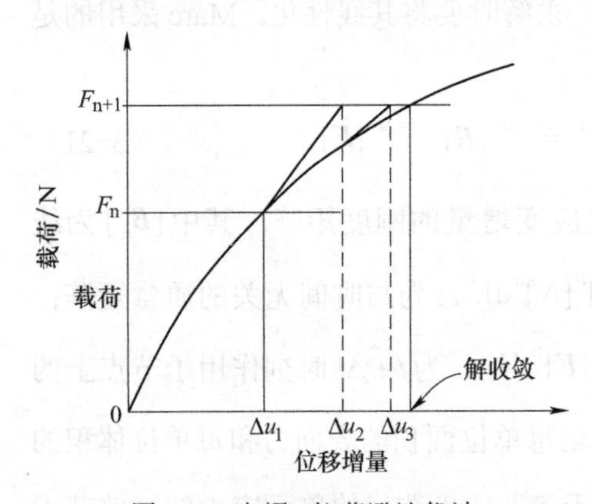

图 3-5　牛顿 - 拉斐逊迭代法

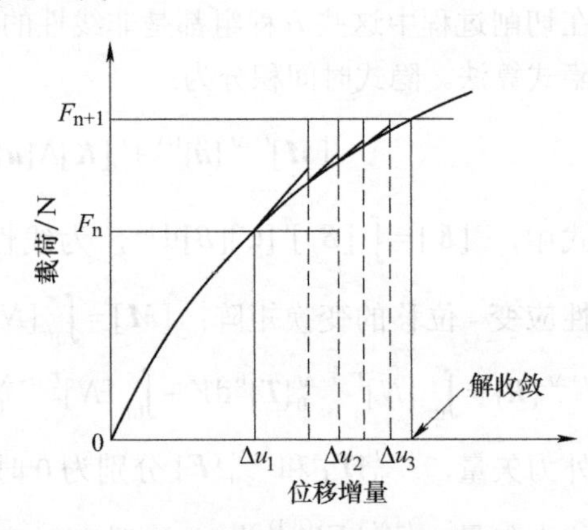

图 3-6　修正的牛顿 - 拉斐逊迭代法

2. 非线性迭代的收敛判据

解的收敛性是指非线性问题进行迭代解法的过程中，其解能否向某一确定场逼近，也就是能否收敛于这个确定场，是一个收敛判据问题，即迭代终止的问题。Marc 软件提供的收敛性判据主要有残差检查、位移检查以及应变能检查三类判据。本书研究的是单晶硅的精密切削，选择的是位移检查判据，当两次迭代位移之差与增量步内实际的位移变化之比小于设定的值时，迭代终止，进入下一个增量步继续迭代。

3. 非线性有限元法求解的基本流程

非线性有限元法求解的基本流程如图 3-7 所示。

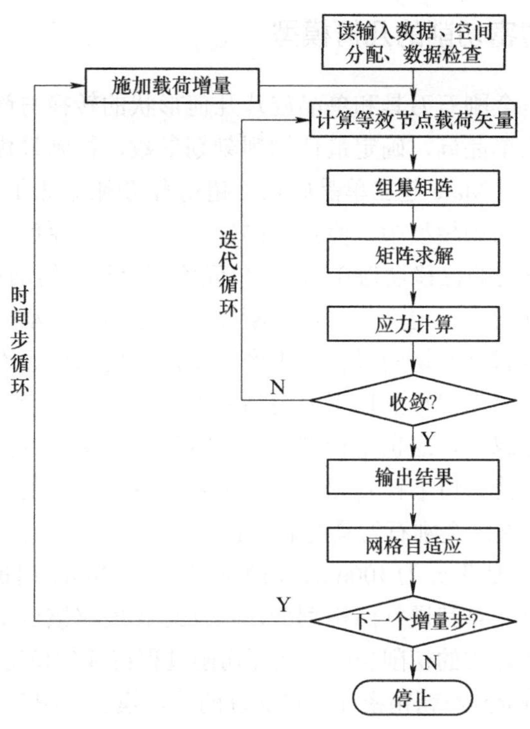

图 3-7　非线性有限元法求解基本流程

3.4　Marc 超精密切削的有限元建模

有限元模型是解决整体结构问题的理想化的模型，这些问题包括研究对象的几何外形、材料特性、接触、初始条件、边界条件与加载等。建立有限元模型时，首先要对真实的结构进行简化与转化为力学模型。本书将单晶硅在溶液中“自上而下”的加工过程简化为二维正交切削过程模型。

为了便于力学分析，对单晶硅超精密切削过程做如下基本假设。

1）单晶硅为各向同性的连续固体介质，有等向硬化的弹塑性，并且材料的力学性能随温度变化而变化。

2）单晶硅的超精密切削二维切削为正交切削，简化为平面应变问题；切削宽度远远大于切削厚度，单晶硅在塑性域切削形成连续切屑，切削过程中无积屑瘤存在。

3）单晶硅的超精密切削速度较低，在此条件下认为切削温度不足以导致单晶硅发生晶相变化和其他一些化学变化。单晶硅在塑性域切削，发生变形符合冯 · 米塞斯应力屈服准则。

3.4.1 建立超精密切削的几何模型

几何外形就是金刚石刀具和单晶硅片几何形状的转换与简化；本书是金刚石刀具超精密加工单晶硅，确定最佳切削刻划参数，得到最优表面质量和高精度的微纳结构。利用 Marc 建立单晶硅正交超精密切削过程的有限元模型。在这个转化后的超精密切削模型中，假定单晶硅为具有一定厚度的长方形。长方体的右边单元水平方向的位移设为 0，底部单元所有位移和转动均设置为 0（表示工件固定）。金刚石刀具定义为可传热刚体，且作为主运动件，按照需求施加一定的速度。假定刀具在切削过程中不产生变形，内部单元不参与计算，如此可加快求解速度。由于模拟的切削为超精密切削，这时金刚石刀尖的刃口半径在切削过程中不能忽略，这也是精密加工与普通加工最大的区别。根据实际使用的金刚石刀具，其刃口半径 r_n 采用不同的值，并以一定的切削速度从左向右运动。在模型中，指定金刚石刀具的后角 α 为 6°、刃口半径 r_n 为 40nm、前角 γ 为 –20°、以背吃刀量 a_p 为 100nm、切削速度 v_c 为 2μm/s 时的切削模型为例，采用 4 节点实体单元对其进行网格划分，工件总长度应该至少大于切削深度的 10 倍，才可以提供足够的切削长度，保证切削过程持续到稳定状态。

网格划分后的金刚石超精密加工单晶硅的几何模型如图 3-8 所示。

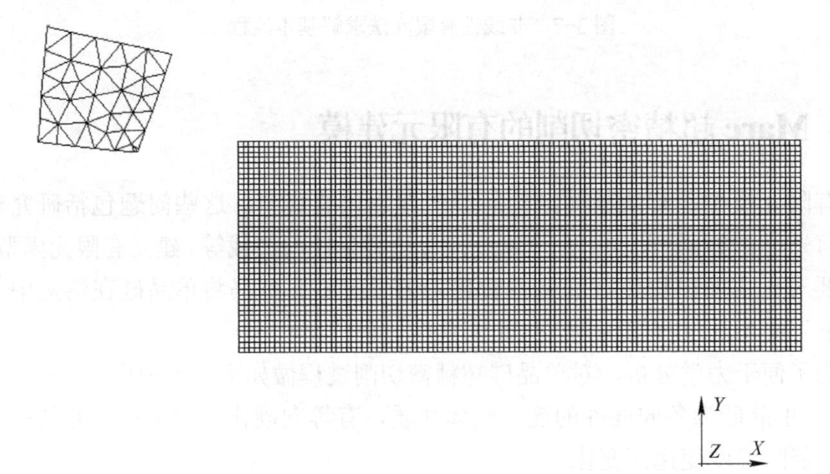

图 3-8 网格划分后的金刚石超精密加工单晶硅的几何模型

3.4.2 建立刀具和工件的材料模型

正确描述材料特性是能否成功模拟单晶硅超精密切削的关键。用于材料成型分析的材料模型有两大类：刚塑性模型和弹塑性模型。刚塑性模型是采用小

变形的计算方法处理大变形问题，相对于弹塑性模型，其计算的增量步长取得比较大，因此计算效率高一些；但是该模型没有考虑材料的弹性变形，故计算精度比弹塑性模型低，且无法计算残余应力。本书是在塑性域对单晶硅进行超精密切削，研究应力、应变和温度分布，所以本书中单晶硅的材料采用的是基于冯·米塞斯屈服准则弹塑性材料本构模型。

单晶硅和金刚石刀具的材料特性见表 3-1。金刚石刀具与单晶硅之间的摩擦因数 μ 是 0.07。单晶硅的精密切削是在塑性域进行的，所以把工件材料看作弹塑性材料，采用平面应变单元。切削过程中基于热机耦合，考虑了温度对单晶硅晶体材料特性的影响。

表 3-1　单晶硅和金刚石刀具的材料特性

材料	杨氏模量 /GPa	泊松比	密度 / （g/cm^3）	导热系数 /[W/（m·K）]	比热 /[J/（kg·K）]	屈服强度 /GPa
单晶硅	143.4	0.2406	2.329	0.21	700	7
金刚石	1100	0.2	3.515	2000	502	

3.4.3　建立接触摩擦模型

接触主要指刀具和工件、刀具和刀具、工件和工件的接触，以及热量在工件与刀具间，工件、刀具和周围环境间的转移，变形功与切削变形热之间的转换关系，工件与刀具之间的摩擦生热作用等。Marc 软件的接触有两种基本类型：刚体对变形体的接触和变形体对变形体的接触。在单晶硅精密切削中，由于金刚石刀具的强度比单晶硅高得多，因此金刚石刀具一般被视为刚体，单晶硅被当作弹塑性变形体。因此本书将切削中的接触定义为刚体对变形体的接触问题，这与真实超精密切削单晶硅的过程是吻合的。在单晶硅的精密切削中，刀具和工件相互不能穿透。因此，刀具和工件间必须满足无穿透的约束条件，即满足下式：

$$\Delta u_A n \leqslant D$$

式中，Δu_A 为 A 点增量位移向量；n 为单位法向量；D 为接触距离容限。

如果某一节点的空间位置位于接触距离容限之内，就被当成节点与接触段相接处。Marc 软件确定了接触距离容限的默认值，对实体单元，它是系统最小单元尺寸的 1/20，所以本书定义的接触距离容限值为 0.0025。

由工件材料受到强烈挤压产生的变形热以及刀具和工件间摩擦而产生的摩擦热将在切屑、刀具、工件中传递，引起温度、应力、应变等物理量的重新分布，而这些物理量之间的相互耦合作用使工件产生塑性变形。变形热在边界条件中激活塑性变形热选项即可。摩擦热是由刀具和工件之间合理的摩擦模型所决定的，因此正确建立摩擦模型是切削加工模拟成功实现的关键因素之一。切削时切屑和前刀面之间有两个接触区域，如图 3-9 所示，从刀尖 O 点到前刀面上的 A 点为黏附区，在黏附区刀屑接触点处的临界摩擦应力等于工件材料的剪应力，摩擦应力为常数。AB 段为滑动区，在滑动区服从库仑摩擦定律，可以由式（3-22）和式（3-23）表示。

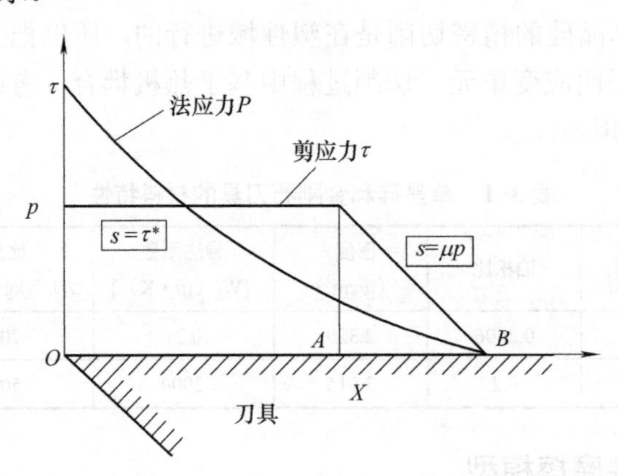

图 3-9　刀 - 屑接触表面的摩擦模型

$$s=\tau^{*}\ \left(\mu p \geqslant \tau^{*}，黏附区\ OA\ 段\right) \tag{3-22}$$

$$s=\mu p\ \left(\mu p<\tau^{*}，滑动区\ AB\ 段\right) \tag{3-23}$$

式中，τ^{*} 为工件材料的剪切应力；μ 为刀 - 屑接触表面摩擦系数；p 为刀 - 屑接触表面的法向应力；s 为刀 - 屑接触表面的摩擦力。

在有限元中有限元模拟切削时，采用 MSC.Marc 提供的修正库仑摩擦模型。此模型的优点是，有限元程序可以根据刀具和工件接触应力的实际情况，自动确定刀具和切屑间处于何种摩擦状态。

Marc 修正的库仑摩擦模型公式为

$$\sigma_{fr} \leqslant -\mu\sigma_{n}\frac{2}{\pi}\mathrm{arc}\left(\frac{v_{r}}{r_{v_{\mathrm{cnst}}}}\right)t$$

式中，σ_{n} 为接触节点法向应力；σ_{fr} 为切向（摩擦）应力；t 为相对滑动速度方向上的切向单位矢量；μ 为摩擦系数；v_{r} 为相对滑动速度；$r_{v_{\mathrm{cnst}}}$ 为修正系数，物理意义是发生滑动时接触体之间的临界相对速度。

另外，刀具与工件的运动都是有规律或限定条件的，例如固定位移、温度边界等，这些限定条件给出了已知的边界条件，简化了计算，有利于问题的解决。

3.4.4 边界条件的定义

边界条件是用来建立包含施加于模型上的载荷及约束边界条件等的分析工况。设定模型的边界条件，单晶硅底部所有位移完全固定，右侧固定*X*方向位移。在热边界条件中，工件和刀具表面以辐射、对流等方式与外界传热，定义热辐射系数和热传导系数。在变形区内，考虑工件塑性变形生成热；刀具与工件进行热交换，即定义接触传热系数；以及工件与刀具间的摩擦生热。热传导云图如图 3-10 所示。

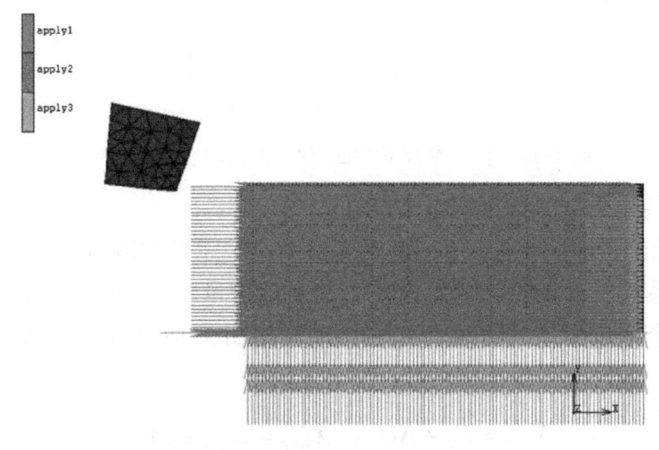

图 3-10 热传导云图

以上设定的边界条件还要在载荷工况 LOADCASE 这一步骤中选择添加后，用 JOB 提交运行，才能在分析过程中得到应用。

3.4.5 建立切屑的分离模型

在以往的有限元模拟中，学者们采用人为地设定分离线的方法实现切屑与工件的分离，而实际材料中是没有分离线的。到目前为止，使用的分离线大致分为几何准则和物理准则。几何准则是基于刀尖与刀尖前工件单元节点距离，在切屑形成过程中的距离小于给定的某个值时，该节点被分成两个，一个形成切屑上，另一个形成已加工表面。而物理准则是基于刀尖前工件单元的某些物理量，例如应力、应变、应变能等，当单元中所选定物理量的值超过建立的材料模型中的相应物理条件时，即认为单元节点分离。

Marc 提供的自适应网格重划分准则，也称为单元畸变准则，切削模型不依赖于分离准则，当单元达到畸变准则时，程序就会进行自动重划分网格，网格不断地自适应重划分，实现材料的逐步去除。图 3-11 所示为相同参数下 Marc

建立的切削有限元模型。本书是金刚石刀具精密切削，Marc 提供的自适应网格重划分作为分切 - 屑离准则，使得模拟过程中可以考虑到切削刃钝圆半径对切削过程的影响。且刀尖处材料的流向并不是人为设定的，而是在网格自适应重划分的过程中自动实现的。这也使得建立的切削有限元模型更能描述真实的加工过程。

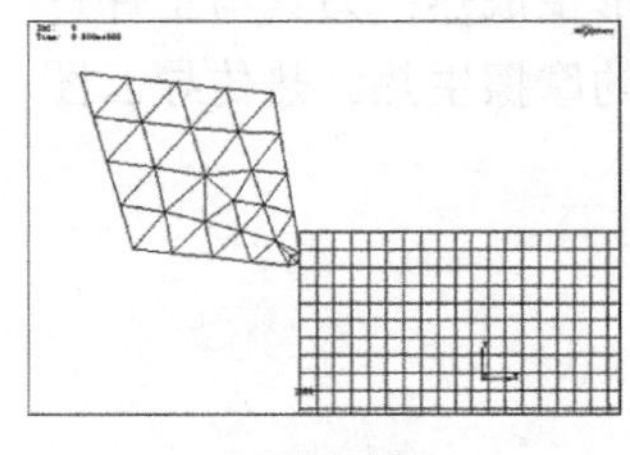

a）原始网格

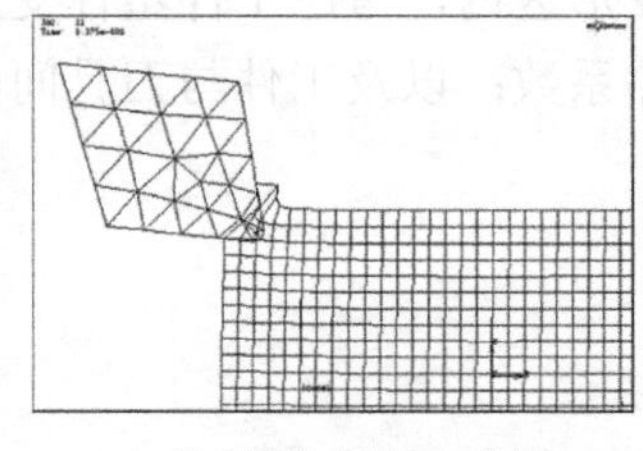

b）没有网格自适应重划分

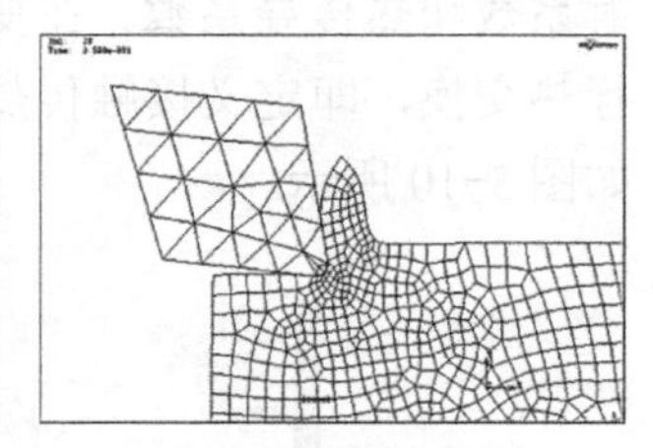

c）网格自适应重划分

图 3-11　相同参数下 Marc 建立的切削有限元模型

Marc 软件的重划分准则有以下几种：

（1）单元畸形准则　如果单元畸形趋于严重，工件的网格自动调整重划分。单元畸形量系统默认参照为单元内角，在当前增量步结束时检查此时单元角度以及对下一个增量步单元角度变化的预测，如图 3-12 所示。设 X_n 为增量步开始时的坐标、ΔU_n 为本增量步的位移，因而有

$$X_{n+1} = X_n + \Delta U_n\text{，}\quad X_{n+2}^{est} = X_{n+1} + \Delta U_n \tag{3-24}$$

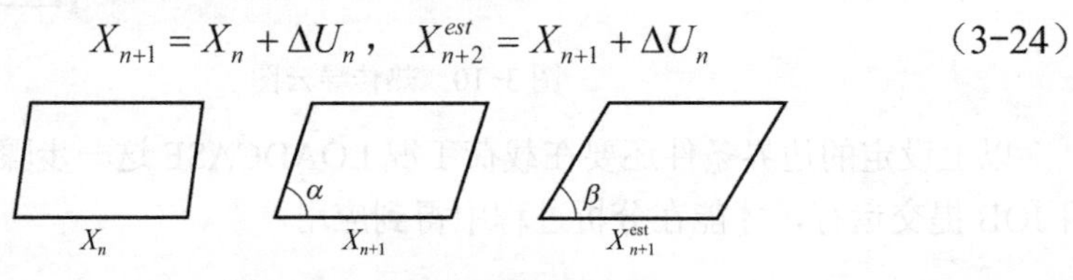

图 3-12　单元角度变化

（2）接触穿透准则　当接触体的曲率达到当前网格不能准确探测穿透时，物体的网格重划分。

（3）增量步准则　在网格自适应重划分设置中，按预先给定的增量步间隔，Marc 软件自动进行网格重划分。

（4）内角偏差准则　当单元内角与理想角度的偏差大于一定值时，工件的网格重划分。

（5）直接准则　在进行任何分析之前，首先对物体的网格进行重划分。

这些准则可以单独使用，也可以任两个或多个组合使用。本书是将单元畸变准则、接触穿透准则和内角偏差准则组合使用的。

由于超精密切削过程模拟是一个典型的高梯度问题，在切削变形区域内材料产生高温、大变形。切屑是产生塑性变形最大的部位，随着切屑变形的加剧，

工件的初始网格会产生严重的畸变，会对求解产生影响，降低求解的精度，甚至无法求解。另外刀具会嵌入工件内部，与实际超精密切削情况不符。因此，自适应的网格重划技术另一个优点是能够纠正因过度变形产生的网格畸变，自动重新生成，保证后续计算的正常进行，形成良好的网格单元，提高计算精度。

3.4.6 热机耦合

在切削过程变形分析中，切削热通过改变本构关系的材料模型以及热应变来实现与传热过程的耦合。在切削过程的热传导分析过程中，切削三个变形区域形成的变形场通过改变热传导空间、边界条件和能量转化来实现和变形过程的耦合。Marc 提供的热机耦合分析可精确反应这两种场耦合的影响。本书所考虑的是切屑 - 工件 - 刀具系统连续切削过程中的生热传热过程。该系统具有以下特点：工件在第一变形区和第二变形区经受弹塑性变形，产生变形热。此外，刀具前刀面和切屑的强烈摩擦，产生摩擦热。本书对热传播进行有限元计算分析时，忽略了刀具和工件表面的热辐射作用，这里设刀具只发生热传导，刀具和工件的初始温度（即环境温度）设置为 20°。平面正交切削的热传导方程为

$$\lambda\left(\frac{\partial^2 T}{\partial x^2}+\frac{\partial^2 T}{\partial y^2}\right)+\dot{Q}=\rho C_p\left(u_x\frac{\partial T}{\partial x}+u_y\frac{\partial T}{\partial y}\right) \tag{3-25}$$

式中，T 为温度分布；x，y 为笛卡儿坐标系；u_x，u_y 为运动热源在 x、y 方向的分量；λ、C_p 为热传导系数和比热；$\dot{Q}$ 为单位体积内变形区塑性功转换为热量的微分。

参考文献

[1] 国家自然科学基金委员会工程与材料科学部．学科发展战略研究报告（2006—2010 年）——机械与制造科学 [M]．北京：科学出版社，2006.

[2] 袁哲俊．精密和超精密加工技术 [M]．2 版．北京：机械工业出版社，2011.

[3] 赵清亮，陈明君，梁迎春，等．金刚石车刀前角与切削刃钝圆半径对单晶硅加工表层质量的影响 [J]．机械工程学报，2002，38（12）：54-59.

[4] 武文革，辛志杰．金属切削原理及刀具 [M]．北京：国防工业出版社，2009.

[5] 陈火红．新编 Marc 有限元实例教程 [M]．北京：机械工业出版社，2007.

[6] 许伟静，孙振华，舒霞云，等．刀具刃口半径对单晶硅金刚石车削的影响 [J]．工具技术，2022，56（10）：86-92.

[7] GUPTA S, NAVARAJ W T, LORENZELLI L, et a1. Ultra-thin chips for high-performance flexible electronics[J]. NPG Flexible Electronics, 2018, 2(1): 8-13.

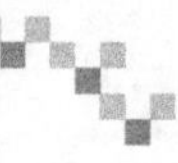

[8] 王明海，张枢南，郑耀辉，等．单晶硅超精密切削的刀具磨损试验研究 [J]．组合机床与自动化加工技术，2017，10（5）：133-136.

[9] 宗文俊，孙涛，李旦，等．超精密切削单晶硅的刀具磨损机理 [J]．纳米技术与精密工程，2009，7（3）：270-274.

[10] 邓昭帅，孙东明，曹康学，等．高速切削刀具磨损的有限元分析 [J]．工具技术，2010，44（3）：22-25.

[11] 郑岩，顾松东，吴斌．Marc 2001 从入门到精通 [M]．北京：中国水利水电出版社，2003.

[12] 成群林，柯映林，董辉跃，等．高速硬加工中切屑成形的有限元模拟 [J]．浙江大学学报（工学版），2007，41（3）：509-513.

[13] WANG J S, FANG F Z, et al. Study on diamond cutting of ion implanted tungsten carbide with and without ultrasonic vibration[J]. Nanomanufacturing and Metrology, 2019, 2(3): 177-185.

[14] 张俊杰，张建国，闫永达，等．面向材料的超精密金刚石切削加工机理 [J]．中国科学（技术科学），2022，52（6）：854-870.

[15] 尹元德，李胜祗．金属刀具几何参数对切削加工过程的影响 [J]．机械工程师，2006，12（4）：95-97.

第 4 章 单晶硅机械刻划过程的有限元仿真

超精密切削加工时，由于切削力和切削热的作用，使工件表面产生不同程度的塑性变形，从而产生相应的残余应力，并在加工后使工件发生变形。过去许多仿真模型都是对切削力、平均温度、平均应力进行研究，应力及温度的分布不能得到很好的预测，有限元法在这些方面有着明显的优势。本章对简化的金刚石超精密二维正交切削过程进行有限元模拟，并对仿真结果进行分析。模拟超精密切削过程时，忽略后刀面的作用，分别对第一变形区、第二变形区和刀具钝圆半径处的变形区进行研究。通过二维正交切削过程的有限元模拟，研究刀具几何参数以及切削参数对切削过程的影响，分析切削力、应力和切削温度的变化规律，为得到高质量的单晶硅基底表面质量、单晶硅表面单层膜的制备和加工微纳结构打下基础。

4.1 切屑形状的研究

4.1.1 切屑形成机理的研究

对单晶硅的纳米级切削机理的研究表明，由于加工使单晶硅的共价键断裂，达到了原子级别，因此国内外学者都倾向于采用分子动力学仿真手段。美国劳伦斯实验室用分子动力学建立了纳米加工二维正交模型发现，已加工表面和切屑都有不规则晶态转变的产生。美国俄克拉荷马州立大学也进行了单晶硅切削过程的分子动力学仿真，发现在切削中的静水压力导致晶格变形，使单晶硅以塑性方式去除材料。日本帝京科技大学的研究人员对单晶硅微切削过程进行了分子动力学仿真，结果表明切削表面和切屑均呈现非晶态。F.Z.Fang 认为：不同于传统切削条件下的剪切机制，纳米尺度下单晶硅以挤压方式去除。国内起步较晚，比较有代表性的是哈尔滨工业大学的研究，罗熙淳博士用分子动力学的方法研究了单晶硅的纳米级切削，认为切削区硅的晶体通过位错产生和消失的交替过程就形成了切屑。唐玉兰博士同样采用分子动力学发现，单晶硅纳米切削过程中切屑及加工表面的形成是由于硅原子的共价键断裂，变为非晶态，非晶态的扩展实现切屑的分离和已加工表面的形成。分子动力学切削模型如图 4-1 所示。

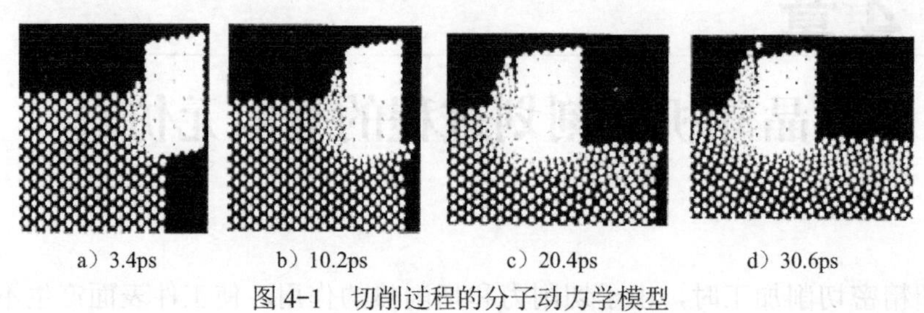

a）3.4ps　b）10.2ps　c）20.4ps　d）30.6ps

图 4-1　切削过程的分子动力学模型

本书的重点是采用有限元法研究单晶硅表面质量和切削参数的选择，对切屑形成过程做了简单分析。在超精密切削过程的仿真中，单晶硅假定为弹塑性材料模型。首先单晶硅晶体材料在刀尖处产生弹塑性变形，然后工件材料开始慢慢堆积，当堆积到一定程度后达到单晶硅的屈服极限，前刀面以上的材料分离逐渐形成切屑，刀尖下的材料留在工件上形成已加工表面。在切削距离足够长时，便开始产生稳定的连续切屑。切屑形成过程中还会受到切削热的影响，使工件材料软化，切屑中的晶体所能承受的应力下降，有利于单晶硅的塑性域切削。图 4-2 是以后角 α 定义为 6°，刃口钝圆半径 r_n 为 40nm，前角 γ 为 −20°，切削深度 a_p 为 100nm，切削速度 v 为 2μm/s 的模型为例，说明切屑的形成过程。本模型的模拟结果与张建国博士通过实验方法得到的结论十分接近。张博士认为单晶硅在塑性域切削时，以剪切滑移变形为主，单晶硅在微观尺度下连续的位错运动，产生带状切屑且单位体积内位错密度较高。

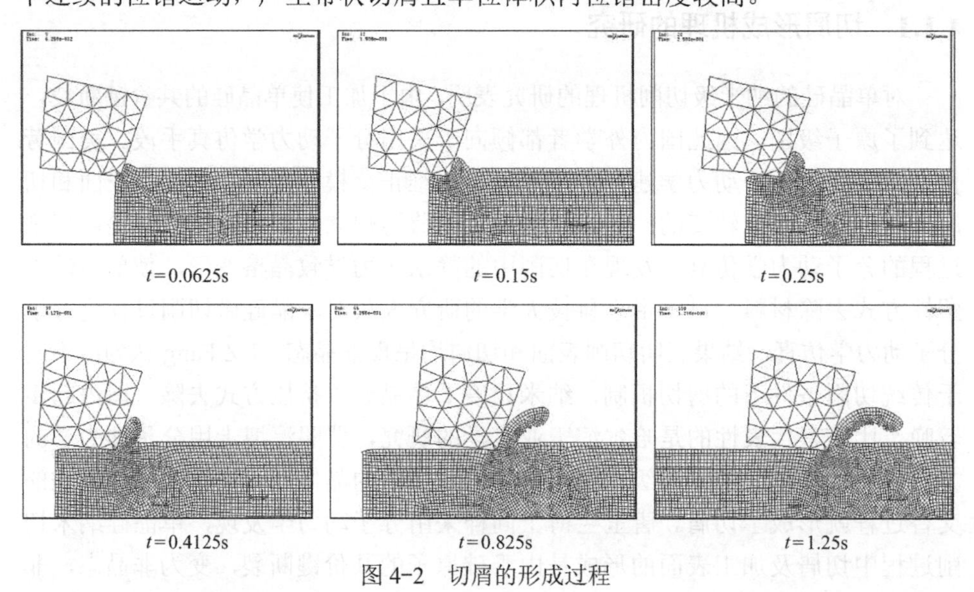

t=0.0625s　t=0.15s　t=0.25s

t=0.4125s　t=0.825s　t=1.25s

图 4-2　切屑的形成过程

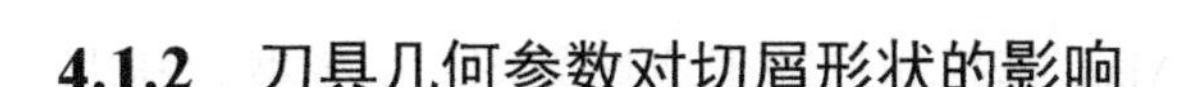

4.1.2 刀具几何参数对切屑形状的影响

由于单晶硅的断裂极限与弹性极限非常接近，当单晶硅内部的应力超过其弹性屈服极限时，就会产生裂纹，裂纹扩展导致单晶硅断裂破坏。单晶硅表面会残留许多微裂纹和凹坑，严重影响硅的表面质量，不利于单层膜的制备和微纳结构的进一步加工。许多研究表明，车削单晶硅等硬脆性材料时，采用负前角可以对切削层的材料提供一个压应力场，可以有效抑制单晶硅材料被切削区域的裂纹的扩展，有利于单晶硅的塑性域切削。本书简化单晶硅的材料模型为弹塑性本构，正前角的研究没有意义，所以本书从前角 γ 为 0° 开始研究单晶硅的超精密切削。

图 4-3 为利用有限元 Marc 软件，在相同切削时间、切削参数和钝圆半径下单晶硅不同的负前角对切屑形成和形状的模拟结果。从切屑的形成看，随着负前角的增大，前刀面的静水压力面积增大，必然使得压应力场增大；而且负前角越大，前刀面与切屑的接触面积增大，产生更多的切削热使单晶硅软化，塑性变好；压应力场和切削热利于单晶硅的塑性域切削。从切屑的形状看，负前角越大，切屑的厚度越厚，前角 γ 为 −40° 时，刀具与切屑的接触长度最长，切屑最短。从图 4-3 中还可以看出，随着负前角的增大，切屑的弯曲变形减小，前角 γ 为 0° 时切屑弯曲变形最大。但是负前角越大，剪切面与水平方向的夹角就会越小，造成切屑难以形成，所以负前角不能过大。

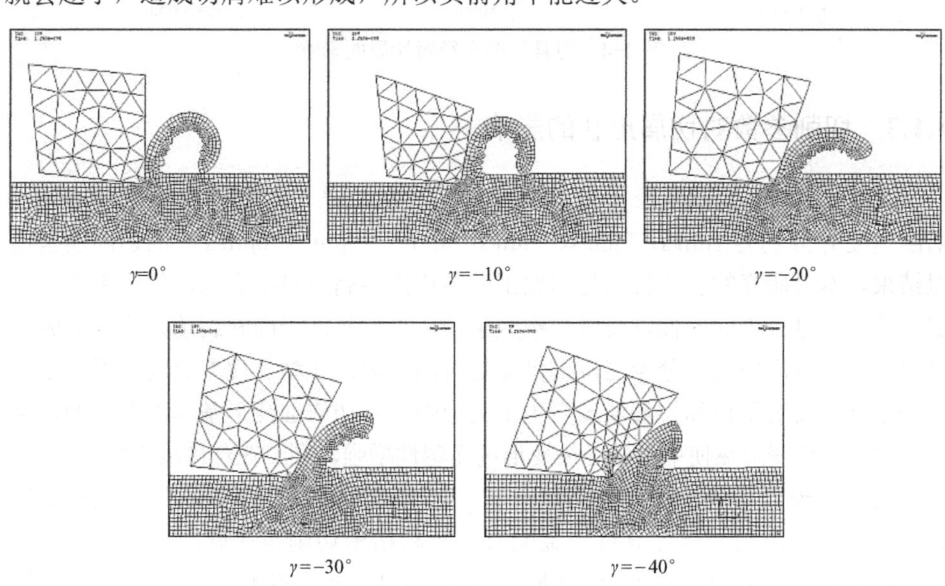

图 4-3　刀具前角对切屑形成的影响

图 4-4 为其他切削条件相同，钝圆半径 r_n 分别为 0nm（绝对锋利）、20nm、

40nm、60nm、80nm、100nm 时，Marc 模拟切屑的形成结果图。本模型为利用 Marc 建立的超精密切削加工模型，选用的金刚石刀具非常锋利，切削深度 a_p 为 100nm，钝圆半径 r_n 为 40nm。由于本书对单晶硅超精密切削加工的模拟选用的金刚石刀具都比较锋利，钝圆半径对切屑的形状影响不明显。从理论上来讲，钝圆半径增大有利于对单晶硅的切削施加一定的压应力，有利于单晶硅的塑性域切削。

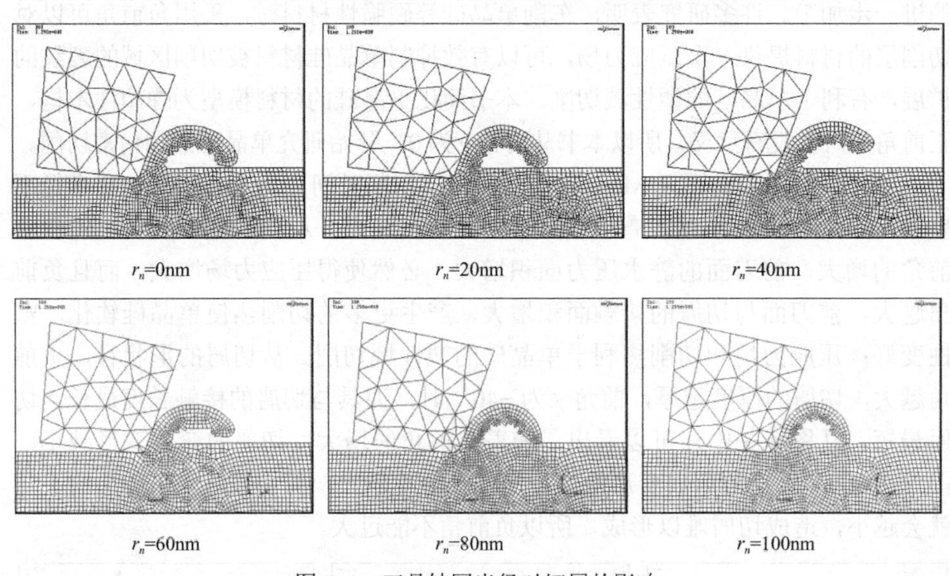

图 4-4　刀具钝圆半径对切屑的影响

4.1.3　切削参数对切屑形状的影响

图 4-5 为刀具钝圆半径 r_n 为 40nm，前角 γ 为 −20°，切削深度 a_p 为 100nm，切削速度 v_c 分别为 1μm/s、2μm/s、3μm/s、4μm/s、5μm/s、6μm/s 时的切削模型模拟结果。本书研究的主要目的是为加工微结构提供高质量的表面、便于单晶硅单层膜的生长进行表面改性以及微结构的生长，为单晶硅表面断裂的共价键形成硅自由基与盐溶液中有机分子连接提供充足时间，因此切削速度参数选用得较小。切削速度主要对工件和刀具温度产生很大影响，对切屑的变形基本没有影响，摩擦生热及工件变形热使单晶硅受热变形进而塑性增强，利于在塑性域切削。

为得到表面质量较高的单晶硅基底，切削深度必须在单晶硅脆塑性转变最大深度以下。由第 2 章计算可知金刚石刀具超精密切削单晶硅，当刃口钝圆半径 ρ=40nm 时，最小切削厚度为 $h_{D\min}=0.316\rho\approx13$nm。图 4-6 为以上分析的指定模型参数，切削深度为 40nm 可以进行金刚石的超精密加工。由于有限元软件本身和计算机计算能力的限制，本章 Marc 模拟运算结果的最小切削深度是 40nm，如图 4-6a 所示。由此仿真结果图可知，切屑细而长且与刀具接触面积非常大，没有发生弯曲变形，但是形成了近似于锯齿形的切屑，这种切屑形状可以解释为：首先切削厚度较小，金刚石和单晶硅的摩擦较小，切削热主要由单晶硅材料变形产生，此时的塑性变形热非常少，单晶硅受热软化的作用较小；其次，切削厚度接近 Marc 模拟计算的极限以及单晶硅材料的硬脆性共同影响所致。当切削深度为 60nm 时，切屑弯曲变形最大，切屑近似于条状切削且质量变好。随着切削深度的增加，切屑弯曲程度逐渐减小。

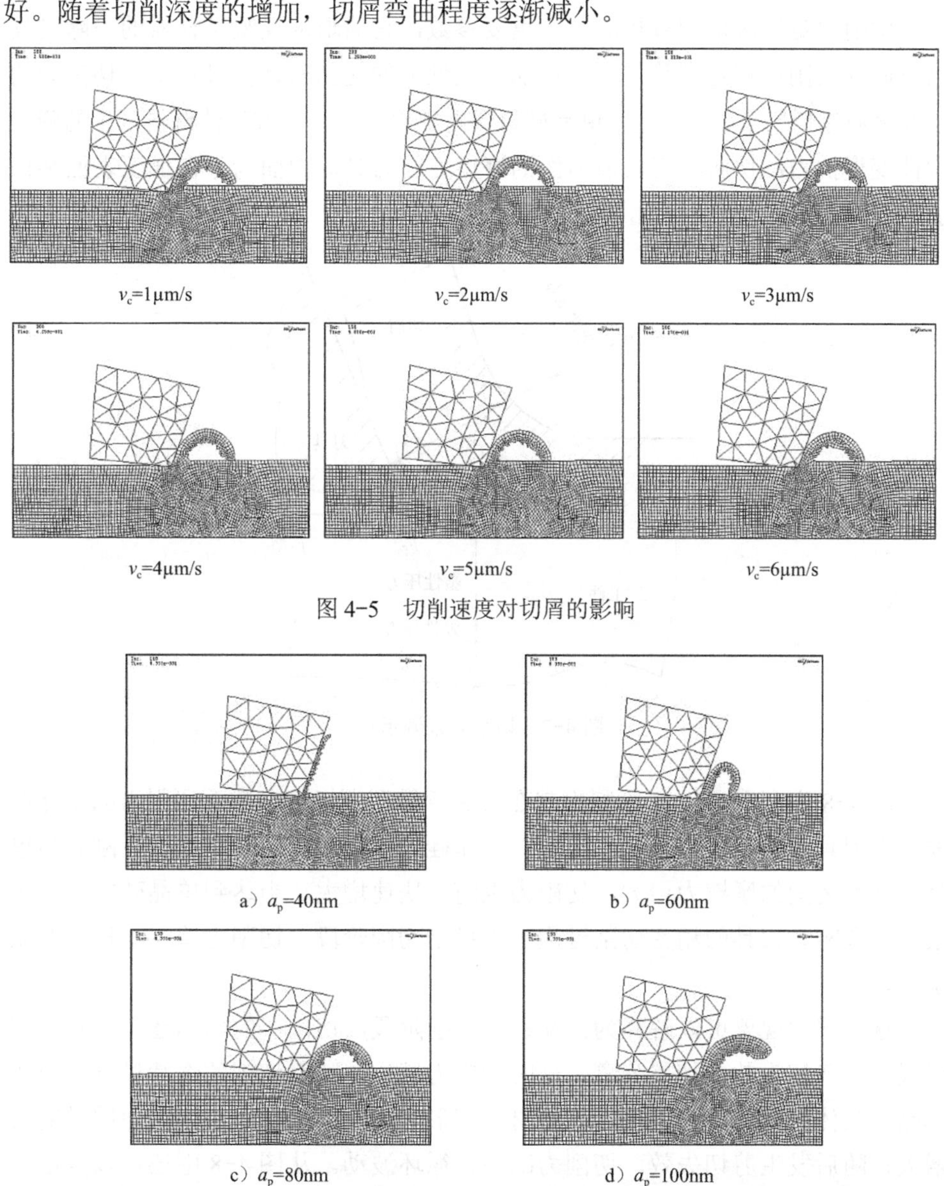

v_c=1μm/s　v_c=2μm/s　v_c=3μm/s

v_c=4μm/s　v_c=5μm/s　v_c=6μm/s

图 4-5　切削速度对切屑的影响

a）a_p=40nm　b）a_p=60nm

c）a_p=80nm　d）a_p=100nm

图 4-6　切削深度对切屑的影响

4.2　单晶硅精密切削中的切削力分析

4.2.1　切削力随时间的变化规律

切削力是理解切削过程的一个重要参数，它清晰地反映了材料的去除过程以及监控切削过程是否稳定。在单晶硅塑性域的超精密切削过程中，切削力的主要来源包括三个方面：克服单晶硅材料内部原子运动导致工件材料产生的弹、塑性变形抗力；切屑与刀具前刀面的摩擦力和刀具后刀面与正在加工表面和已加工表面之间的摩擦力，如图 4-7 所示：

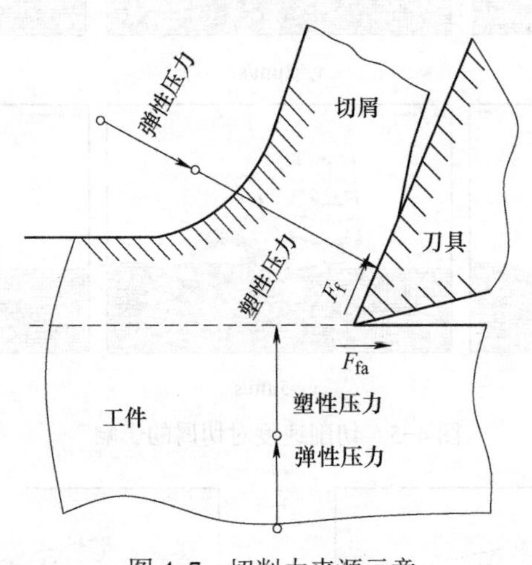

图 4-7　切削力来源示意

图 4-8 为利用 Origin 绘制出来在第 3 章模型中指定参数下切削力的变化曲线。当刀具开始切入单晶硅基底时，单晶硅的塑性变形不断增大，金刚石与单晶硅基底之间的摩擦力增大，切削力也随之快速增大。当达到单晶硅的屈服极限后，金刚石刀具的精密切削过程进入稳定切削阶段，切削力趋于平稳并有微小波动。

这种波动现象可以解释为：在稳定切削阶段，切削层的晶体逐渐达到屈服极限发生剪切失效，切屑分离，这时切削力减小。随着切削的继续进行，新的单晶硅晶体材料与刀具接触，晶体材料变形增大，摩擦增大，切削力同时随之增大，随后发生剪切失效，切削力减小，循环波动。从图 4-8 中还可以看出，切削时有切削热产生从而使温度升高，导致单晶硅材料软化，从而使切削力逐

渐降低。由于超精密切削的切削力很小，切削力的最大值为 2.50mN。这是因为超精密切削过程中参数选用得很小，力和热的作用很小。切削力在稳定阶段无较大幅值跳动，切削过程稳定，工件表面无裂纹产生且没有产生崩碎切屑，得到表面质量较好的硅基底材料，为得到高质量的微纳结构提供高质量的单晶硅表面。

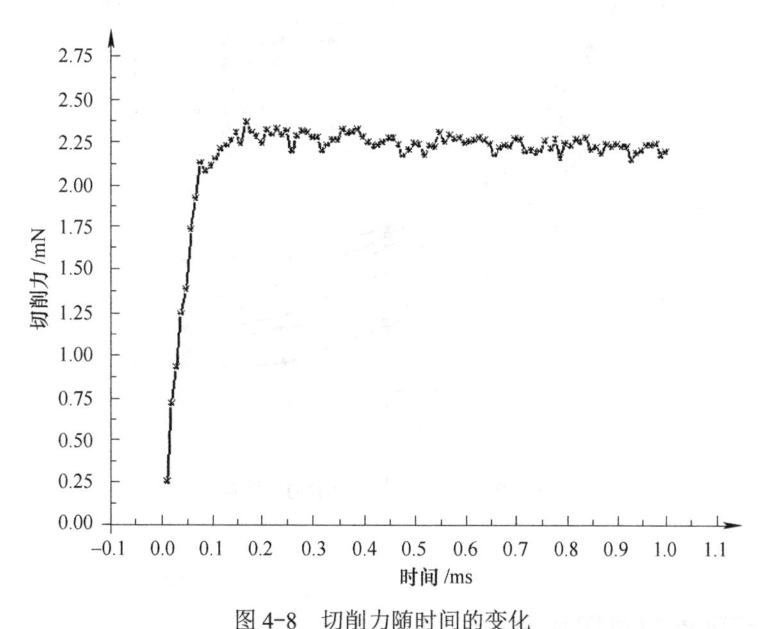

图 4-8 切削力随时间的变化

4.2.2 刀具几何参数对切削力的影响

由 Marc 仿真结果得到的数据经过 Origin 处理得到的图 4-9 可知，随着刀具负前角的增大，切削力增大。以刀具的钝圆半径 r_n 取 40nm 为例，切削前角 γ 分别为 0°、−10°、−20°、−30° 和 −40° 时，最大切削力的值分别为 1.551mN、1.803mN、2.261mN、3.037mN 和 4.1mN。而钝圆半径的增大，切削力也相应增大，以刀具前角 γ 取 −20° 为例，钝圆半径 r_n 分别为 0（金刚石刀具绝对锋利）、20nm、40nm、60nm、80nm 和 100nm 时，切削力的值分别为 1.676mN、1.726mN、2.261mN、2.501mN、2.609mN 和 2.707mN。随着 r_n 增大，对工件材料的挤压作用增大，切削力增大。r_n 越小，刀具越锋利，可以进行极薄切削。目前国外已达到 2μm，我国仍处于亚微米水平，哈尔滨工业大学精密工程研究所目前可以达到几十纳米。由图 4-9 和切削力的数值可知，刀具前角对切削力的影响较刀

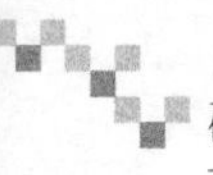

具钝圆半径大。切削前角 γ 为 −40° 时，切削力 F 的最大值达到 4.1mN。切削力对工件的应力以及温度都有影响，在切削过程中产生的切削力越大，工件内部受到的应力越大，温度也会越高，加工后的单晶硅残余应力越大，因此切削力取值越小越好。

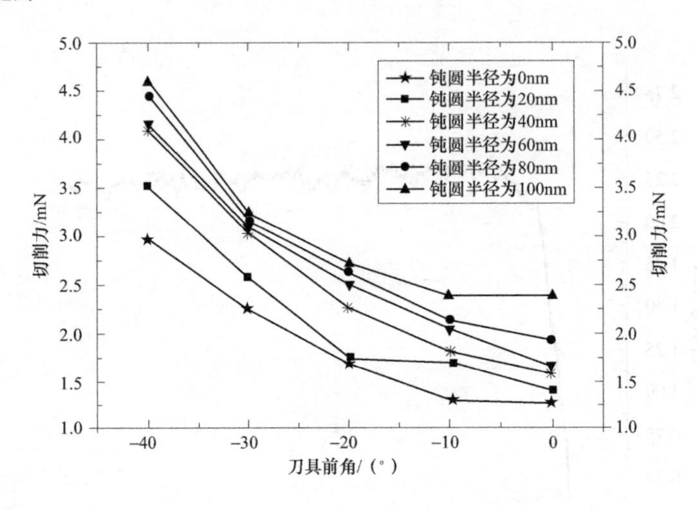

图 4-9　刀具参数对切削力的影响

4.2.3　切削参数对切削力的影响

由超精密切削的机理可知：超精密切削已经达到原子级别，单晶硅的共价键断裂需要较大的切削力；随着切削深度的减小，切削力反而增大。由图 4-10 可以看出随着切削深度的增加，切削力不断增大，这是因为本研究进行的切削都是在单晶硅的塑性域进行的，最大切削深度为 100nm，处于塑性域切削范围，没有达到宏观切削的深度。金刚石与单晶硅之间的摩擦系数非常小，对切削力的影响不明显，主要克服工件材料原子运动产生的变形所需要的抗力。切削深度增大，切削层的原子数目增多，克服原子运动产生的塑性变形所需要的变形抗力增大，因此切削力也就增大。故切削深度越小，切削力也就越小。由图 4-10 还可以看出，在模型运行的速度范围内切削速度有微小波动，切削速度对切削力的影响不明显。

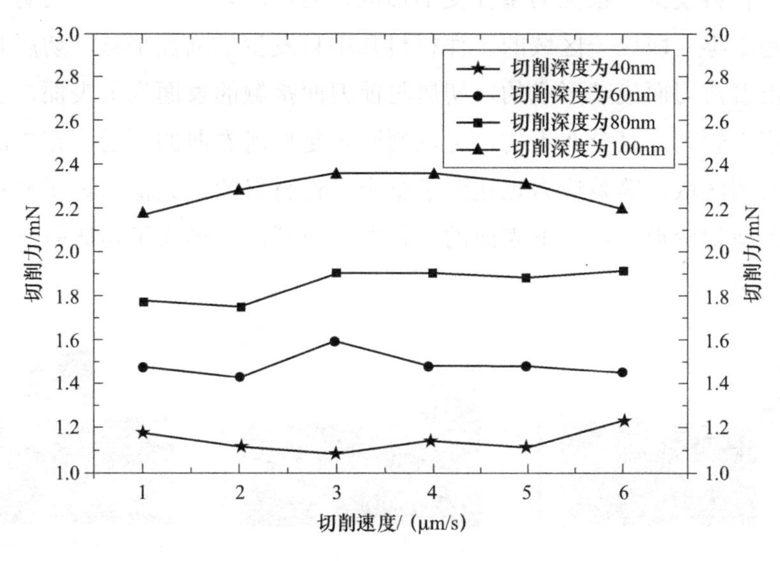

图 4-10　切削参数对切削力的影响

4.3　单晶硅精密切削中的应力场分析

4.3.1　单晶硅应力场的分布

在单晶硅的超精密切削加工过程中，材料受到刀具的剪切、挤压和拉伸综合作用，产生一定的弹性和塑性变形。已加工表面产生的弹性变形通过形变恢复，塑性变形则无法释放掉，便在加工表面残留下多余的应力，形成应力层，也即残余应力层。残余应力会使加工完成的单晶硅片逐渐变形，影响单晶硅的形状和尺寸精度，从而影响微纳结构的加工；残余拉应力还容易使单晶硅表面产生微裂纹，进一步降低单晶硅的表面质量，甚至导致单晶硅基底不适合下一步微纳结构的加工，故分析单晶硅表面的应力是十分必要的。

图 4-11 为 Marc 模拟计算的等效冯 · 米塞斯应力场云图。刀具与工件刚开始接触时，最大等效冯 · 米塞斯应力出现在刀尖附近，随着切削进行，应力带随着刀具向工件内部移动，最后稳定在第一变形区附近形成应力值最大、应力层最厚的应力带。第一变形区的等效应力为 7.305GPa，超过了单晶硅的屈服应力（7GPa）；在第一变形区内，前刀面和工件材料的挤压是最强烈的，

切削层的材料发生了很大的塑性变形形成切屑，所以应力最大。切屑上的等效应力趋于零，即这一区域的工件材料几乎只发生了刚性平移，切屑是单晶硅材料沿着前刀面流动形成的。切屑与前刀面接触的表面为上表面，上下表面等效应力较大，且分布不均，可以判断这是切屑卷曲的原因。在单晶硅切屑的上表面区域，等效应力也达到了整个工件材料的最大值；说明材料发生了强烈的剪切变形，切屑下表面的材料发生断裂，并形成了切屑外侧锯齿形状的条形切屑。

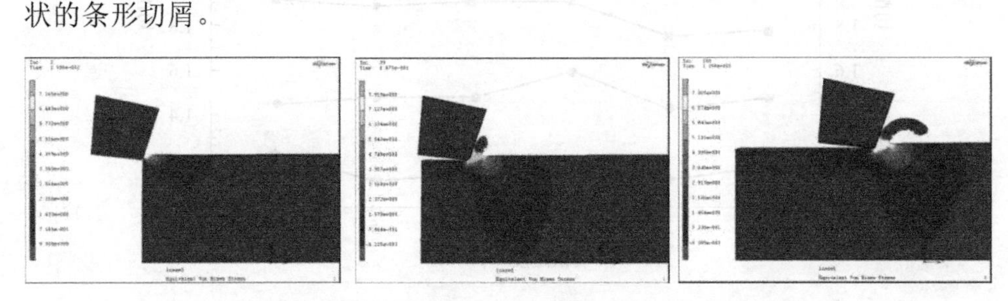

图 4-11　单晶硅精密切削的等效冯 · 米塞斯应力场云图

4.3.2　刀具几何参数对应力的影响

刀具几何参数主要分析了刀具前角和刀具钝圆半径对等效应力的影响，随着钝圆半径的增大，最大等效应力值增大，对等效应力场的分布范围和应力层的厚度影响不大，这里不作详细分析。刀具前角对应力场的分布范围、应力层的厚度和应力场的分布范围都有影响，下面分析刀具前角的影响。

图 4-12 为利用 Marc 在相同切削时间、切削速度、切削深度和钝圆半径下，单晶硅切削时使用不同的负前角对工件中最大等效冯 · 米塞斯应力模拟结果的等值曲线图。应力呈带状分布，靠近切削刃附近的应力带值最大，离切削刃越远应力逐渐减小。等效应力的最大应力带出现在第一变形区和第二变形区的下部，应力分布范围随着三个变形区移动。等效应力最大值出现在 $\gamma=-40°$ ，这时等效应力的值为 7.648GPa。由模拟结果图可以看出，负前角 γ 为 $-20°$ 时，工件的最大等效冯 · 米塞斯应力值最小为 7.305GPa；负前角 γ 为 $0°$ 时，应力场范围虽然最较小，但是最大等效冯 · 米塞斯应力值为 7.676GPa，而且应力层的厚度比较深。由于采用 Marc 热机耦合计算切削应力，得到的数据综合考虑了切削温度对应力的影响。γ 为 $-20°$ 时，应力场分布范围较小，残余应力层厚度最小，可以得到高质量的单晶硅表面。

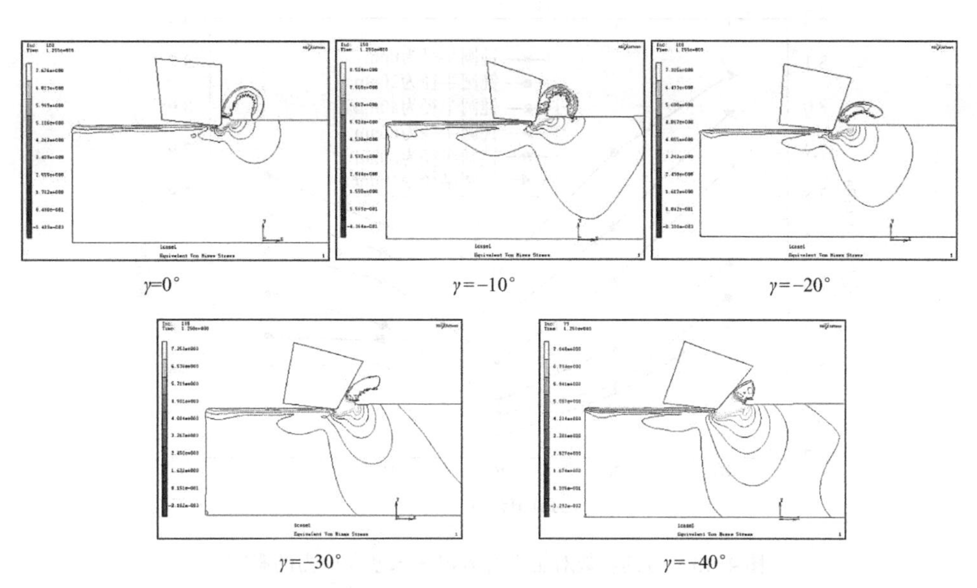

γ=0°　　γ=−10°　　γ=−20°

γ=−30°　　γ=−40°

图 4-12　不同刀具前角下工件等效冯·米塞斯应力场分布的等值曲线图

图 4-13 为 Marc 得到的工件在不同前角和钝圆半径下的最大等效冯·米塞斯应力值的曲线。由图 4-13 中相同的钝圆半径下，不同刀具前角对应力最大值的影响趋势可以看出，最大应力值曲线呈 V 字形分布，负前角 γ 在 −20° 附近取值时，工件的最大等效冯·米塞斯应力取得最小值，应力层分布最浅。而当选用 −10° 和 −30° 前角时，最大等效应力明显上升。以钝圆半径为 60nm 为例，选用前角为 −20° 的刀具时，最大等效应力为 7.347GPa；选用 −10° 和 −30° 时，最大等效应力分别为 7.634GPa 和 7.642GPa，在这种情况下加工单晶硅，容易产生微裂纹，影响单晶硅表面质量。也就是说刀具前角为 −20° 时，对切削的单晶硅材料提供的压应力场最有利于单晶硅材料的塑性变形，而且还可以提高单晶硅脆塑性转变的临界切深。这个模拟结果与赵清亮博士的对单晶硅的超精密切削的实验研究结果一致，表明该模拟是成功的。由图中最大应力随钝圆半径变化的曲线可以看出，在相同的刀具负前角的情况下，以刀具前角为 −20° 为例，钝圆半径 r_n 分别为 0（金刚石刀具绝对锋利）、20nm、40nm、60nm、80nm 和 100nm 时，最大等效应力的值分别为 7.248GPa、7.286GPa、7.305GPa、7.447 GPa、7.541 GPa、7.659 GPa，有明显的增大趋势。这是由于选用的刀具钝圆半径逐渐增大时，刃口的钝圆半径对表层材料的挤压增大，等效冯·米塞斯应力的最大值也增大。故超精密切削中，在保证刀具刃口质量和刀具寿命的前提下，适合选用较小的钝圆半径，以减小应力值。

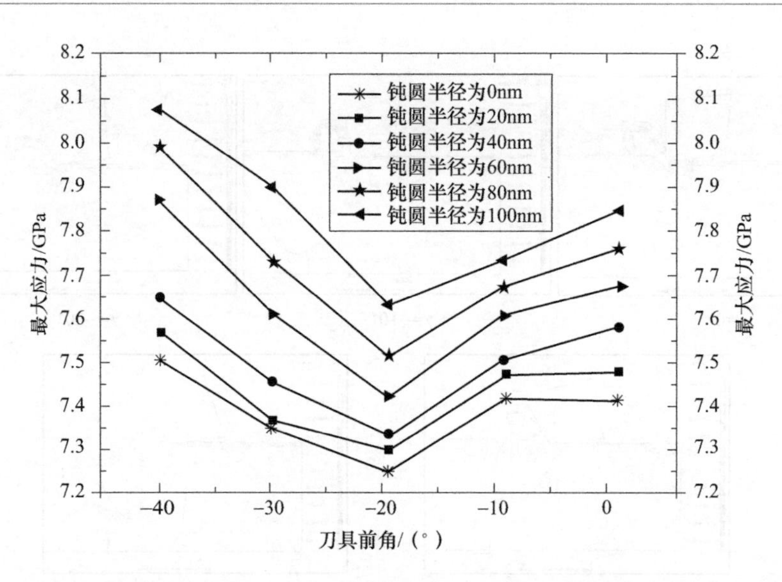

图 4-13 刀具参数对工件等效冯·米塞斯应力的影响

4.3.3 切削参数对应力的影响

为了定量描述最大等效冯·米塞斯应力与切削参数之间的关系，现在将相同切削条件下，不同切削速度和切削深度，Marc 模拟得到的应力最大值利用 Origin 做出曲线。图 4-14 为切削速度取不同值时工件等效应力的等值曲线图。从图 4-14 中可以看出，工件应力的分布主要集中在第一变形区和第二变形区的下部分靠近切削刃附近，靠近切削刃附近应力值最大，向工件内部扩散，其应力值逐渐减小；在第三变形区应力分布范围也较大，此应力区域随着第三变形区的移动而随之移动；切削速度对工件应力分布范围、工件表面的应力层厚度的影响不明显。但是从图 4-14 中取值可以看出，应力值随着速度的增大，取值有波动。

图 4-15 为切削深度分别为 40nm、60nm、80nm、100nm 时，工件内部等效应力分布的等值曲线图。由图 4-15 可知，随着切削深度的增加，应力分布范围随之增大。切削深度为 40nm 和 60nm 时，第三变形区的应力范围较小，切削深度增大时，第三变形区内应力分布范围增大。工件内部应力分布规律呈带状，以刀具钝圆半径为中心，刀具钝圆半径附近的应力值最大，离钝圆半径越远，工件内部应力越小。由图 4-15 还可以看出，已加工表面的应力层无太大变化。但是随着切削深度的增加，工件内部的等效冯·米塞斯应力最大值呈增大趋势。

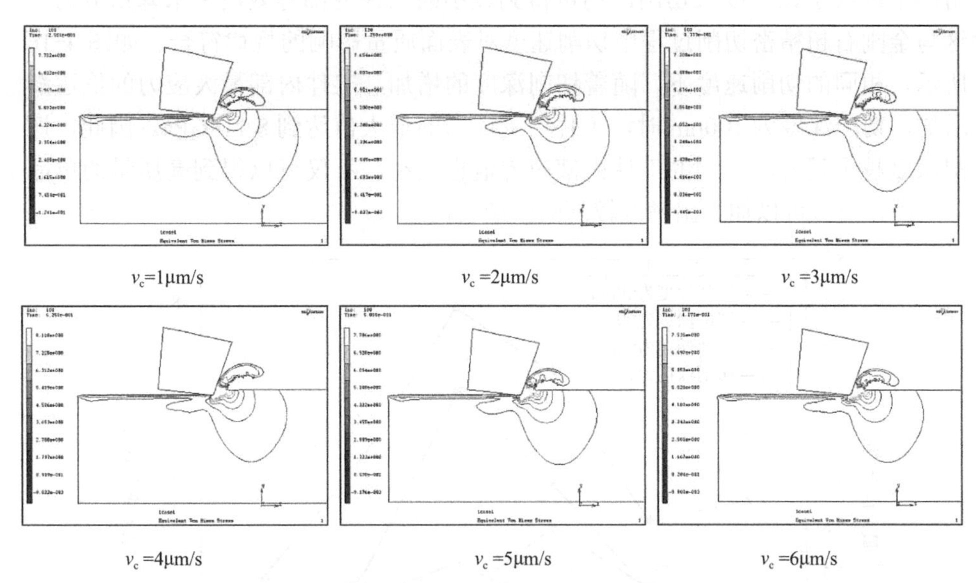

v_c=1μm/s　　v_c =2μm/s　　v_c =3μm/s

v_c =4μm/s　　v_c =5μm/s　　v_c =6μm/s

图 4-14　不同切削速度对工件等效应力分布影响的等值曲线图

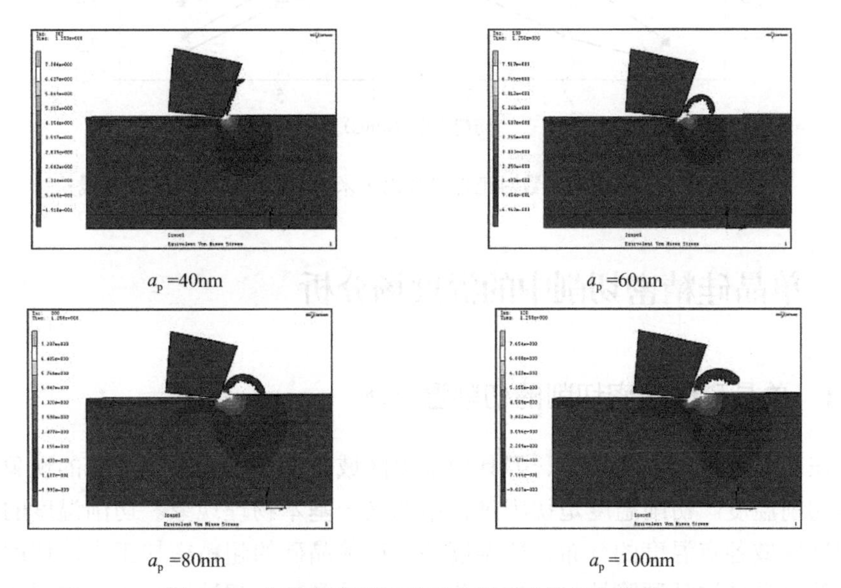

a_p =40nm　　a_p =60nm

a_p =80nm　　a_p =100nm

图 4-15　切削深度对工件应力影响的等值曲线图

图 4-16 为不同切削参数对工件等效冯·米塞斯应力影响的变化曲线。由于 Marc 模拟结果得到的数据有一定误差，但是从图 4-16 中还是可以看出工件的等效应力随切削速度的增大呈倒 V 形分布。金刚石刀具对单晶硅进行超精密切削时，v_c 在取值为 3μm/s 和 4μm/s 时工件内部应力较大，要避开该切削速度范围，

用高于或低于该速度来切削，均可得到较小的工件内部等效冯·米塞斯应力，这与金刚石超精密切削过程中切削速度对表面质量影响的规律符合。如图 4-16 所示，相同的切削速度下，随着切削深度的增加，工件内部最大应力的值逐渐增加，切削深度为 100nm 时，工件所受应力的最大值达到 8.118GPa。因此，切削深度越小越好，得到的工件内部应力值也越小，不仅可以得到高质量的单晶硅表面，而且可以加工出精度较高的微纳结构。

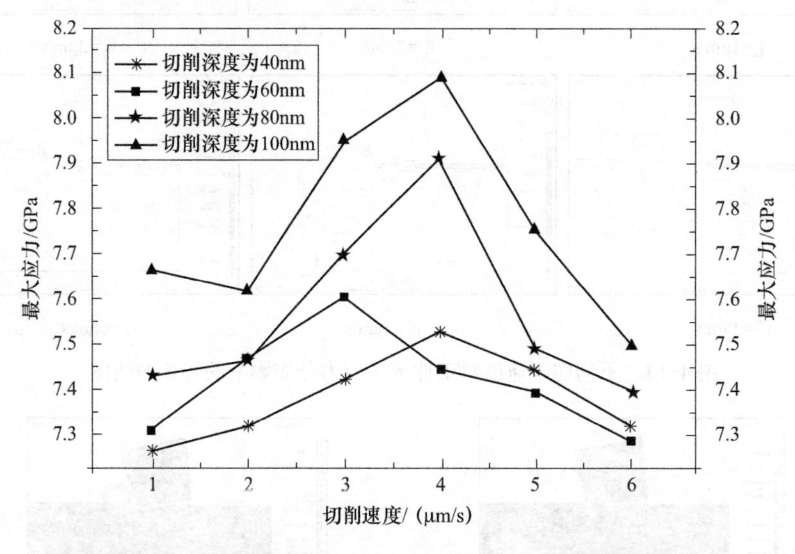

图 4-16　不同切削参数对工件等效冯·米塞斯应力影响的变化曲线

4.4　单晶硅精密切削中的温度场分析

4.4.1　单晶硅超精密切削的切削温度场

在切削过程中出现切屑、刀具切削刃区域及工件表面温度升高的现象，这就是切削温度。切削温度是切削过程中的又一基本物理现象。切削温度的分布指切削区域各点温度的分布，即温度场。在单晶硅的超精密加工中，切削热的产生使单晶硅这种硬脆性材料的软化，利于单晶硅在塑性域加工。使用有限元 Marc 建立大塑性变形的有限元模型，比较真实地模拟出切削过程，获得了较好的精度和可信度。切削热主要有三个来源。

1）工件材料弹、塑性变形功转变的热量 Q^{*}_{b}。

2）内前刀面与切屑底部摩擦所产生的热量 Q^{*}_{q}。

3）后刀面与被加工材料表面摩擦所产生的热量 Q^{*}_{h}。

单晶硅超精密切削过程中所产生的总热量 $Q^{*}=Q^{*}_{b}+Q^{*}_{q}+Q^{*}_{h}$。

切削过程中产生的切削热分别由切屑、刀具、工件和周围介质传递出去；随着工件材料、切削用量、刀具材料、刀具几何角度及加工方式的不同而不同。单晶硅的超精密切削时，绝大部分切削热被切屑带走，其次是刀具和工件散热，而介质传出的热量最少。与传统切削相比，单晶硅的超精密切削温度是很低的，这是由于低的切削能量及金刚石刀具和单晶硅的高导热性。随着切削温度的升高，单晶硅材料的强度降低；反之亦然。从位错运动的机理来说，切削温度的升高使得位错运动能够获得充足的能量，使材料相对软化。另外，由于单晶硅的超精密切削选用的切削参数比较小，温度的最大值不足以使单晶硅发生相位改变，适当的温度升高有利于单晶硅的塑性域超精密加工。

刀具参数和切削参数对温度场的分布基本没有影响，这里不再对不同切削参数和刀具前角对温度场分布进行详细分析。图 4-17 为在第 2 章中指定模型参数下单晶硅的超精密切削过程中温度场的分布。由图 4-17 可以看到，单晶硅属于硬脆性材料，切削时变形小，金刚石刀具与单晶硅之间的摩擦小，故其切削温度较低。总的来说，切削温度较低，最高为 36°，这与超精密加工的特点相符合。单晶硅超精密加工中切削热较小，加之单晶硅材料本身的特性，不足以使工件膨胀变形影响加工精度和单晶硅的表面质量。在超精密加工中，切削深度小，单晶硅定义为内部无缺陷的各向同性材料，金刚石刀具与单晶硅的散热性能非常好，所以在单晶硅内部温度场以第一变形区为圆心的同心圆分布。由于切削变形区的工件材料发生了弹塑性变形产生切削热，以及切屑与前刀面之间消耗了摩擦功，从而最高温度分布在第一变形区和刀 - 屑接触面上，离刀具钝圆半径越远，温度越低，且大部分的切削热由工件切屑带走。

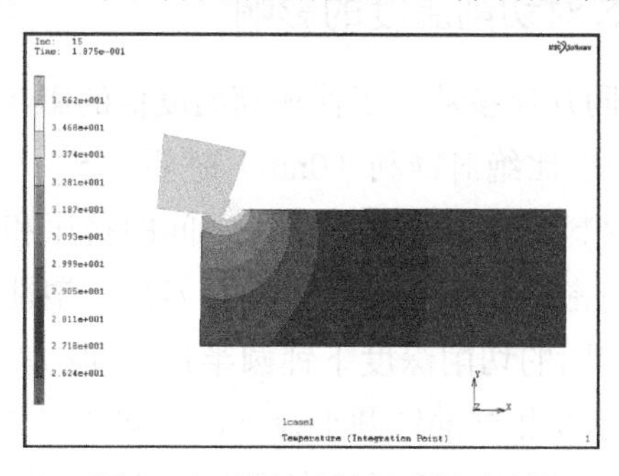

图 4-17　单晶硅的温度场分布

金刚石刀具是良好的导热体，其比热和热传递系数较大，热量集中在刀尖，并逐渐向整个刀具扩散。刀具钝圆半径和切削参数对刀具温度场的分布几乎没有影响，温度的最高点在钝圆半径处，以钝圆半径为同心圆向内部扩散。但是刀具前角对刀具温度场的分布是有影响的。如图 4-18 所示，随着刀具负前角的增大，金刚石刀具的最高温度不总在刀尖上，而是沿着前刀面上移。刀具的温度场主要由工件热传导传热和摩擦生热，刀具的负前角增大，对切屑的挤压作用增强，前刀面与切屑的接触面积增加，摩擦生热面积增大，导致最高温度区域上移。单晶硅的超精密切削温度较低，切削热对金刚石刀具的耐磨性和使用性能影响较小。

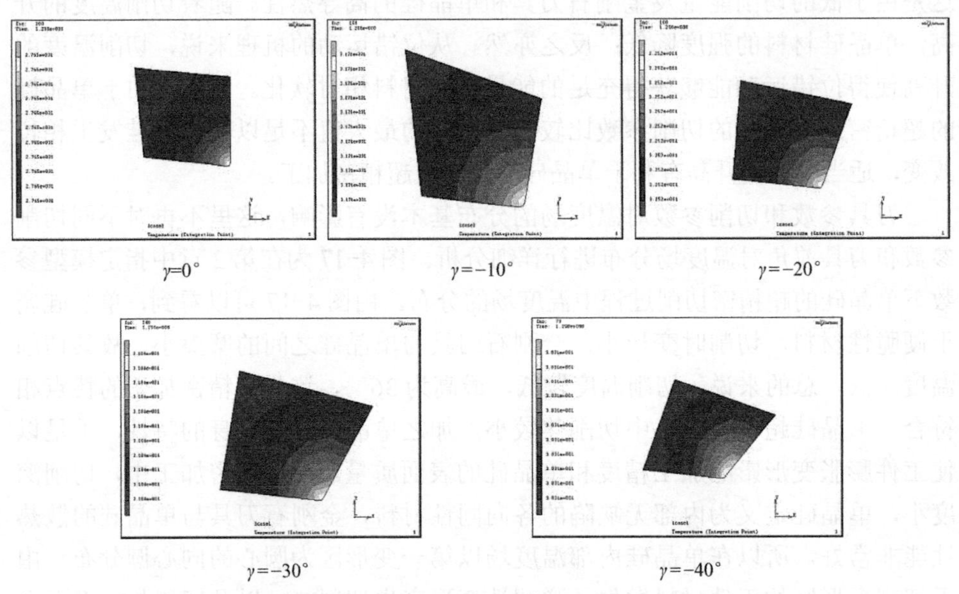

图 4-18　不同刀具前角对刀具温度场分布的影响

4.4.2　刀具几何参数对切削温度的影响

图 4-19 为刀具不同几何参数对工件最高温度值的影响曲线。在相同切削深度下，钝圆半径最高温度比绝对锋利（0nm）时要高 5° 左右。随着钝圆半径的增大，刀具与被切削材料的接触面积增大，之间的挤压和摩擦加剧，导致温度升高。由于金刚石超精密切削单晶硅，金刚石刀具在塑性域切削单晶硅，选用的刀具比较锋利，在相同的切削深度下钝圆半径之间的差值较小，所以温度差值也较小。图 4-19 所示在相同的钝圆半径下，不同的刀具前角曲线可以看出，切削最高温度值先增大后减小，随后又有增大的趋势，当前角 γ 在 −20° ～ 0° 范围内时，切削温度一直上升，前角 γ 在 −20° 温度达到这个范围的最大值。温度小范围的升高有利于硬脆性单晶硅材料的软化，便于其在塑性域的超精密切

削，提高切削性能。金刚石刀具负前角继续增大到 −30° 时，切削温度有下降的趋势。这种现象可以解释为由于单晶硅材料自身的性质加之 Marc 提供的综合考虑应变和温度因素的热机耦合计算方法，刀具前角为 −30° 时，对单晶硅材料提供的压应力场比 −20° 大，自身变形产生的压应力场相对减小，温度有所降低。但是当负前角增大到 −40° 时，工件材料和刀具的挤压摩擦剧增，温度快速上升。前角过大，刀具与切屑接触面积大，摩擦热增多，材料挤压加剧，切屑难以形成，切削温度会大幅提高。

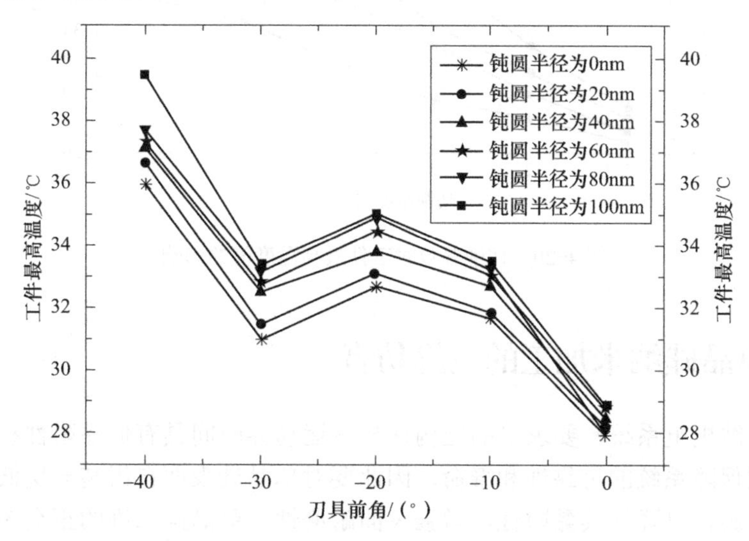

图 4-19　刀具不同几何参数对工件最高温度值的影响曲线

4.4.3　切削参数对切削温度最大值的影响

图 4-20 为切削参数对工件最高温度值的影响。在相同的切削速度下，切削深度为 40nm、60nm、80nm 和 100nm 时，工件最高温度变化趋势如图 4-20 所示。随着切削深度的增加，温度升高且温度最大值的差值越来越大。这是因为随着切削速度的增大，温度上升幅度很大，另外切削深度增大，切屑厚度变厚，散热面积相对减小，导致温度最大值的差值有所上升。图 4-20 中曲线表明，随着 v 的增加，温度增加很快，切削速度对温度的影响最大。切削速度增加，单位时间内被切削的单晶硅材料增大，位错密度增大，变形功与摩擦转变的热量急剧增多，切削温度显著提高。考虑到微纳结构的加工，本书选用的切削速度较低，单晶硅工件适当的温升，能够提高单晶硅在塑性域切削的切削性能。但是温度过高会导致工件应力增大，工件变形，影响加工表面质量和加工精度。

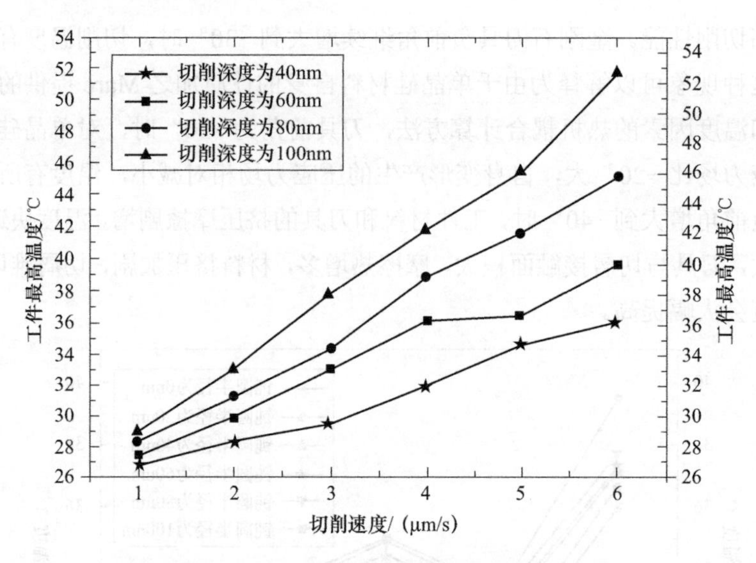

图 4-20　切削参数对工件最高温度值的影响

4.5　单晶硅纳米加工的三维仿真

在微纳机电系统，要求单晶硅构件相对运动界面间具有低黏附性和优良的耐磨性来保障系统的可靠性和寿命，因此要对单晶硅表面自组装一层低摩擦系数的单层膜，以降低其黏附性，增强表面耐磨性。单晶硅二维的正交超精密切削模型不能反映整个表面的应力场分布和温度场分布，其局限性凸显出来。而三维的金刚石正交超精密切削单晶硅的模型更能真实地反映整个切削过程，能够更好地预测不同晶面的切削力、单晶硅工件内部的应力场和温度场的分布。此外，在电子领域和医学领域广泛应用的带有微结构功能表面的单晶硅（如在电子领域中，单晶硅表面连接碳纳米管制作纳米尺度导线；在医学领域，利用单晶硅基底制作生物芯片等），其基片上微结构的加工采用圆锥形金刚石刀具按照人为设计的图形进行刻划加工出来的，这种二维的超精密切削不能反映出圆锥形刀具的刻划过程。本章基于第 3 章二维有限元 Marc 超精密切削模型得到的结论，使用优化后的切削加工参数对单晶硅的三维正交超精密切削过程进行研究。

4.5.1　三维有限元建模

三维正交超精密切削有限元模型的建立大部分与二维有限元模型相同，下面简单说明一下三维超精密切削有限元模型与二维的不同之处。

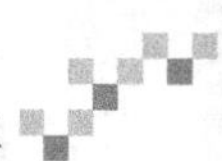

1. 超精密切削的三维几何模型

MSC.Marc 的实体建模功能与一些专业绘图建模软件相比功能较弱。第 1 章曾分析得出结论，在精确安装的前提下，直线切削刃金刚石刀具加工残留面积最小，加工后的表面质量最好，因此本章选用的是直线刃刀具。直线刃刀具形状是通过 MSC.Marc 中自带的建模模块完成的，而圆锥形刀具是根据刀具尺寸在三维建模软件 Pro ENGINEER 中创建出来的；将 Pro ENGINEER 模型表面转换成 IEGS 格式再通过 MSC.Marc 强大的接口功能导入其中。由于在 Pro ENGINEER 中生成的实体表面导入 MSC.Marc 后进行网格划分时，网格质量非常差，甚至不能计算，因此工件简化后的几何体在 MSC.Marc 中生成。简化后的几何模型如图 4-21 所示。

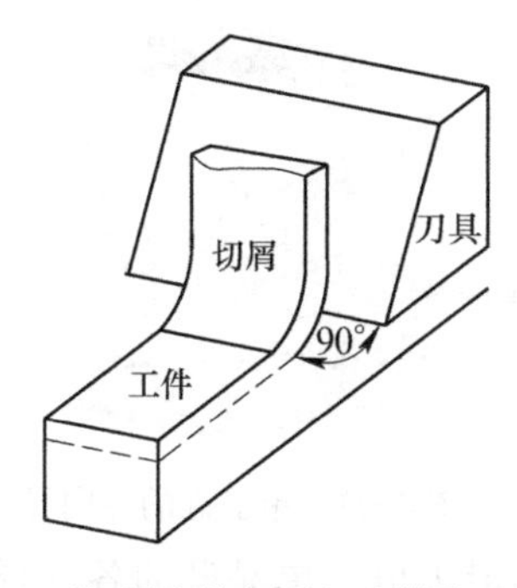

三维正交超精密切削几何模型

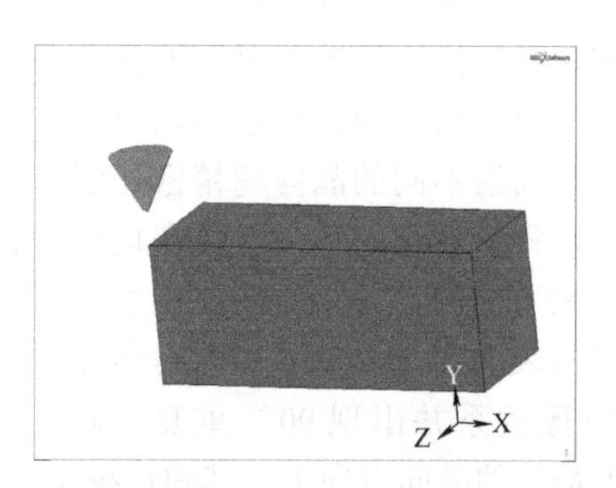

三维圆锥形刀具刻划几何模型

图 4-21　简化后的几何模型

同二维超精密切削有限元模型一样，金刚石简化为刚体，内部不参与计算，不进行网格划分。这种大变形问题一般采用四面体或六面体单元来描述，六面体单元不但在分析精度上高于四面体单元，在辨识度方面也优于四面体单元，同时还具有在大变形、大位移等高度非线性情况下不易发生网格畸变、划分的单元数目少等优点。单晶硅工件形状规则，利于六面体的划分。六面体中各边长长度相同时，也即为正方体时，单元网格质量最好。因此单晶硅定义为变形体，采用八节点六面体单元对其进行离散。确定单元类型后，对单晶硅工件进行网格划分，网格划分密度是否合理，不仅影响求解的精度，还直接关系着求解计算的效率。网格越精细，节点力传递越精确，计算精度越高，但同时对计算机性能要求也越高，计算时间也会大大增加，效率降低。单元数目过高，很难在规定的时间内完成如此大计算量的工作。综合各种因素考虑后，单晶硅变形体工件划分为 22000 个八节点边长相等的六面体单元，离散后的模型如图 4-22 所示。

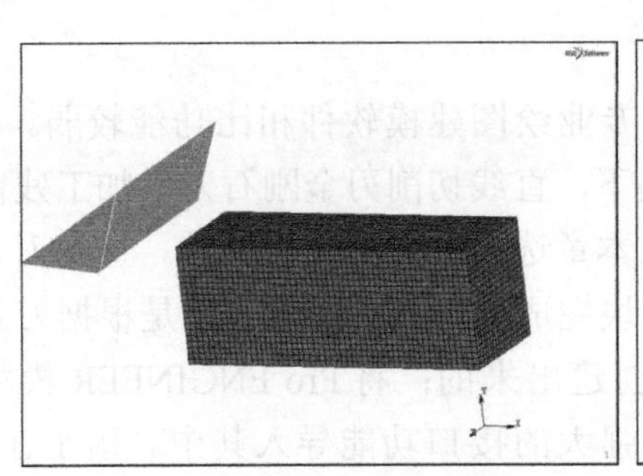
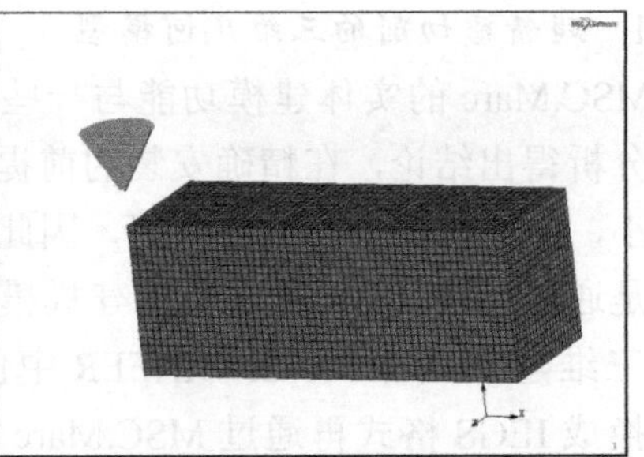

图 4-22　离散后的模型

2. ***材料参数的设置***

单晶硅是正交各向异性材料，晶胞中晶格和原子的排列导致单晶硅的各向异性，在三个方向上弹性模量和泊松比各不相同。当沿不同的晶向超精密切削单晶硅时，材料性能的各向异性在切削时表现出来不同的性质，影响加工性能和单晶硅的表面质量。单晶硅的力学性能呈现镜像关系并出现 90° 重复，硅原子密度最大的晶向方向上，其弹性模量也为最大值。单晶硅的各向异性可由图 4-23 表示。

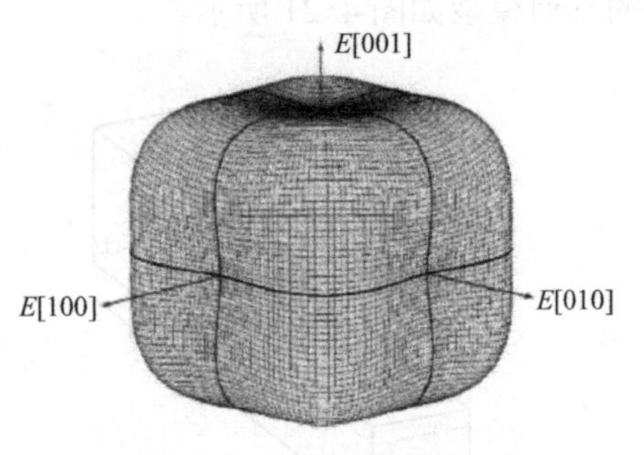

图 4-23　单晶硅的各向异性

单晶硅被普遍切削的三个晶面为 [100]、[110] 和 [111]。表 4-1 为三个晶面的力学性能，其他力学参数同二维有限元模型。

表 4-1　单晶硅三个晶面的力学性能

力学性能	参数
泊松比	$P_{[100]}=0.278$
	$P_{[110]}=0.25$
	$P_{[111]}=0.20$
弹性模量 /GPa	$E_{[100]}=130$
	$E_{[110]}=168$
	$E_{[111]}=187$

在 Marc 中建立正交各向异性材料模型是困难的，要研究 [100]、[110] 和 [111] 这三个晶面对切削力、内部应力和切削温度的影响，本书采用了一种常用的简

化方法。根据这三个晶面 [100]、[110] 和 [111] 的力学性能分别建立三个各向同性的材料模型，并在刀具参数和切削参数相同的条件下，对这三个简化后的超精密切削模型进行仿真模拟，查看单晶硅切削后其内部等效应力场和温度场的分布，对得到的数据进行对比分析。通过比较这三个晶面进行超精密切削的切削力、工件内部等效应力和切削温度的最大值，分析最佳切削晶面。

3. 三维网格自适应重划分的设置

本书采用三维的整体网格重划分对变形体进行计算，三维网格重划分设置和二维基本相同，但是还需要注意以下几点。

1）三维重划要定义最小单元边长，否则提示模型错误。

2）频繁地进行网格重划对结果的精度有影响，这主要是由于新旧网格之间进行场量传递的过程会有误差。网格整体重划中的接触不能用解析描述。

3）Marc 中的网格重划是基于更新的拉格朗日描述法，在 job 中要注意选中相应的选项。

4.5.2 单晶硅晶面的选择

利用单晶硅片为基底的自组装技术可以对单晶硅表面进行防护和降低摩擦的影响，还可以改变硅表面的其他性质，如亲油性或亲水性质。目前单晶硅的表面改性成为一项很有前景的技术。利用机械 - 化学的方法，在单晶硅表面自组装一层掩膜。本章主要研究机械 - 化学加工方法对单晶硅表面的机械加工刻划。由于单晶硅原子以共价键结合，不同晶面的原子面间距不同，造成单晶硅力学特性不同，这种特性就是单晶硅的正交各向异性。这种各向异性必然导致加工性能和单晶硅表面质量的差别。本模型主要研究单晶硅常被切削的 [100]、[110] 和 [111] 这三个晶面的切削力、工件内部等效应力和切削温度，以得到最佳切削晶面。

本节利用上一节的结论，在三维正交超精密切削的有限元模型中，刀具前角选用 −20°；根据实际情况钝圆半径选用 40nm；由于三维网格划分比二维的粗糙，一个六面体的边长为 100nm，如果切削深度小于 100nm，Marc 计算这个切削过程会非常困难，所以选择切削深度为 100nm；切削速度主要对切削温度产生影响，对切削力和工件内部应力影响不大，为了便于 Marc 收敛性的调节，本书选用的切削速度较大，为 0.2m/s。

1. 切削力的分析

图 4-24 为单晶硅三个晶面 [100]、[110] 和 [111] 超精密切削过程中切削力的变化曲线。单晶硅超精密切削的切削力由开始进入切削阶段以及到达稳定切削阶段，这个切削力上升和稳定阶段的波动过程在第 3 章已经进行了详细分析，

这里不再赘述。从图 4-24 中可以看出，三个晶面所受切削力变化趋势大体一致，当刀具刚刚进入工件的时候，三个晶面的切削力数值之间的差值不大。随着切削的继续进行，进入超精密切削稳定阶段后，[100] 晶面的切削力总体数值低于其他两个晶面。由于单晶硅内部原子排列的规律，不同晶面之间的面间距各不相同，所以不同晶面间的结合力也不相同。解理面就是晶体内晶面间距最大的、晶面之间结合力最弱的晶面。又因为单晶硅晶体内部的原子数目是一定的，原子排列密度越大的晶面，其之间的面间距也必然越大，因此解理面也是原子密度最大的晶面。当晶体受到刀具切削时，很容易在晶面间键的结合力较弱的晶面失效破坏。单晶硅 [111] 晶面上的原子密度最大，晶面间结合力最小，有最小的断裂韧度，最容易被破坏裂开，因此被普遍认为是最易切削的晶面，[110] 次之，[100] 最难破坏。这就是导致单晶硅超精密切削 [111] 晶面，切削过程进入稳定阶段后相对于 [110] 晶面和 [100] 晶面具有最小切削力的原因。

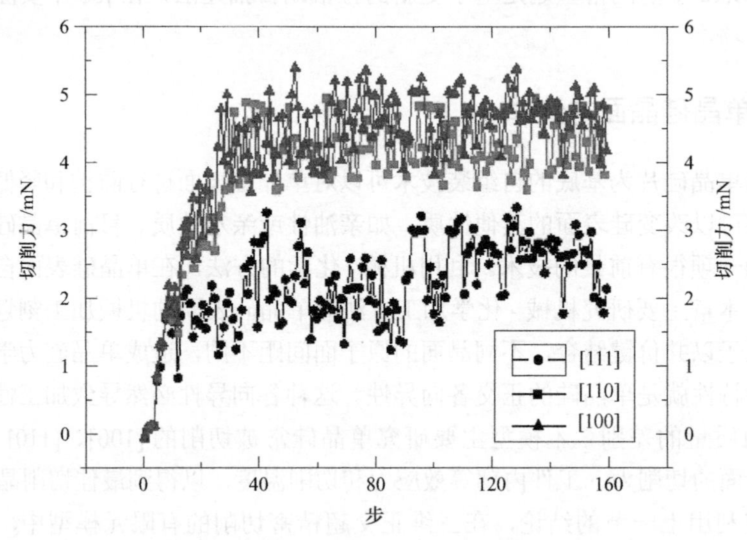

图 4-24　单晶硅不同晶面的切削力变化曲线

2. **工件应力的分析**

超精密切削的三维有限元模型中的应力分布与二维基本相同。图 4-25 是以晶面 [100] 为例来说明工件内部等效冯·米塞斯应力场的分布。前刀面和被切削的单晶硅材料挤压是最强烈的，最大应力分布在第一和第二变形区，三维能够更直观地看出应力场在整个工件内部的分布情况。当刀尖和前刀面推挤切削层的单晶硅材料时，在切削层的材料内部造成应力场。由图 4-25 中可以看出，离刀具钝圆半径越远，应力层的值越小，这个应力分布的模拟结果符合切削理论。随着切削的继续进行，新的加工表面不断形成，由于刀具施加在已加工表面的作用力消失，已加工表面材料的弹性变形恢复，但是塑性变形无法复原，储存的内应力即变成了残余应力遗留在已加工表面。图 4-25 中工件等效应力分布表明，切屑上的等效应力分布不均，有明显的应力集中，由此可以推断切屑卷曲主要是其上等效应力分布不均引起的。[100]、[110] 和 [111] 三个晶面等效冯 • 米塞斯应力场的分布范围没有变化，主要分布在切削变形区，加工后的表面留有残余应力。[100]、[110] 和 [111] 三个晶面等效冯•米塞斯应力的最大值为 8.233Gpa、8.191Gpa 和 7.983Gpa，可见晶面 [111] 最大应力值最小，最有利于得到残余应力较小的单晶硅表面。

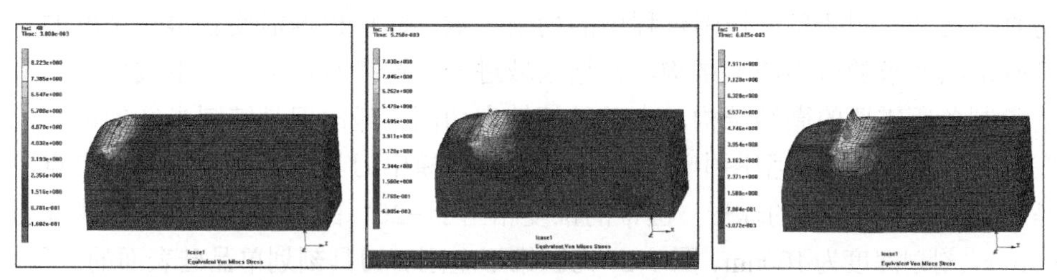

图 4-25 工件内部等效冯 • 米塞斯应力场分布

3. *温度场的分析*

图 4-26 是以晶面 [100] 为例来说明工件内部温度场分布的云图。如图 4-26 所示，切削变形区内单晶硅工件材料的温度升高非常明显。切屑形成后，由于刀具前刀面与切屑间的摩擦作用的产生，切屑温度继续上升。随着超精密切削过程的不断进行，切削层单晶硅材料不断发生塑性变形；另外，前刀面与切屑以及后刀面与已加工表面之间的摩擦作用产生的热量不断增加，使得刀具和工件的温度不断上升。Marc 模拟温度场云图的结果显示，最高切削温度总是出现在钝圆半径附近。这是由于在这个区域，切削层的材料和切屑与刀具之间的相对挤压滑动速度最大，单位面积压力较大，因此温度很高。

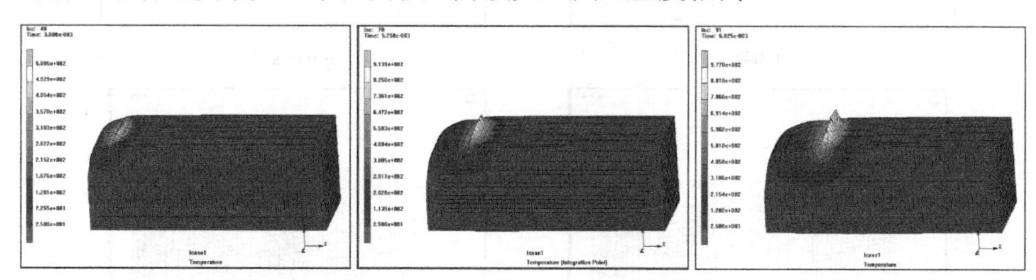

图 4-26 工件内部温度场分布云图

由于速度选用得较大，温度值较高。三个晶面的温度分布范围与图 4-26 中所示相同，不同晶面进行切削对温度场的分布基本没有影响，最高温度出现在切削刃附近和切屑上。[100]、[110] 和 [111] 三个晶面温度最大值分别为 977℃、980℃

和965℃，三个晶面的温度差值很小，三个晶面的温度对切削过程的影响较小。

综上所述，超精密切削单晶硅时，若选择[111]晶面作为被切削加工晶面，相对于切削[110]和[100]晶面来说，更易得到光滑的单晶硅的超精密切削表面。

4.5.3 单晶硅微纳结构加工过程的有限元仿真

1. 单晶硅表面刻划过程与刻划力

利用有限元Marc软件对圆锥形金刚石刀具刻划单晶硅表面的加工过程进行仿真，通过控制超精密切削过程中的切削参数，即可根据需要获得高精度的、精确形状要求的微小图形结构，刻划区域进一步连接有机分子，生成自组装单层膜制备所需要的微纳结构。由于是超精密切削，考虑刀具钝圆半径的影响，在模型建立的几何模型图中可以看出，本次建模中刀具模型不是绝对的尖点，是钝圆半径为40nm的球形，圆锥的锥度相当于−20°的刀具前角，切削速度为6μm/s，刻划深度为100nm。图4-27为圆锥形金刚石刀具刻划单晶硅表面的过程。刻划微加工时产生的微小切屑被金刚石针尖推到划痕边缘，隆起量很小，由于有限元本身的特性，微小切屑显示不明显。刻划加工后的单晶硅表面出现了一道划痕，划痕随着刀具的移动而移动。刻划加工后的表面由于单晶硅工件材料的弹性恢复，只有塑性变形保留下来，划痕变浅。

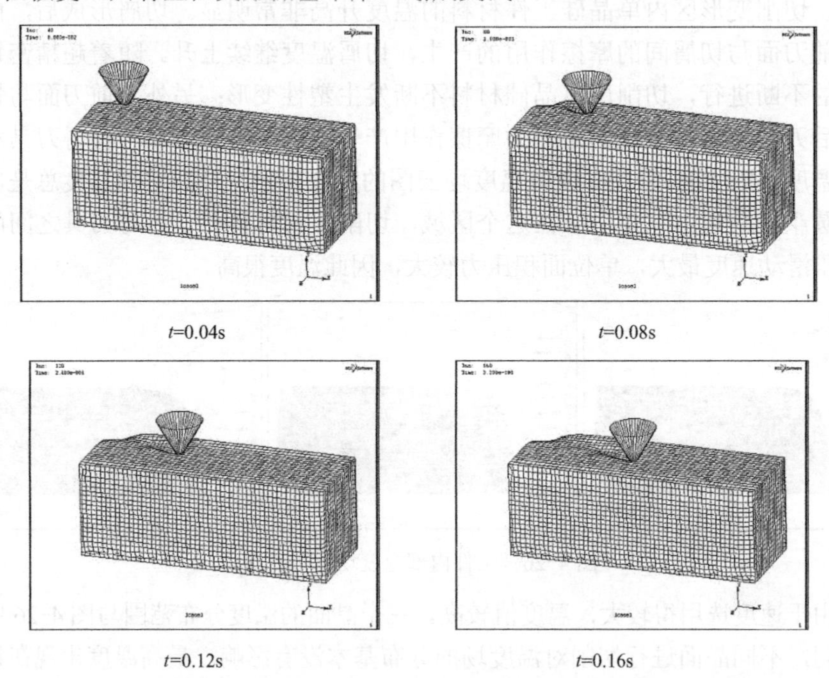

图4-27 圆锥形金刚石刀具刻划单晶硅表面的过程

下面用圆锥刀具刻划单晶硅 [111] 晶面，利用有限元 Marc 模拟结果得到的刻划力曲线，如图 4-28 所示。由图 4-28 中可知，微加工时的刻划力最大值为 3.5mN，不足以导致单晶硅表面损伤。刻划力曲线与二维超精密切削力曲线基本一致，唯一不同的是刻划产生的热量值和分布范围都较小，对单晶硅的软化作用不明显，刻划进入稳定阶段后刻划力没有下降的趋势。由于单晶硅刻划是通过刀尖作用产生很大作用力，当单晶硅材料变形超出其屈服极限时，表面产生塑性变形，出现微小切屑，刻划力减小；然后刀尖继续挤压刀尖前端材料，刻划力增大，随后塑性变形产生切屑，切削力又减小；如此反复便产生了刻划力的波动。

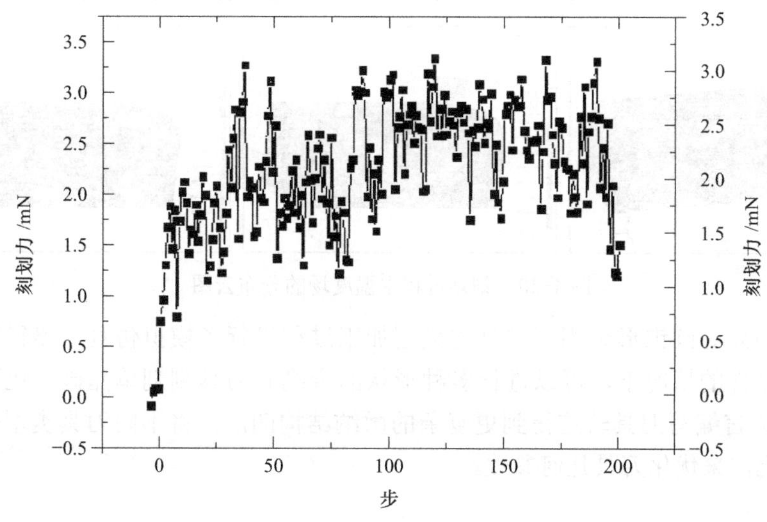

图 4-28　圆锥形刀具刻划单晶硅表面的刻划力曲线

2. 刻划过程中单晶硅内部等效应力场分析

图 4-29 是 Marc 模拟单晶硅刻划过程中工件内部等效冯·米塞斯应力分布云图。从图 4-29 中可以看出，圆锥形刀具对单晶硅表面刻划加工时，刀具针尖单位面积的刻划力很大，尖端的材料受到极大的应力作用，所以应力最大值出现在刀尖处，并随着刀具移动。软件分析表明，等效冯·米塞斯应力分布范围呈现以刀尖为圆心的同心椭圆，单晶硅上的最大应力值为 8.505GPa。随着刀具的继续移动，应力影响区被拉长，形成留在工件表面上的残余应力。

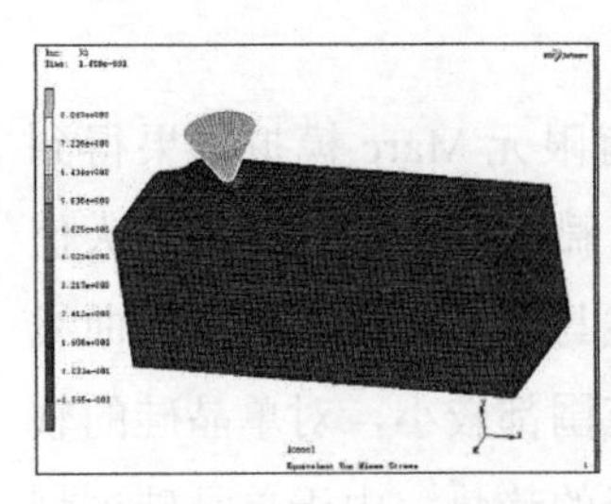
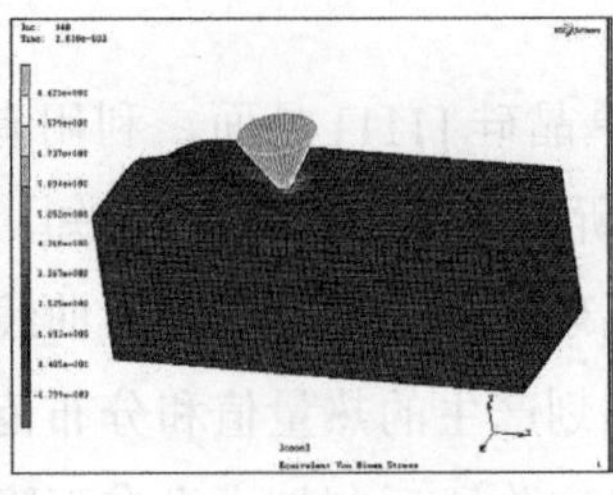
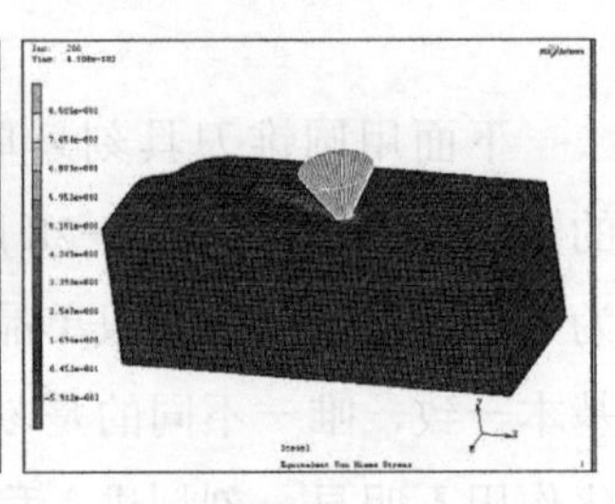

图 4-29　刻划过程中工件内部等效冯 · 米塞斯应力分布云图

3. 刻划过程中温度场分析

图 4-30 为 Marc 模拟的温度场分布云图。由图 4-30 中可知，圆锥形金刚石刀具刻划单晶硅表面的最高温度为 30°，温度的最大值较低，与超精密切削理论相符合。温度场以刀尖为圆心的同心圆分布，且随着刀具的移动而移动。

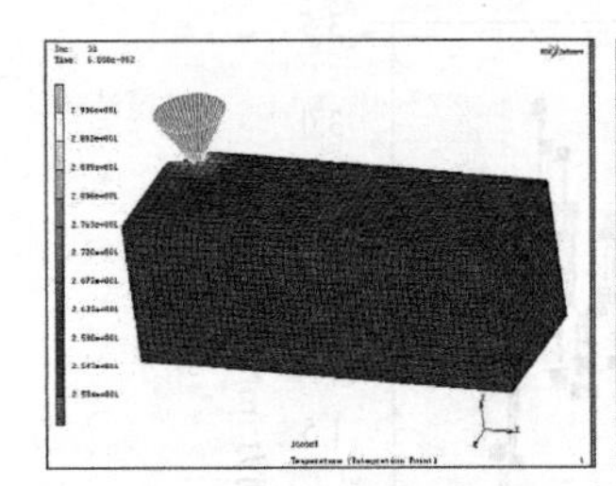
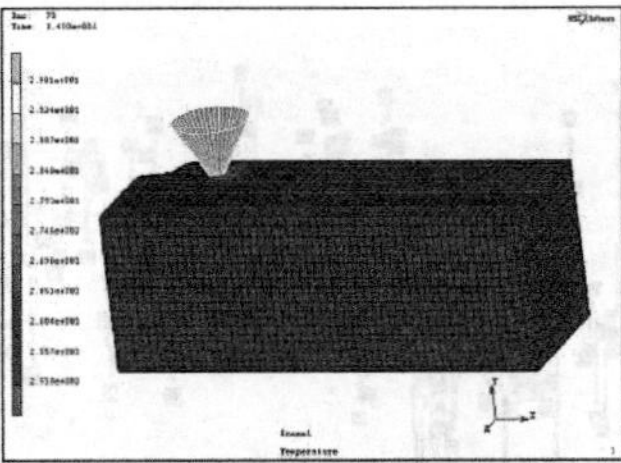
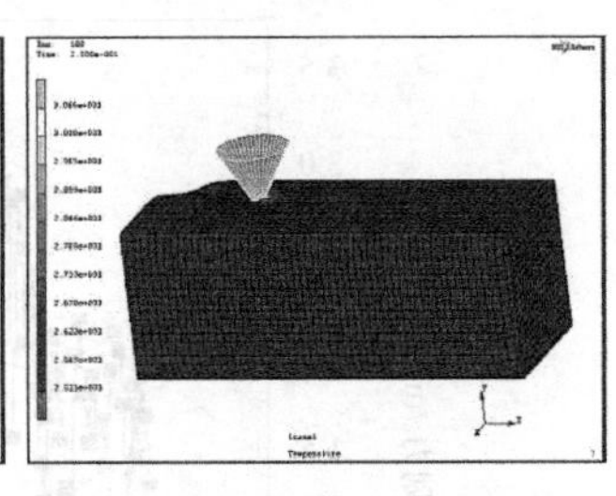

图 4-30　刻划过程中温度场的分布云图

本书只对圆锥形金刚石刀具的刻划加工过程进行了模拟仿真，路径比较简单。在允许的情况下，可以进行多种形状的金刚石刀具刻划单晶硅，还可以用 Fortran 语言编写刀具轨迹得到更复杂的微纳结构图形，将不同刀具类型仿真结果做对比，来优化刀具几何参数。

参考文献

[1] FANG F Z, W H, LIU Y C. Modelling and experimental investigation on nanometric cutting of monocrystalline silicon [J]. International Journal of Machine Tools & Manufacture, 2005, 45 (15): 1681-1686.

[2] 罗熙淳，梁迎春，董申，等．单晶硅纳米加工机理的分子动力学研究 [J]．航空精密制造技术，2000，36（3）：21-24．

[3] 唐玉兰．基于分子动力学单晶硅纳米切削机理研究 [J]．微细加工技术，2003，6（2）：76-80．

[4] 张建国，宗文俊，孙涛．精密车削单晶硅刀具振动频谱分析 [J]．纳米技术与精密工程，2010，11（6）：491-497．

[5] LAWN B R, et al. Micromechanics of machining and wear in hard and brittle materials[J]. Journal of the American Ceramic Society, 2021, 104(1): 5-22.

[6] SHI L Q, et al. Nanotechnology and precision engineering Part 1: Finite element simulation of precision cutting monocrystalline silicon[C]. Switzerland: Trans Technology Publications, 2013.

[7] 葛梦然，王全景，张振中．单晶硅压痕接触变形的简化计算 [J]．光学精密工程，2022，30（11）：1317-1324.

[8] 郭晓光，张亮，金洙吉，等．考虑空位缺陷的单晶硅纳米级磨削过程的分子动力学仿真 [J]．中国机械工程，2013，24（10）：1284-1288，1295.

[9] 岳芸．干硬切削 30CrNiMo8 合金钢切削温度与切削力的研究 [D]．兰州：兰州理工大学，2011.

[10] KUMAR, JAYANT, NEGI, et al. Thermal effects in single point diamond turning: analysis, modeling and experimental study[J]. Measurement, 2017, 102(1): 96-105.

[11] 李德刚．基于分子动力学的单晶硅纳米加工机理及影响因素研究 [D]．哈尔滨：哈尔滨工业大学，2008.

[12] 王明海，卢泽生．单晶硅超精密切削表面质量各向异性的研究 [J]．航空精密制造技术．2007，43（1）：13-16.

第5章

单晶硅超精密切削的分子动力学仿真分析

纳米切削时，材料基本是以若干个原子或原子层的离散方式被去除，此时切削过程中的一些物理现象和规律都已经与传统的加工有了极大的区别，不适合再借助建立在连续介质力学上的有限元方法和切削理论对单晶硅纳米切削进行理解和分析，因此，我们需要从微观粒子的角度对其进行研究和阐述。纳米切削对实验设备、实验环境和实验条件都有着近乎苛刻的要求，而且切削过程中的观察和测量也存在许多困难。近几十年来，由于计算机技术的迅猛发展，由其衍生出的分子动力学仿真模拟技术也在研究中发挥着巨大作用，它克服了苛刻的实验条件和观察测量带来的困难，直观地展现了微观的切削过程，为预测、研究和分析纳米切削加工过程中的一些微观现象提供理论依据，能够有效地沟通微观现象和宏观性质。因此，借助分子动力学仿真模拟来研究单晶硅纳米切削加工过程是非常行之有效的。

如今，科技的创新已势不可挡，而且随着国防和人们的需求日渐趋向智能化、微型化，对微电子器件和机械加工系统的要求会越来越严格。单晶硅是一种导热性、抗疲劳性良好的硬脆材料，它是制造半导体器件、信息储存器及微电子机械系统的重要基底材料。为了提高其加工精度和表面质量，本章将对以单晶硅为基底，用金刚石刀具对其进行切削的纳米级加工过程进行仿真模拟，研究其切削机理。本章使用 LAMMPS 软件并借助分子动力学方法来进行仿真计算，在三维图像中，从原子瞬时位置、温度和原子间势能等方面探讨单晶硅切削过程中材料去除方式与已加工表面的成形机理。

5.1 分子动力学仿真方法及步骤

5.1.1 分子动力学仿真的基本思想和理论

1955 年，物理学家 Fermi 最先提出分子动力学（MD）仿真。之后 Alder 与 Wainwright 借助分子动力学研究了硬球模型，首次将分子动力学应用于物理化学领域。Vineyard 等在材料科学领域最先应用分子动力学模拟研究了液体粒子

的连续作用势。Verlet 绘制出 LJ 系统相图，又提出 Verlet 算法，扩展了分子动力学模拟的应用范围。20 世纪 70 年代后，许许多多的新鲜思想与理论被引入分子动力学方法中来，又与统计物理、热力学等学科相结合，使分子动力学模拟方法有了跨越式的发展。20 世纪 80 年代，分子动力学体系趋于完善。90 年代，计算机硬件快速更新，促使分子动力学仿真进一步发展，如今在很多学科和领域都有应用。经过大量次数的模拟实验验证，在对纳米机械加工的研究中，分子动力学模拟的确是一个切实可行的研究方法。

分子动力学模拟（Molecular Dynamics Simulation）是对所研究的微观现象进行模拟仿真，建立一个粒子系统，各粒子间的相互作用根据量子力学来确定。对于一个粒子系统，当这个系统遵循经典牛顿力学定律时，建立粒子的运动学方程组并对其进行数值求解，计算分析出粒子的运动规律及轨迹，然后根据统计物理方法总结得出该系统的宏观物理特性。它适用于固、液、气三种情况的模拟，目的是要在计算机上“重现”生活中发生的真实过程，既包括实际上已经发生的过程，还包括未能达到实验条件而没有发生的过程。而且，分子动力学仿真还可以应用在那些可以同实验的定量不相符却又能解释或验证一些定性结论的“思想实验”。

分子动力学模拟方法的基本原理就是利用牛顿运动定律来进行计算。首先根据系统中各分子的位置计算出系统势能，再由式（5-1）和式（5-2）计算系统中每个原子的受力及加速度。

$$\overrightarrow{F_{\mathrm{i}}}=-\nabla_{\mathrm{i}}U=-\left(\vec{i}\frac{\partial}{\partial x_i}+\vec{j}\frac{\partial}{\partial y_i}+\vec{k}\frac{\partial}{\partial z_i}\right)U \tag{5-1}$$

$$\overrightarrow{a_i}=\frac{\overrightarrow{F_i}}{m_i} \tag{5-2}$$

之后，在公式组（5-3）中令 $t=\delta t$，δt 表示一段非常短的时间间隔，则可得到经过 δt 后各个粒子的位置及速度。

$$\begin{gathered}\frac{d^2}{\mathrm{d}t^2}\overrightarrow{r_i}=\frac{d}{\mathrm{d}t}\overrightarrow{v_i}=\overrightarrow{a_i}\\ \overrightarrow{v_i}=\overrightarrow{v_i}^0+\overrightarrow{a_i}t\\ \overrightarrow{r_i}=\overrightarrow{r_i}^0+\overrightarrow{v_i}^0t+\frac{1}{2}\overrightarrow{a_i}t^2\end{gathered} \tag{5-3}$$

重复上述操作，可以得到各个时间下系统中粒子运动的位置、速度及加速度等信息。通过计算机可以运算出这些粒子的运动状态随时间的变化情况，对得到的微观量进行系统平均，得出宏观数据。可以看出，分子动力学仿真方法是先分析实验结果，再求解一些半经验的模型得出原子间的作用势，推出系统的能量。这种简化减小了运算量和计算误差，可以被采纳。

5.1.2 周期性边界条件

由于分子动力学仿真规模增大会造成计算量增大，对计算机内存提出更高要求。虽然计算机不断更新换代，但计算效率还是很低。因此，人们引入了边界条件的概念，常用的边界条件是周期性边界条件、自由边界条件和固定边界条件。边界条件的添加可以适当缩减仿真的规模，提高运行效率。

在分子动力学模拟中，由于系统中的粒子数目明显少于真正系统中的粒子，从而产生尺寸效应。人们为了减小尺寸效应，就采用了周期性边界条件。周期性边界条件是指把定量的粒子 N 放置在体积 V 中，这个体积被称作元胞。假定元胞在三维空间中重复排列，其周围都是它的镜像复制，这样就会构成一个足够大的系统，而这些复制胞称为镜像胞。镜像胞与元胞完全相同，当一个粒子离开元胞时，它马上会被另一个进入元胞的粒子代替，在二维模拟盒子中系统粒子的排列和移动方向如图 5-1 所示。

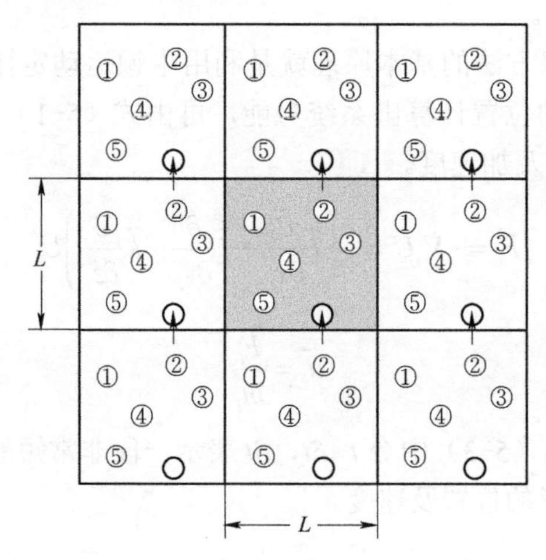

图 5-1　在二维模拟盒子中系统粒子的排列和移动方向

图 5-1 中阴影盒子代表要模拟的系统，周围复制的盒子与其具有相同的粒子排列和移动规律，即为周期性镜像（Periodic Mirror Image）系统。模拟系统中任一粒子运动出盒子外，就一定会有另一个粒子由相对的方向运动进来，就像图 5-1 中第二个粒子。这样的边界限定可以使系统中的粒子数保持定值，密度不变，从而满足实际要求。

采用最近镜像法计算体系里粒子间的相互作用，而粒子间相互作用的距离可表示为

$$r_{ij} = \min\left(\left|r_i - r_j + nL\right|\right) \tag{5-4}$$

图 5-2 中，如果要计算粒子 1 和粒子 3 的作用力，首先取粒子 1 以及与其距离最近的镜像粒子 3。全部的镜像系统中，粒子 1 与粒子 3 距离最近的是计算系统中粒子 1 与盒子 D 中的粒子 3，并不是计算盒子中粒子 1 与 3。类似地，如果计算粒子 3 与粒子 1 的相互作用，则应该取盒子 E 中粒子 1 来计算。

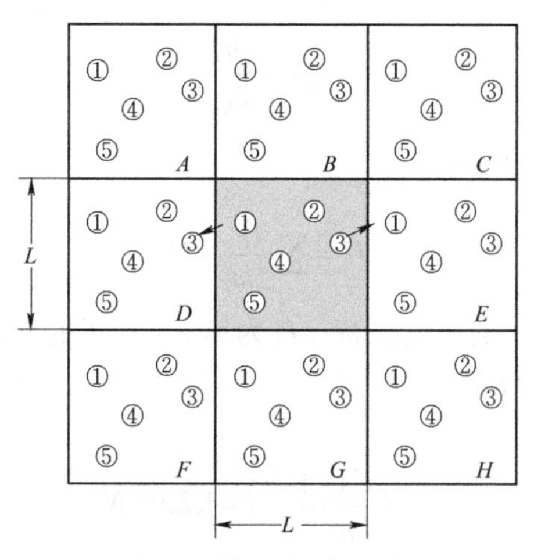

图 5-2　粒子的最近镜像

因为计算中利用了最近镜像的概念，在计算远程作用力时，采用截断半径（Cut-Off Radius）的方法，就不会由于重复计算粒子间的作用力而导致结果出错。在模拟中，当 r_{ij} 超过某个值时，势能趋近于零，这表示分子间的范德瓦耳斯作用力可以忽略不计。这里规定，当势能为 0 时的粒子 i 与粒子 j 间的距离为截断半径，表示为 r_c。在实际的分子动力学模拟中，如果粒子间的间距超过截断半径，那么可将这两个粒子之间的作用力视作 0。因此，模拟时只计算在 $r_{ij}<r_c$ 范围内的粒子间的相互作用，计算量可大为减少。在设定截断半径时，其最大值不可以超出模拟盒子长度的一半，即 $r_{ij} \leqslant L/2$。一般情况下，模拟时所选定的截断半径为 10 ～ 15Å。

5.1.3　分子动力学系统的运动方程

微观上由大量粒子组成的系统在宏观上表现出的特性就是系统中所有粒子运动状态的反映。所以，仿真的关键就是计算系统中全部粒子运动的轨迹和规律。以下是计算中的基本假设：①全部粒子均遵循经典牛顿力学定律；②每个粒子间的相互作用符合叠加规律。这两种假设忽略了多体作用和量子效应的影响，这样就会造成模拟结果与实际情况有差异。而实践证明了分子动力学方法是一种非常有效的工具，在研究纳米加工时并不影响对一般性系统做出预测。

任意一个粒子的运动轨迹可以通过两种形式来描述，一是理论力学的哈密顿量，二是牛顿运动方程。一个物理系统中的粒子数为N，则其力学哈密顿表达形式为

$$q_i = \frac{\partial H}{\partial P_i} \quad i = 1, 2, \cdots, N \tag{5-5}$$

$$P_i = -\frac{\partial H}{\partial q_i} \tag{5-6}$$

其中，哈密顿函数H的表达式是

$$H = \sum \frac{P_i^2}{2m_i} + U \tag{5-7}$$

式中，q_i为第i个粒子的广义坐标；P_i为第i个粒子的动能；m_i为第i个粒子的质量；U为系统总势能。

牛顿形式如下：

$$r^{''} = \frac{F_i(r_i)}{m_i} \quad i = 1, 2, \cdots, N \tag{5-8}$$

$$F_i = -\nabla_i U(r_1, r_2, \cdots, r_N) \tag{5-9}$$

式中，F_i为系统中第i个粒子所受的合力；r_i为第i个粒子的坐标。

经典力学方程的形式很多，它们虽然在数值上各不相同，但在数学上却都是等价的。人们为了方便，常常使用上面的牛顿形式。

5.1.4 积分算法与势函数

分子动力学模拟的常用算法有 Leap-Frog 算法、Verlet 算法、Gear 算法、Beeman 算法等，也有改进的一些算法，如速度 Verlet 算法。

模拟中，由于各个粒子的运动状态有大量的积分计算，对计算精度要求高，因此主要的时间用来计算它们和原子间的相互作用力，所以在模拟时选取一种好的算法至关重要。适当的算法可以在保证计算精度和稳定性的前提下提高运算效率，节省存储空间。

分子动力学仿真的精确度还取决于选取的势函数，不同的势函数会导致模拟的差异，从而影响仿真结果。势函数有两种方法来确定：①量子力学从头计算方法；②经验势函数。前者可以得到精确的势函数，但是需要求解模型的薛定谔方程，其计算过程复杂。即使稍微有点复杂的系统计算都很困难，因此分

子动力学模拟中很少采用。相比前者，经验势函数有了适当的简化，促使其更好地模拟计算。在一些简单的金属原子系统中，经验势函数可能有一个或若干个参数，这些参数来自原子间相互作用的简化，并且根据实验结果确定其大小。经验势函数是否有效可行，材料是否稳定，仍需要利用材料的多种物理、化学性能进行反复验证和改正。当系统稍有复杂时，经验势函数还要将原子键及其键强、键角等产生的影响考虑进去，通常会看成是有关原子间距的 n 体势的和。

经验势函数有很多种，如二体（对偶）、三体和多体势函数。其中属于对偶势函数的有 Morse、Born-Mayer 及 Lennard-Jones 势函数等。对偶势常用在金属原子之间。例如，Morse 势函数表达简洁、计算方法简便，常在惰性气体、离子化体系和简单金属的模拟中用到。其余两种情况的势函数则兼顾了共价晶体结构和方向等特性，在模拟 Si、C 等共价晶体时常常用到。Tersoff 势函数是一种常用在共价晶体仿真中的多体势函数，嵌入原子法（即 Embedded Atom Method）则是一般金属模拟时常用的多体势。其实原子间的这种描述相互作用的势函数发展缓慢会极大地限制分子动力学的应用与推广。

在模拟纳米加工时，常采用 Morse、Lennard-Jones、MEAM 和 Tersoff 等多种经验势函数。Morse 为二体势函数，是物理学家 Philip·Morse 提出的一种针对双原子分子的势能模型。在不需要添加参数和近似的情况下，它可以给出一个结构稳定、计算简便的模型。它常用于简单金属和离子化体系的模拟。在涉及共价键系统时则不宜采用此种经验势函数。

Lennard-Jones 也是二体势函数，由科学家 John Lennard-Jones 最先提出，用于两个分子间势能的模拟。其形式简单，用在惰性气体模拟时特别精确。

MEAM 与 Morse 相比更复杂，它是在电子云密度泛函数理论基础上提出的多体经验势，作为有效的计算金属原子间作用力的方法应用较广并得到了重视，但其在纳米加工领域的应用不多。

Tersoff 势函数在量子力学的基础上探讨环境因素对键强的影响，其认为周围相邻原子多，键的强度会变弱。Tersoff 势函数能够准确地表达共价体系中粒子间相互的作用力，当工件材料是共价晶体时可以优先考虑 Tersoff 势函数。本书中的工件与刀具均是共价晶体，可以采用此势能函数，且其定义原子 i 与原子 j 之间的势函数表达形式如下：

$$V_{ij}=f_C\left(r_{ij}\right)\left[f_R\left(r_{ij}\right)+b_{ij}f_A\left(r_{ij}\right)\right] \tag{5-10}$$

总能量为

$$E=\frac{\sum\limits_{i\neq j}V_{ij}}{2} \tag{5-11}$$

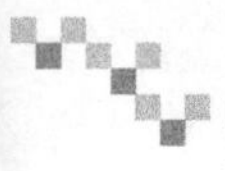

式中，V_{ij} 为原子 i 与原子 j 之间的势能函数；f_R 为排斥势；f_A 为吸引势；f_C 为截断函数；b_{ij} 为吸引势系数项；r_{ij} 为原子 i 与原子 j 的间距。表达式如下：

$$f_C\left(r_{ij}\right)=\begin{cases}1 & r_{ij}<R_{ij} \\ \dfrac{1}{2}+\dfrac{1}{2}\cos\left[\pi\left(r_{ij}-R_{ij}\right)/\left(S_{ij}-R_{ij}\right)\right] & R_{ij}<r_{ij}<S_{ij} \\ 0 & r_{ij}>S_{ij}\end{cases} \tag{5-12}$$

$$f_A\left(r_{ij}\right)=-B_{ij}\exp\left(-u_{ij}r_{ij}\right) \tag{5-13}$$

$$f_R\left(r_{ij}\right)=A_{ij}\exp\left(-\lambda_{ij}r_{ij}\right) \tag{5-14}$$

式中，A_{ij}、B_{ij} 分别为吸引项和排斥项的对势结合能；S_{ij}、R_{ij} 分别为截断半径；λ_{ij}、u_{ij} 分别为吸引项和排斥项的结合能曲线梯度系数。

当材料是 Si、C 时，Tersoff 势函数的各种参数见表 5-1。

表 5-1　Tersoff 势函数的各种参数

参数	Si 原子	C 原子
A/eV	1.8308×10^{3}	1.3936×10^{3}
B/eVi	4.7118×10^{2}	3.467×10^{2}
λ/Å	2.4799	3.4879
μ/Å	1.7332	2.2119
β	1.1000×10^{-6}	1.5724×10^{-7}
n	7.8734×10^{-1}	7.2751×10^{-1}
c	1.0039×10^{5}	3.8049×10^{4}
d	16.217	4.348
h_1	−0.59825	−5.7058
R/Å	2.7	1.8
S/Å	3.0	2.1

5.1.5　系综概念

分子模拟中的系综就是统计系综，是指在某些宏观条件下，许多属性与结构相同，同时处于不同运动状态且相互独立的系统的总和。系综并不是一个实际存在的客观体，而系综里包含的系统才是真实存在的。系综是为了方便表示热力学系统的规律性而引入的，它是统计学方法和理论的一种表达方式。

在分子模拟中，从统计物理角度，将分子动力学划分为平衡态分子动力学仿真（EMDS）和非平衡态分子动力学仿真（NEMDS）。而平衡态分子动力学又根据条件的不同分为多种系综的分子动力学仿真。

（1）微正则系综，NVE（Micro-canonical Ensemble） 此系综是若干个具有相同粒子数 N、相同体积 V 和同样能量 E 的系统集合。系统沿着相空间中的恒定能量轨道演化。计算开始时，会先给出一个适当的初始条件，为了调节系统的能量达到预定值，需要对速度进行特别的调整。这么做会打破系统的平衡，因此要预留给系统尽量多的时间等到其达到想要的状态为止，即再次平衡。其计算参考如下：

$$\vec{v}_i\left(t+\frac{1}{2}\delta t\right)=\vec{v}_i\left(t-\frac{1}{2}\delta t\right)+\frac{\vec{F}_i(t)}{m}\delta t \tag{5-15}$$

$$\vec{r}_i(t+\delta t)=\vec{r}_i(t)+\vec{v}_i\left(t+\frac{1}{2}\delta t\right)\delta t \tag{5-16}$$

$$\vec{v}_i(t)=\frac{1}{2}\left[\vec{v}_i\left(t-\frac{1}{2}\right)\delta t+\vec{v}_i\left(t+\frac{1}{2}\delta t\right)\right] \tag{5-17}$$

（2）正则系综，NVT（Canonical Ensemble） 在这个系综里，总动量是零，且系统的粒子数 N、体积 V 与温度 T 均是恒定值。系统的动能会影响其温度的变化，如果想维持温度恒定就要使系统与虚拟预热处在热平衡，一般的方法是让系统的动能为固定的值。为了达到这个目的，我们需要对粒子速度进行标定，也能通过给运动方程中的力加约束力来实现。计算参考如下：

1）速度校正法：

$$\vec{v}_i\left(t+\frac{1}{2}\delta t\right)=\vec{v}_i\left(t-\frac{1}{2}\delta t\right)\beta+\frac{\vec{F}_i(t)}{m}\delta t \tag{5-18}$$

$$\beta^2=\frac{\left[3(N-1)k_B T_v/m\right]}{\sum_{i=1}^{N}\left[\vec{v}_i\left(t-\frac{1}{2}\delta t\right)\right]^2} \tag{5-19}$$

式中，β 为速度校正因子；T_v 为所设定的温度；k_B 为玻尔兹曼常数。

此方法的 $\vec{r}_i(t+\delta t)$ 与 $\vec{v}_i(t)$ 的计算方法与 NVE 系综的相同。

2）阻尼力方法：该方法将哈密顿运动方程式修正为

$$\dot{\vec{p}}=\vec{F}-\alpha\frac{\vec{p}}{m} \quad 或 \quad \dot{\vec{v}}=\frac{\vec{F}-\alpha\vec{v}}{m} \tag{5-20}$$

式中，α 为常数，实际计算时可以不必计算 α，可由式（5-21）计算速度。

$$\vec{v}_i\left(t+\frac{1}{2}\delta t\right)=\vec{v}_i\left(t-\frac{1}{2}\delta t\right)(2\beta-1)+\beta\frac{\vec{F}_i(t)}{m}\delta t \tag{5-21}$$

式（5-21）中，

$$\beta^2 = \frac{\left[3(N-1)k_B T_v/m\right]}{\sum_{i=1}^{N} \vec{v}'(t)^2}$$

$$\vec{v}_i'(t) = \vec{v}_i\left(t - \frac{1}{2}\delta t\right) + \frac{\vec{F}_i(t)}{2m}\delta t \tag{5-22}$$

此方法的 $\vec{r}_i(t+\delta t)$ 与 $\vec{v}_i(t)$ 的计算法与NVE系综的相同。

（3）等压等焓系综，NPH（Isobaric-isoenthalpic Ensemble） 此系综是保持系统的粒子数、压力和焓值不变。因为 $H = E + PV$，想要保持 P 与 H 不变，现实中实现这种平衡有些难度，而且该系综在模拟中也比较少见了。它多用于计算体积变化的系统。计算时，体积 V 不是固定不变的。定义度量化的速度为

$$\vec{q}_i = \frac{\vec{r}_i}{V^{1/3}}，\quad \dot{\vec{q}} = \frac{\vec{q}_i}{mV^{1/3}} \tag{5-23}$$

相对应的哈密顿运动方程式为

$$\ddot{\vec{q}} = \frac{\vec{F}_i}{mV^{1/3}} - \frac{2}{3}\frac{\dot{\vec{q}}\cdot\dot{V}}{V}$$

$$\ddot{V} = \frac{P - P_E}{M} \tag{5-24}$$

式中，M 为全部粒子质量的总和；P 为系统的压力；P_E 为计算所设定的压力值。速度的表达式如下：

$$\vec{v}_i\left(t + \frac{1}{2}\delta t\right) = \vec{v}_i\left(t - \frac{1}{2}\delta t\right) + \left\{\frac{\vec{F}_i(t)}{m} + \frac{\vec{r}_i(t)}{3V(t)}\left[\ddot{V}(t) - \frac{2}{3}\left(\frac{\dot{V}(t)}{V(t)}\right)^2\right]\right\}\delta t \tag{5-25}$$

此方法的 $\vec{r}_i(t+\delta t)$ 与 $\vec{v}_i(t)$ 的计算法与NVE系综的相同。

（4）等温等压系综，NPT（Isothermal-isobaric Ensemble） 该系综内系统的温度、压力和粒子数恒定。系统温度的恒定要对其速度进行调整或者加一个约束力。而压力的恒定是要对系统体积标度来达成。此系综的计算方法结合了NPH系综计算方法和阻尼力方法。其速度表达式为

$$\vec{v}_i\left(t + \frac{1}{2}\delta t\right) = \vec{v}_i\left(t - \frac{1}{2}t\right)(2\beta - 1) + \left[\frac{2}{3}\frac{\vec{r}_i(t)\dot{V}(t)}{V(t)}\right](1-\beta) +$$

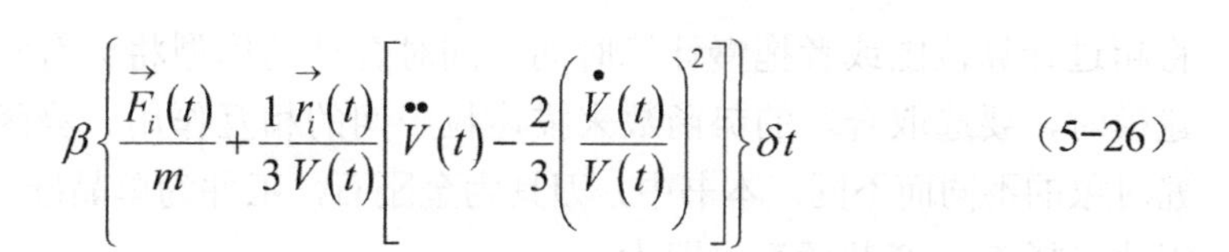

$$\beta\left\{\frac{\vec{F}_i(t)}{m}+\frac{1}{3}\frac{\vec{r}_i(t)}{V(t)}\left[\ddot{V}(t)-\frac{2}{3}\left(\frac{\dot{V}(t)}{V(t)}\right)^2\right]\right\}\delta t \tag{5-26}$$

5.1.6 时间步长

在分子动力学模拟中，时间步长是每步运动的间隔时间，它是粒子轨迹是否精确的重要决定性因素。时间步长的选择对分子模拟实际用时和仿真过程都有举足轻重的影响。经验证明，时间步长的数值如果选择过大，粒子的晶格振动不容易被忽略，会造成误差变大。但是如果时间步长选得太小，则会造成计算量变大，延长仿真运行的时间。在分子动力学模拟计算中，一般采用有限差分方法求解微分方程，因此时间步长的大小对该方法的影响十分明显。

图 5-3 中，随着时间步长的逐渐变大，舍入误差会减小，而截断误差则会慢慢变大。程序代码效率的提升和高阶算法的使用都可以缩小舍入误差，然而，想要缩小截断误差就仅可以对时间步长进行适当的缩小。可是这样缩小时间步长又会使计算量增加。因此，要想选取合适的时间步长，就要积累一定的仿真经验。根据经验选取适当的时间步长来对误差和计算量两者之间的矛盾进行制衡，寻求最优的那个数值来进行仿真计算。

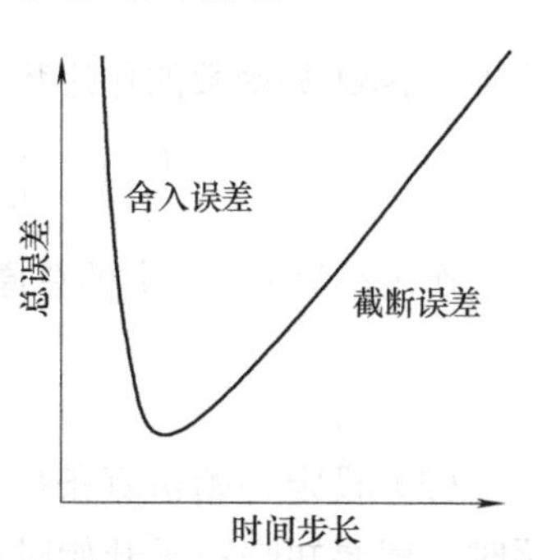

图 5-3 误差与时间步长的关系

经验认为，时间步长的取值大小最好低于原子最快振动周期的 10%。一般情况下，振动周期的数量级是皮秒（$1\text{ps}=1\times10^{-12}\text{s}$），而在模拟刚性原子的系统时，时间步长最好在飞秒级（$1\text{fs}=1\times10^{-15}\text{s}$）范围中选取。

根据上述分析和多次尝试计算，硅表面纳米切削分子动力学模拟的时间步长选取了 1fs。

5.1.7 分子动力学仿真步骤

借助分子动力学对某事物进行模拟仿真时，要分为几个流程步骤，如图 5-4 所示。

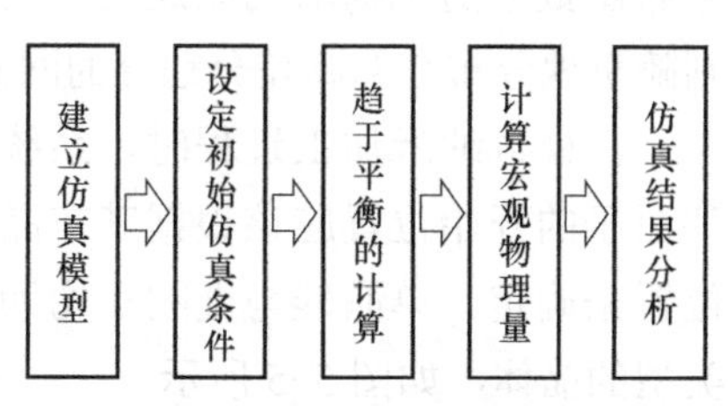

图 5-4 分子动力学模拟仿真的一般流程和步骤

（1）建立仿真模型 在分子动力学模拟中，如果要模拟一个体系，应先确定将要模拟的对象，建立分子动力学模型。模型的建立要考量其计算是否可行，不能过大，否则将超过计算范围或者拖慢计算时间。同时合理的模型将会有利于后续的计算。建模时，要选取合理的势函数来描述粒子间的相互作用。势函数的选取根据研究对象的不同而不同。本书中，刀具为金刚石，工件为单晶硅，均为共价晶体，因此选择 Tersoff 势函数，即为

$$E=\frac{1}{2}\sum_{i}\sum_{j\neq i}V_{ij}$$

$$V_{ij}=f_C\left(r_{ij}\right)\left[f_R\left(r_{ij}\right)+b_{ij}f_A\left(r_{ij}\right)\right] \tag{5-27}$$

式中，V_{ij} 为原子 i 与原子 j 之间的势能函数；f_R 为排斥势；f_A 为吸引势；f_C 为截断函数，b_{ij} 为吸引势系数项；r_{ij} 为原子 i 与原子 j 的间距。

选定势函数后，可以通过公式 $F\left(r_{ij}\right)=-\frac{\partial u\left(r_{ij}\right)}{\partial r_{ij}}$ 计算出原子间的相互作用力，并将 Tersoff 势函数的作用势 V_{ij} 代入式中，得出

$$F\left(r_{ij}\right)=-\left[f_C\left(f_R'+bf_A'+b'f_A\right)+f_C'\left(f_R+bf_A\right)\right] \tag{5-28}$$

作用在第 i 原子上的总原子力是它周围全部原子对该原子作用力之和，即

$$F_i=\sum_{j\neq i}F_{ij} \tag{5-29}$$

（2）设定初始仿真条件　在仿真过程中，要想对系统的方程组进行数值求解时，就要知晓粒子开始时的位置和初始速度。鉴于计算方法的各不相同，需要的初始条件也不同。通常情况下，想要知道系统最开始的状态几乎是不可能的。而且，随着仿真时间的逐渐变长，初始条件也会被忘记。由此可见，初始条件的选择似乎意义不大。但经验证明，合理的初始条件会加速趋于平衡的计算。下面列举三个常用的初始条件：①初始位置设定在差分网格的某个格子上，从玻尔兹曼分布函数中随机抽取初始速度；②初始速度是 0，开始时的位置随机地分布在偏离差分网格的格子上；③从玻尔兹曼分布函数中随机抽取初始速度，而开始的位置则随机地分布在偏离差分划分的网格格子上。

在模拟纳米加工过程时，系统中刀具和工件原子的开始位置应该根据其在晶体晶格中的位置来确定。单晶硅与金刚石均为金刚石结构类型的晶体，如图 5-5 所示。

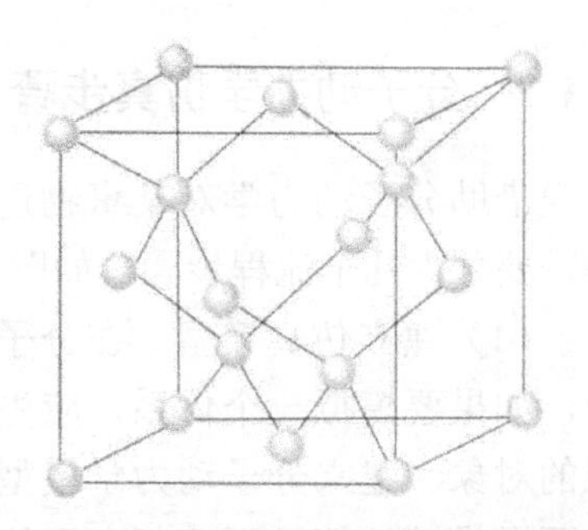

图 5-5　金刚石结构晶体示意图

在单晶硅和金刚石晶胞中，1 个原子与其周围相邻的 4 个原子通过共价键连接，这 4 个

原子整好落在正四面体的 4 个顶点上，而四面体的中心是另一个原子。单晶硅和金刚石原子的初始位置根据其晶格排列而定，因此本书仿真时会选择上述的第一种方法来设定金刚石和单晶硅原子的初始位置与速度。

在分子动力学仿真计算中，积分步程的选择一般是飞秒数量级的。由此来看，分子动力学模拟更适合研究快速运动。在上面的叙述中，已经选定了单晶硅纳米加工的时间步长为 1fs。同时，也决定采用 NVE 和周期性边界条件。

（3）趋于平衡的计算　现在，只要按照上面给出的运动方程和各项初始条件，就可以进行分子动力学模拟计算了。但这样计算所得到的并不是想要的系统，而且这个状态本身也并非是平衡状态。如果想要系统达到平衡，模拟时则需要一个趋于平衡的过程。在该过程中，人为地增加或减少能量，直至系统达到想要的能量值。接着，对方程中的时间变量进行积分运算，让系统能够连续得出能量值，此时，将到达平衡，这段时间称为弛豫时间。

（4）计算宏观物理量　各种宏观物理量的信息通常是在仿真模拟的最后一步进行计算和统计的。它是沿着粒子在相空间中的运动轨迹求平均得到的。

（5）仿真结果分析　对前面步骤的逐一实施所得到的各项数据进行相应的结果分析，从而得到想要的结论。

5.2 仿真模型的建立

在对单晶硅纳米切削进行模拟中，建模时，我们要参考实际切削中刀具与工件的运动特点和微观中晶体材料结构以及其他因素。这样建立的模型准确性更高，模拟结果才会更真实。

图 5-6 是单晶硅纳米切削过程的分子动力学仿真模型。图中，单晶硅工件分为 3 个区域：牛顿区、恒温区和边界区。这三个区域中的牛顿区和恒温区内的原子遵循经典牛顿定律而运动。同时在 NVE 系综内，如果要维持恒温区内的温度不变，需要对该区域内的原子每隔一定的时间间隔标定一次速度值。处在边界区的工件原子会被固定住，使其在模拟过程中保持不动，这么做的目的是要保持晶格对称，同时削减边界效应带来的影响。由于仿真系统中的粒子数远远少于实际的粒子数，这会带来“尺寸效应”。为了减小其对模拟的影响，在刀具和工件的 Z 轴方向设定了周期性边界条件。这种设定等同于建立了无限大体积的系统，设定后的系统可以更准确地代表其对应的宏观系统，使仿真结果更精确。

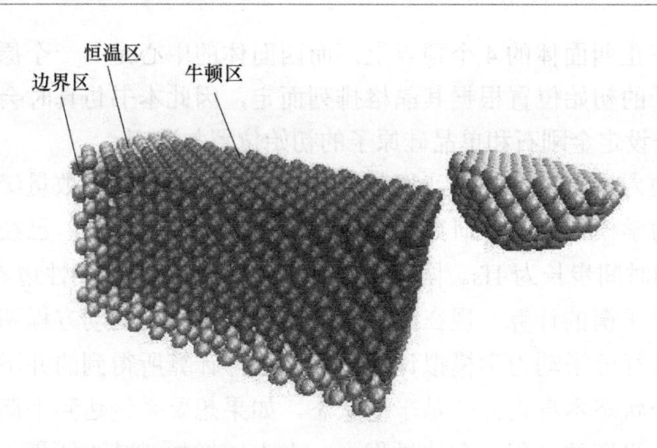

图 5-6　单晶硅纳米切削过程的分子动力学仿真模型

5.3　单晶硅切削过程的仿真分析

5.3.1　仿真模拟参数设定

仿真中，结合实际刀具的刀尖情况、计算难易程度与可视化软件的要求，本次模拟采用球形刀尖，半径为 12Å。加工过程中，刀具以一定速度匀速地对工件进行切削。具体的模拟参数详见表 5-2。

表 5-2　单晶硅纳米加工模拟参数

参数	值
材料	工件：单晶硅，刀具：金刚石
晶格常数 /Å	5.431，3.567
刀尖形状	半球形，r=12Å
工件尺寸 /$\frac{Q}{Å}\times\frac{宽}{Å}\times\frac{高}{Å}$	65.16×32.58×65.16
势函数	Tersoff
系综	NVE
时间步长 /ps	0.001
切削速度 /（m/s）	200
切削深度 /Å	2
系统初始温度 /K	300

本书在仿真时，使用 LAMMPS 软件对切削过程进行计算，并得出结果文件。程序运行的截图和计算数据的部分截图，如图 5-7 和图 5-8 所示。

```
LAMMPS (1 Jul 2012)
Created orthogonal box = (0 0 0) to (92 42.58 65.16)
  1 by 1 by 1 MPI processor grid
Lattice spacing in x,y,z = 5.43 5.43 5.43
Created 7356 atoms
Lattice spacing in x,y,z = 3.567 3.567 3.567
Created 622 atoms
888 atoms in group lower1
396 atoms in group left1
828 atoms in group lower2
336 atoms in group left2
5530 atoms in group upper
622 atoms in group tool
1284 atoms in group boundary1
1164 atoms in group boundary2
2448 atoms in group boundary
5530 atoms in group mobile
Setting atom values ...
  1284 settings made for type
Setting atom values ...
  1164 settings made for type
Setting atom values ...
  5530 settings made for type
Setting atom values ...
  622 settings made for type
```

图 5-7　程序运行的部分截图

```
     900    301.62978   -36086.419            0   -36041.076   -171.42945     250
944.46
     925    306.76798   -36084.566            0    -36038.45    184.90624     250
944.46
     950    293.25365   -36082.137            0   -36038.053    85.634588     250
944.46
     975    298.23903   -36080.655            0   -36035.821   -606.50312     250
944.46
    1000    301.43903   -36080.487            0   -36035.172    -758.5502     250
944.46
    1025    291.22028   -36081.729            0    -36037.95   -1078.5462     250
944.46
    1050    297.57374   -36081.744            0   -36037.009    -1042.638     250
944.46
    1075    306.97339   -36080.577            0    -36034.43   -1105.6369     250
944.46
    1100     290.8898   -36078.728            0   -36034.998   -1379.7916     250
944.46
    1125    283.11992   -36078.734            0   -36036.172   -1139.5163     250
944.46
    1150    300.88135   -36078.925            0   -36033.694   -751.18438     250
944.46
    1175    293.82698   -36081.189            0   -36037.018   -449.91971     250
944.46
    1200          300   -36079.175            0   -36034.076    98.178147     250
```

图 5-8　计算数据的部分截图

为了直接地观察过程，此处再使用 VMD 输出计算结果的图像，如图 5-9 所示。

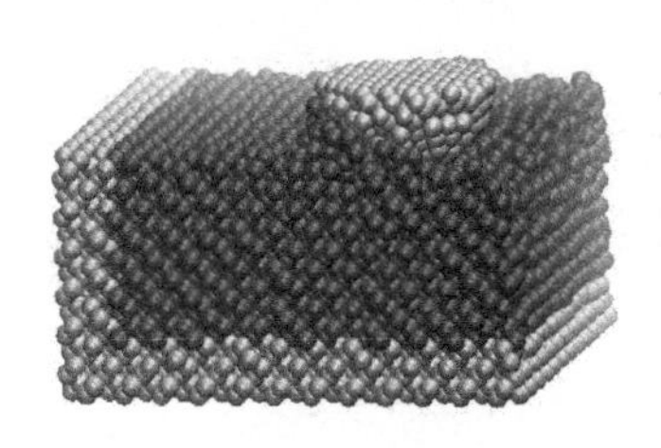

a）整体效果

b）侧视图

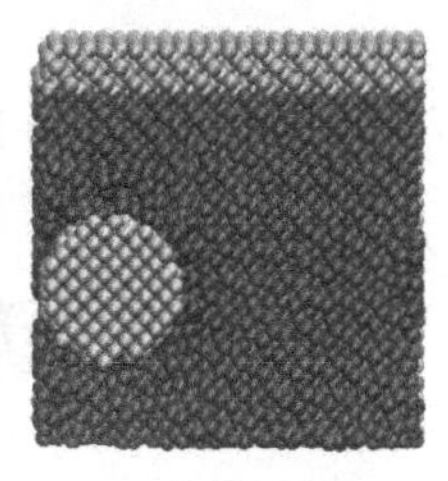

c）俯视图

图 5-9　计算结果的图像

5.3.2 弛豫分析

模型建立后，计算出的结果并不是系统所要求的结果，而且这时的状态也不是一个平衡的状态。想要使系统达到平衡状态，就需要在模拟中有一个趋衡的过程。在此过程中，人为地增加或减少能量，之后，原子间不断地调整，直至系统达到并能持续给出稳定的能量值。这时系统达到平衡，该过程为弛豫过程，这段时间称为弛豫时间。弛豫过程的本质是整个系统内粒子间相互作用并交换能量，最终稳定分布的过程。

在仿真过程中，时间步长是 1fs，分子动力学步为 1000 步，每隔 25 步输出一次数据信息。利用得出的计算数据绘制出系统的势能变化曲线，如图 5-10 所示。经过了弛豫过程，系统势能稳定地保持在一个定值。在图 5-10 中，在弛豫过程开始时，系统的势能快速增加，随着时间趋于平缓，最后维持在一个稳定值。到达平衡阶段时，系统势能在稳定值周围有小范围的波动。模拟是在 NVE 系综，系统的能量不会变化，由此可知，系统弛豫过程的温度是降低的。这个现象符合分子动力学模拟中的动态平衡过程。

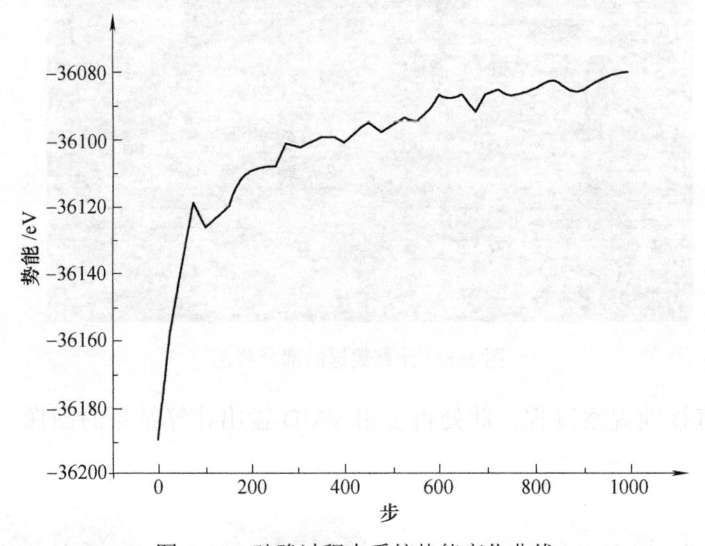

图 5-10 弛豫过程中系统势能变化曲线

5.4 切削物理参数分析

5.4.1 原子间势能分析

图 5-11 是根据模拟计算数据绘制的切削加工过程中工件原子间势能的变化

趋势曲线。根据图 5-11 中曲线分析，切削开始时，原子间的势能持续增大，之后随着切削过程继续推进，增加趋势渐渐变缓，期间有一些波动。造成这一变化现象的原因是：刀具在进行切削时，刀尖会对工件表面的原子及其晶格进行剪切，致使原子间共价键断裂。与此同时，原子晶格又会受到刀具前刀面的挤压，造成其无规则形变，而刀刃在切削作用时产生的能量则会以变形能的形式不断地累积在晶格中。随着刀具的继续移动，变形的原子越来越多，原子间的势能也越变越大。而挤压过的原子恢复弹性和晶格重组时又会消耗能量，削弱势能的增长幅度。这是曲线出现微小波动的原因。

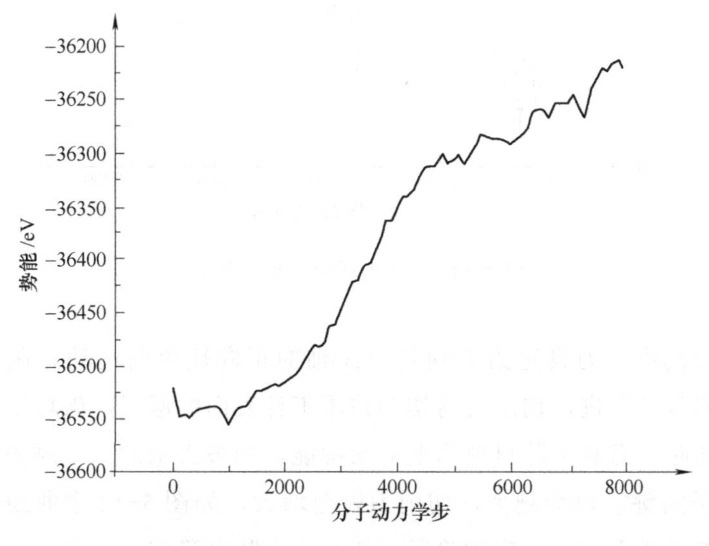

图 5-11　原子间势能变化趋势曲线

5.4.2　切削力分析

切削力是切削时刀具作用在工件上的力。从另一方面说，就是工件材料抵抗刀具切削产生的阻力。这个力会对工件表面质量、刀具的使用寿命以及加工设备的动力损耗等方面产生重要的影响。宏观的切削力主要来源于工件材料、切屑对切削的阻力和刀具同工件表面的摩擦力。由于此次的单晶硅切削加工为纳米级的，它的切削厚度十分微小，可能是几个原子或几个原子层。切削是在原子间进行的，所以微观的切削力是来自刀具原子和工件原子间的相互作用力。因此，切削力的观察分析在分子动力学仿真中是十分必要的。图 5-12 是依据数据结果绘制的切削力变化曲线。

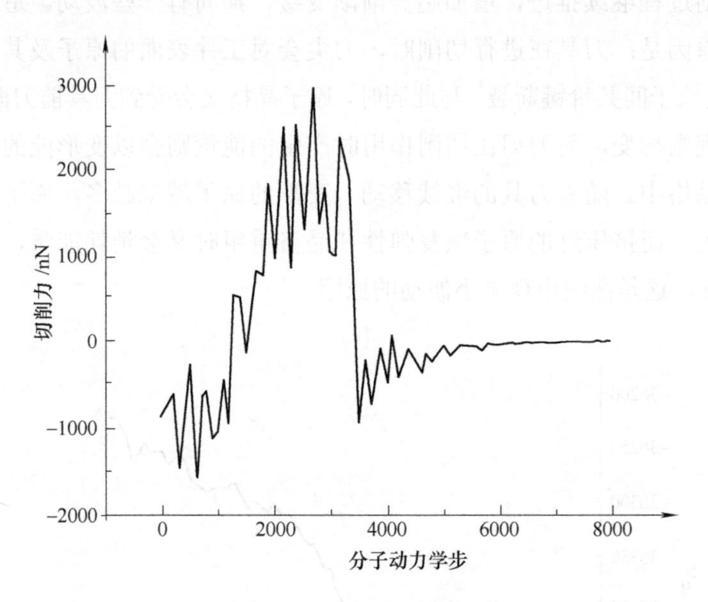

图 5-12　加工中切削力变化曲线

加工仿真中，刀具进给方向是由 X 轴的正向往负向运动。在加工过程中，随着刀具的前进，切削刃剪切和挤压工件表面的原子，破坏了原子间的共价键。此时，刀具去除材料需要克服键能。当被去除的原子越来越多，要克服的原子间键能也会越大，切削力就会增大，如图 5-12 中曲线所示。之后，切削加工进入相对稳定的阶段，切削力也随之稳定在某个值，并在其附近波动。切削刃作用在工件原子上时，工件的硅原子间的相互作用是吸引力。当切削刃将硅原子从工件表面上去除时，随着原子之间的距离变大，硅原子间的相互作用力由原来的吸引力变为排斥力，有助于切屑的去除，减小了切削力，使曲线产生了波动。当然，晶格的变形和重组也是切削力产生波动的原因。

图 5-13 是在三种不同的切削深度（1Å、2Å、3Å）下进行加工时，切削力的变化曲线。由图 5-12 中可以看出，在刀具切削工件表面时，切削深度越大，切削的原子就会越多，切削力也会越大。这也从侧面验证了切削力变化的原因，同时还知道了切削深度会对切削过程造成一定的影响。

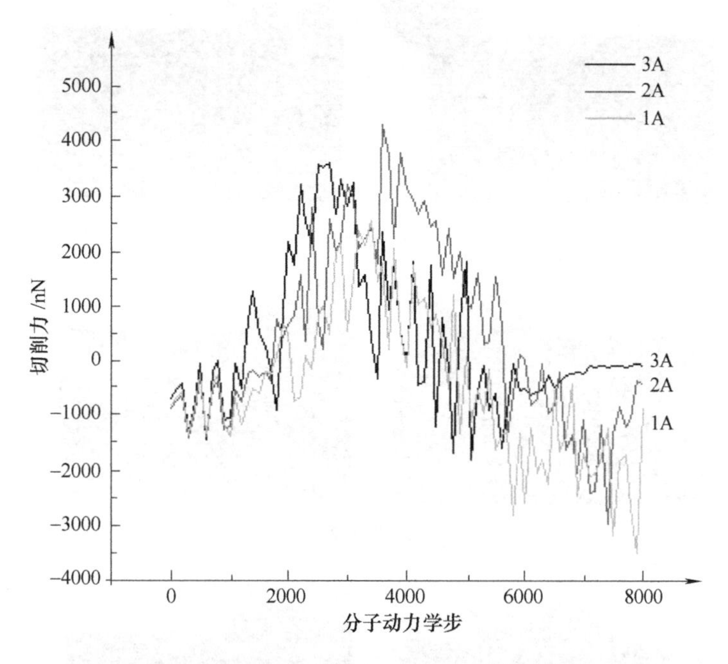

图 5-13　不同切削深度下切削力的变化曲线

5.5　单晶硅纳米切削机理分析

图 5-14 为仿真加工过程中的三组不同时刻的瞬时图像。通过对加工过程的观察，对纳米加工机理进行分析研究。

前面的几小节对单晶硅纳米切削过程中势能和切削力的变化进行了简单分析阐述。刀具沿着进给方向移动，当刀具原子接触到工件原子时，随着两种原子间的距离不断缩小，两者之间的引力逐渐变小，直至变为排斥力。刀具金刚石原子的共价键的键能比较大，所以金刚石刀具不会轻易磨损或变形。因此工件表面的硅原子主要受到的是金刚石原子和内部硅原子对其的排斥力，这个排斥力会使得硅原子的晶格发生变形。之后，刀具继续移动，刀具原子与工件原子之间的间距继续缩短，两者之间相互作用的排斥力也继续增加。刀具切削时产生的能量会在晶格内以变形能不断积累，系统的能量也会在排斥力的影响下持续增加。

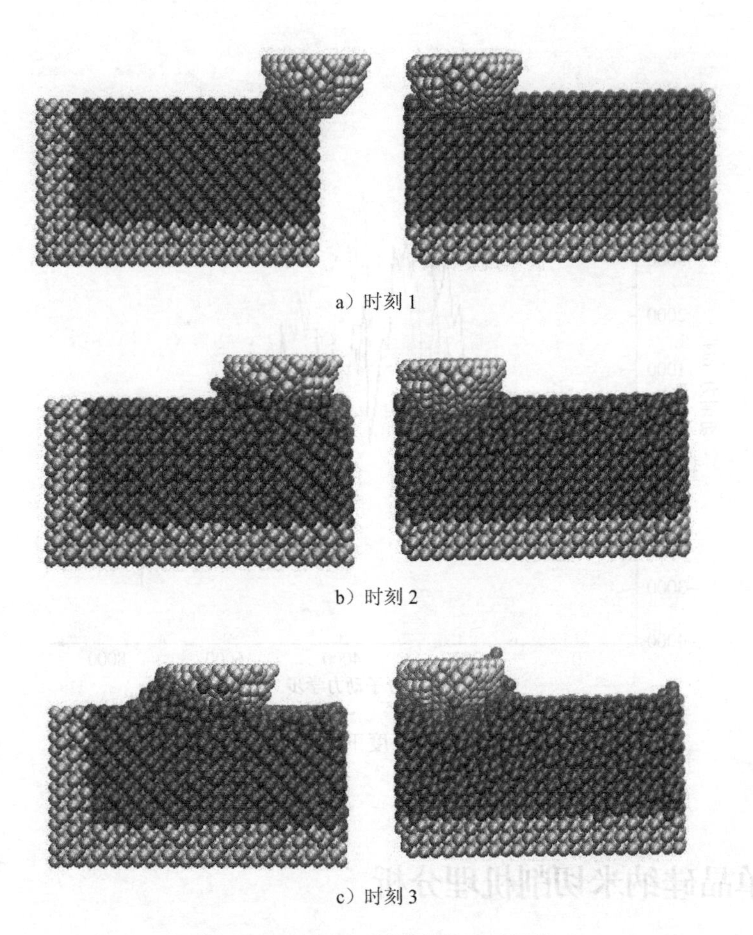

a）时刻 1

b）时刻 2

c）时刻 3

图 5-14　纳米切削过程的瞬时图像

当那些变形晶格内的能量超过某个值时，晶格的规律性被破坏，原子的共价键断裂，这部分原子变成无序排列。这个无序区在切削刃的作用下慢慢向前推移扩展，并在其前方形成了剪切区，工件与刀具的接触区域发生了位错。这些位错区域中的一部分原子向上移动并堆砌在刀具前方，形成切屑。另一部分则会向下移动，这些原子在经过晶格变形和重组后，多数的位错会消失，原子恢复弹性并与切削后表面断裂的原子键结合，形成已加工表面。如上面描述的那样，这些反复交替的过程便是材料去除和已加工表面的形成机理。由图 5-14 所示的瞬时图像中可以看出，原子变形和重组后，不可避免地在已加工表面留下一些“不平的痕迹”，而这些“痕迹”则被视为纳米切削所能够达到的表面粗糙度。

5.6 加工参数对硅表面切削过程的影响

在现有的条件下，想要通过实验来研究纳米切削中各种参数对加工的影响还是有一定难度的。因此，在理论上，研究切削参数对加工的影响就显得十分迫切和必要。本章借助分子动力学仿真方法，建立单晶硅纳米切削过程的三维仿真模型，通过不断改变切削参数进行模拟来研究和比较其对加工过程的影响。本节主要研究切削深度、切削速度、刀尖几何形状和刀具前角等几方面因素的影响。

5.6.1 切削深度对仿真结果的影响

在不更换刀具和不改变切削速度的情况下，分别设定三种不同的切削深度，即 1Å、2Å、3Å，进行仿真，进而研究切削深度对切削过程的影响。表 5-3 中所示的是模拟加工中使用的具体切削参数。

表 5-3 三种切削深度下的加工仿真参数

参数	工件（Si）	刀具（C）
几何参数	65.16Å×32.58Å×65.16Å	半球形，r=12Å
时间步长 t/fs	1	
势函数	Tersoff	
切削方向	X 轴负方向	
切削速度 v_c/（m/s）	200	
切削深度 a_p/Å	1，2，3	

本书利用 LAMMPS 软件对三种情况下的切削过程均进行了计算和模拟仿真，部分程序运算如图 5-15 所示。同时又截取了相同切削距离的切削瞬时位置图像，如图 5-16 所示。

从图 5-16 的瞬时图像可以看出，在切削深度逐渐增加的情况下，切削刃前方堆砌的原子随着切削深度的加深而增多，刀尖周围变形的原子越来越多，变形层的范围也随之扩大，再结合图 5-16c 发现，切削深度的加深会影响工件的表面质量，使其表面粗糙度值变大。

```
LAMMPS (1 Jul 2012)
Created orthogonal box = (0 0 0) to (92 43.58 65.16)
  1 by 1 by 1 MPI processor grid
Lattice spacing in x,y,z = 5.43 5.43 5.43
Created 7356 atoms
Lattice spacing in x,y,z = 3.567 3.567 3.567
Created 604 atoms
888 atoms in group lower1
396 atoms in group left1
828 atoms in group lower2
336 atoms in group left2
5512 atoms in group upper
604 atoms in group tool
1284 atoms in group boundary1
1164 atoms in group boundary2
2448 atoms in group boundary
5512 atoms in group mobile
Setting atom values ...
  1284 settings made for type
Setting atom values ...
  1164 settings made for type
Setting atom values ...
  5512 settings made for type
Setting atom values ...
  604 settings made for type
```

图 5-15　程序运算的部分截图（切削深度为 1Å）

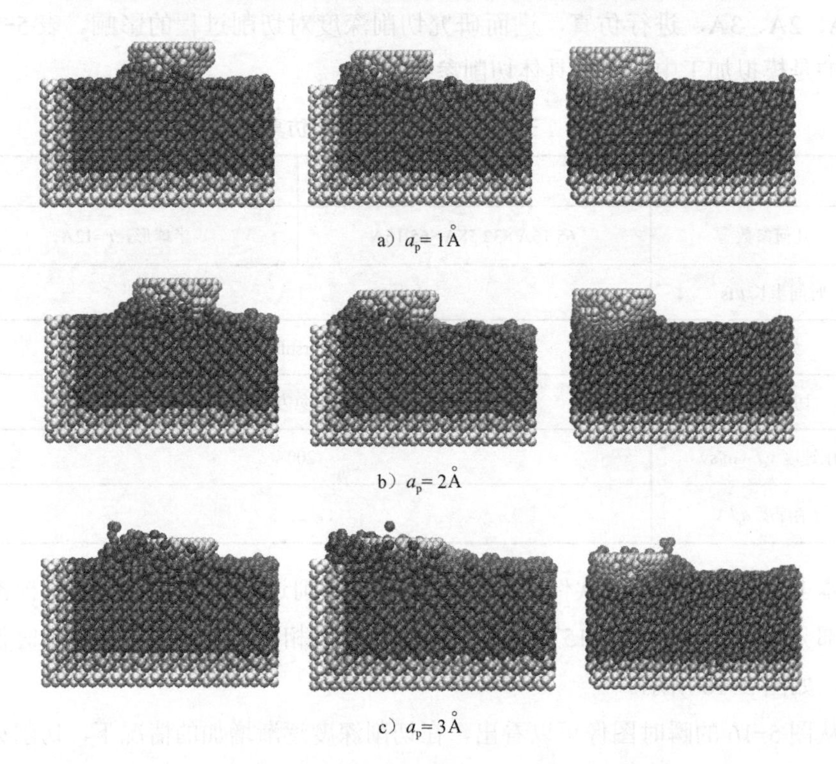

a）a_p= 1Å

b）a_p= 2Å

c）a_p= 3Å

图 5-16　不同切削深度在相同切削距离的瞬时图像

为了进一步分析，整合了三种不同切削深度条件下切削力的对比曲线，如图 5-17 所示。从图 5-17 中不难发现，切削深度越大，去除原子越多，势必

就要破坏更多的原子键，克服更多的共价键能，此时就需要更多的切削力，其值必然会变大，硅原子之间的势能也会增加。

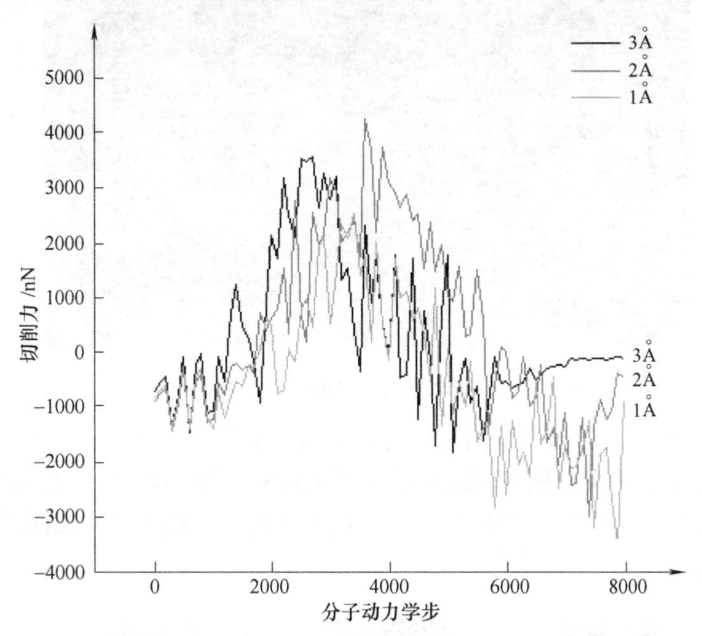

图 5-17　三种切削深度下加工过程中切削力的曲线

5.6.2　切削速度对仿真结果的影响

同研究切削深度影响因素类似，在不更换刀具和改变切削深度的情况下，本小节分别对设定的三种不同的切削速度，即 100m/s、200m/s、300m/s，进行模拟，从而研究切削速度对切削加工过程的影响。表 5-4 中是模拟加工中使用的具体切削参数。

表 5-4　三种切削速度下的仿真参数

参数	工件（Si）	刀具（C）
几何参数	65.16Å×32.58Å×65.16Å	半球形，r=12Å
时间步长 t/fs	1	
切削方向	X 轴负方向	
切削速度 v_c/（m/s）	100，200，300	
切削深度 a_p/Å	2	

本小节同样借助 LAMMPS 软件进行模拟计算，并截取了程序运算的部分截图和同一时刻相同切削距离下的瞬时图像，如图 5-18 和图 5-19 所示。

```
Memory usage per processor = 2.27006 Mbytes
Step Temp E_pair E_mol TotEng Press Volume
       0    293.0688    -36080.487           0    -36051.128    -826.46752    250
944.46
     100         300    -36110.185           0    -36080.132    -674.45067    248
021.43
     200         300    -36107.027           0    -36076.974    -577.47444    245
098.39
     300         300    -36109.606           0    -36079.553   -1402.3269    242
175.35
     400         300    -36102.946           0    -36072.893    -909.65234    239
252.31
     500         300    -36102.093           0     -36072.04    -258.38898    236
329.27
     600   292.46616    -36106.787           0    -36077.488   -1571.5389    233
406.23
     700         300    -36104.315           0    -36074.262     -304.4346    230
483.19
     800   295.58548    -36104.756           0    -36075.145    -138.61091    227
560.15
     900         300      -36105.4           0    -36075.347    -602.66755    224
637.11
    1000         300    -36109.728           0    -36079.675    -960.07247    221
714.07
```

图 5-18　程序运算的部分截图（v_c 为 300m/s）

从图 5-19 的瞬时截图的对比中可以看出，虽然切削速度逐渐增大，但刀具前方堆砌的原子并没有随着切削速度的增大而有明显的增多，刀具切削作用下的原子变形区范围也未有明显扩大。只是在切削速度较大时，表面质量略有降低，但不明显。

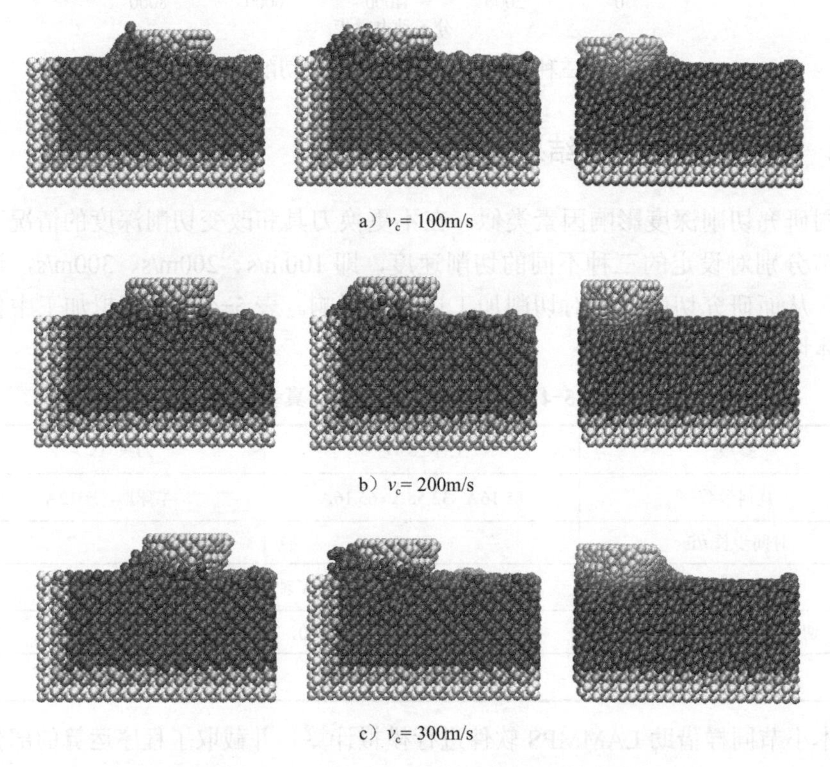

a）v_c= 100m/s

b）v_c= 200m/s

c）v_c= 300m/s

图 5-19　不同切削速度在相同切削距离的瞬时图像

图 5-20 为三种切削速度下加工过程中切削力的曲线。观察图 5-20 中的曲线变化趋势，当切削速度逐渐递增时，切削力是随之递减的，而且伴有幅度剧烈的颤动。其原因是：切削速度的递增导致切削刃作用在硅原子间的时间减少，克服共价键能的时间也同样减少，当共价键被破坏，切削力又会马上减小，如此反复，便形成了曲线中的剧烈颤动。

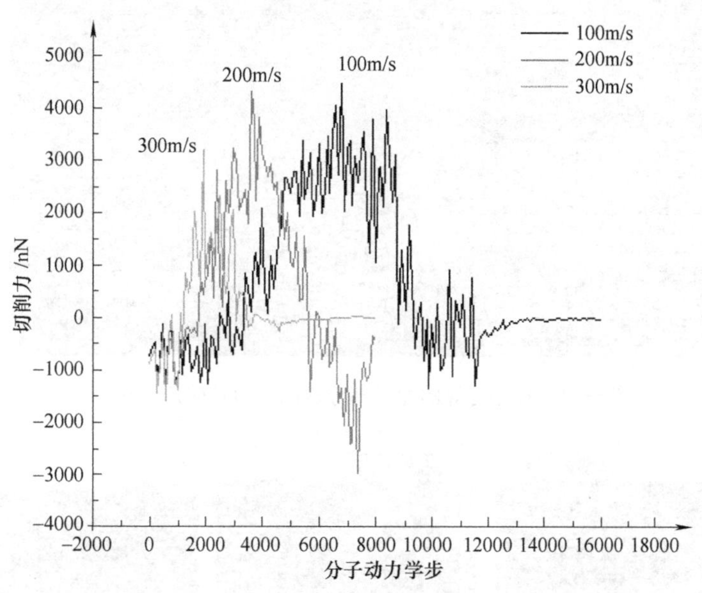

图 5-20　三种切削速度下加工过程中切削力的曲线

5.6.3　刀具前角对仿真结果的影响

在不改变其他切削条件的情况下，通过变换刀具的前角来研究刀具前角对切削过程的影响。仿真分别选择了刀具前角为 45°、0° 和 −45° 的刀具进行切削加工。模拟加工中使用的具体切削参数见表 5-5。

表 5-5　三种刀具前角的仿真参数

参数	工件（Si）	刀具（C）
几何参数	65.16Å×32.58Å×65.16Å	菱形，b=10Å
切削方向	X 轴负方向	
切削速度 v_c/（m/s）	200	
切削深度 a_p/Å	2	
刀具前角 /（°）	45，0，−45	

图 5-21 是借助 LAMMPS 软件模拟计算时随机截取的部分程序截图。为了更好地观察分析，还利用 VDM 可视软件截取了瞬时图像，如图 5-22 所示。

```
LAMMPS (1 Jul 2012)
Created orthogonal box = (0 0 0) to (80 42.58 65.16)
  1 by 1 by 1 MPI processor grid
Lattice spacing in x,y,z = 5.43 5.43 5.43
Created 7356 atoms
Lattice spacing in x,y,z = 3.567 3.567 3.567
Created 252 atoms
888 atoms in group lower1
396 atoms in group left1
828 atoms in group lower2
336 atoms in group left2
5160 atoms in group upper
252 atoms in group tool
1284 atoms in group boundary1
1164 atoms in group boundary2
2448 atoms in group boundary
5160 atoms in group mobile
Setting atom values ...
  1284 settings made for type
Setting atom values ...
  1164 settings made for type
Setting atom values ...
  5160 settings made for type
Setting atom values ...
  252 settings made for type
```

图 5-21　程序运算的随机部分截图（刀具前角为 0°）

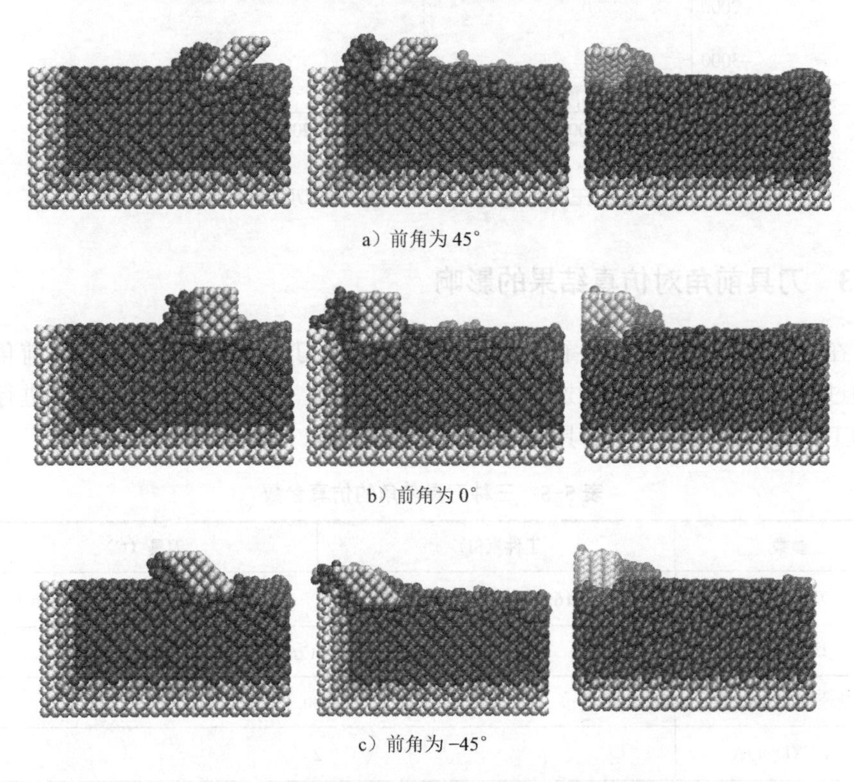

a）前角为 45°

b）前角为 0°

c）前角为 −45°

图 5-22　不同刀具前角在相同切削距离的瞬时截图

从图 5-22 中可以看出，随着刀具前角的递减，刀具前方的切屑厚度也逐渐减小。因为使前角具有合理的负值有助于切屑的排出，这样会帮助提高工件表面质量。刀具前角为 -45° 时，其加工后的工件表面质量明显要优于另外两种前角的刀具。而 0° 的刀具加工过的表面粗糙度虽然较 -45° 的高些，但仍然要好于前角为 45° 的刀具加工过的表面。因此可总结为：使刀具具有合理适当的负前角，可提高加工表面的表面质量。

图 5-23 为三种刀具前角加工中的能量变化曲线。根据图 5-23 中的能量变化曲线分析，三种加工刀具前角在切削过程中，系统总能量的走势变化大体相同，均是能量逐渐变大，随后慢慢稳定。图 5-23 中明显地标示出了三条曲线的波动范围，即最小能量到最大能量的变化范围。当刀具前角为正时，其波动变化的范围要比前角为负时变化的范围大。因此，当刀具前角是负值时，其系统能量较为稳定，更利于工件形成表面质量相对高的形貌。

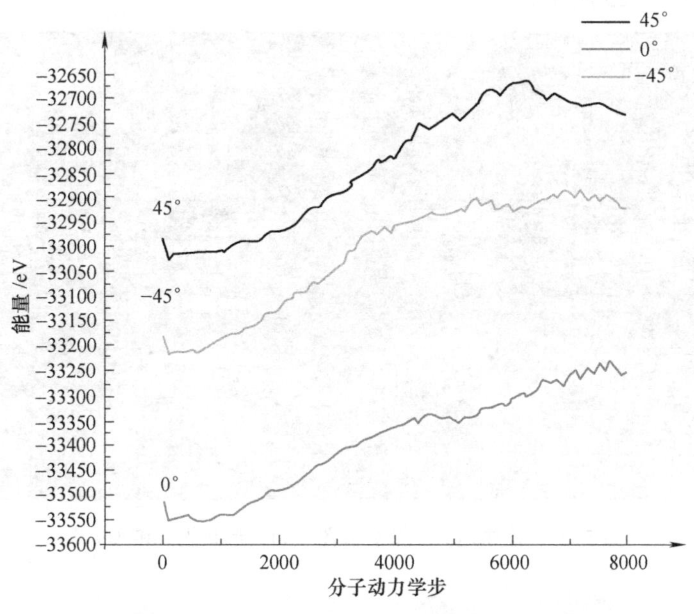

图 5-23　三种刀具前角加工中能量变化曲线

5.6.4　刀尖形状对仿真结果的影响

在保证切削深度、切削速度和其余模拟参数相同的情况下，通过更换不同刀具来研究分析刀尖形状对切削加工的影响。模拟加工过程中的具体仿真参数见表 5-6。

表 5-6　三种不同刀具下的仿真参数

参数	工件（Si）	刀具（C）
几何参数	65.16Å×32.58Å×65.16Å	球形，r=12Å 矩形，12Å×10Å×12Å 菱形，b=10Å 圆锥形，r=12Å h=10Å
切削方向	X轴负方向	
切削速度 v_c/（m/s）	200	
切削深度 a_p/Å	2	

图 5-24 是使用 LAMMPS 软件进行圆锥形刀具切削模拟计算时截取的部分程序。同时为了更好地观察分析，使用 VMD 截取了同一时刻相同切削距离的瞬时图像，如图 5-25 所示。

```
Memory usage per processor = 2.2635 Mbytes
Step Temp E_pair E_mol TotEng Press Volume
       0          300    -33922.221           0    -33877.122     -1276.898     246
072.73
      25    345.68615    -33890.525           0    -33838.558     558.13453     246
072.73
      50    308.80923    -33872.517           0    -33826.094     202.11208     246
072.73
      75    306.18957    -33851.905           0    -33805.876    -85.487154     246
072.73
     100          300    -33859.481           0    -33814.382    -919.84108     246
072.73
     125    289.41222    -33856.244           0    -33812.737    -1225.4949     246
072.73
     150    306.74003    -33853.376           0    -33807.264    -1286.5679     246
072.73
     175     310.5002    -33844.624           0    -33797.947    -1342.3051     246
072.73
     200    301.18446    -33842.071           0    -33796.794    -593.18584     246
072.73
     225     331.2054    -33841.182           0    -33791.392    -207.44638     246
072.73
     250          300    -33840.946           0    -33795.847    0.10759223     246
072.73
     275     300.7937    -33834.063           0    -33788.845     178.52074     246
```

图 5-24　程序运算的部分截图（刀具形状为圆锥形）

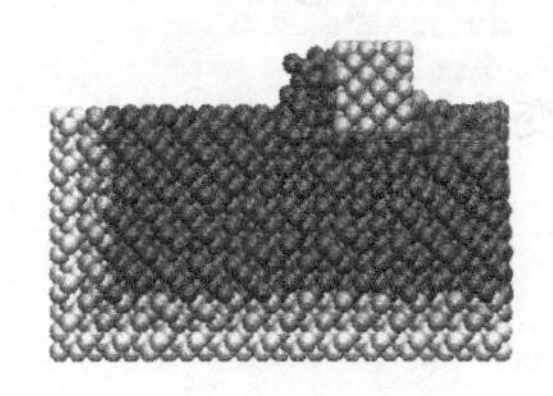

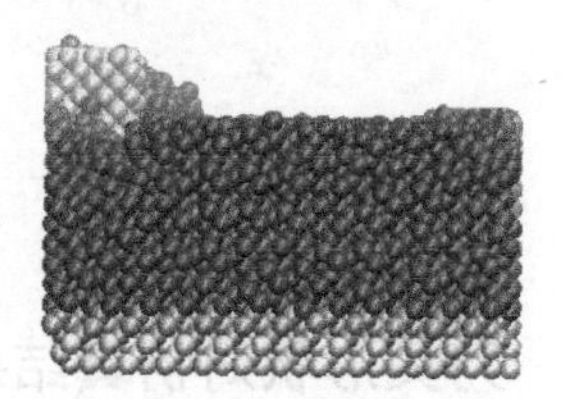

a）矩形刀具

图 5-25　不同刀具在相同切削距离的瞬时截图

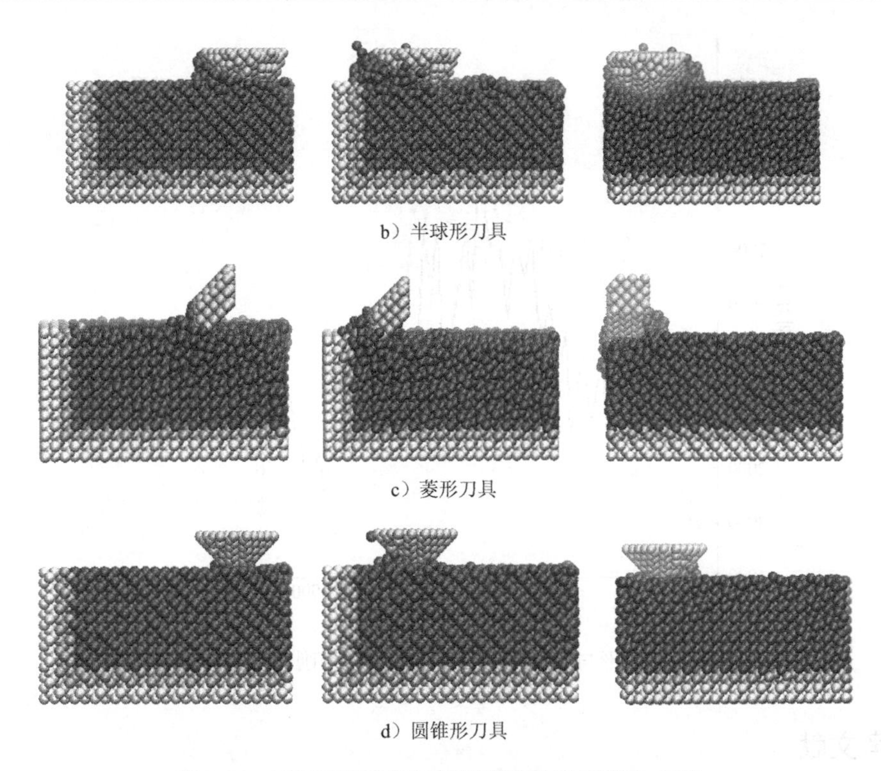

b）半球形刀具

c）菱形刀具

d）圆锥形刀具

图 5-25　不同刀具在相同切削距离的瞬时截图（续）

在微观上，四种形状的刀具在加工过程中的材料去除和已加工表面成形机理都是相同的。根据瞬时截图的比较，图 5-25a 中的矩形刀具前堆积的原子最多，其次是图 5-25b 的半球形刀具，图 5-25c 的菱形刀具再次之，最后是图 5-25d 的圆锥形刀具。在工件表面质量方面，球形刀具要优于矩形刀具。球形刀具的前角为负值，为切削刃下面硅原子的变形提供了富余的压应力，其对切屑的形成与排出非常有利，降低了工件的表面粗糙度值，提高了表面质量。由此可知，球形刀具加工过的工件表面形貌与表面粗糙度值通常要好于矩形刀具所加工的工件。

图 5-25c 菱形刀具和图 5-25d 圆锥形刀具与工件接触的范围要明显小于前面两种刀具，而且刀具周围的切屑较少。圆锥形刀具也有一定的负前角，因此结合截图可以看出，圆锥形刀具加工过的工件表面质量同样比较好。

鉴于刀具形状的不同会影响切削过程的比较，这里只选择球形刀具与矩形刀具进行切削力的比较。图 5-26 是两种刀具在加工过程中切削力变化的曲线。如图 5-26 所示，矩形刀具的切削力要比球形刀具大。这是因为堆积在矩形刀具前的原子要比球形刀具前的多，其破坏的原子键要多，切削力自然会更大一些。

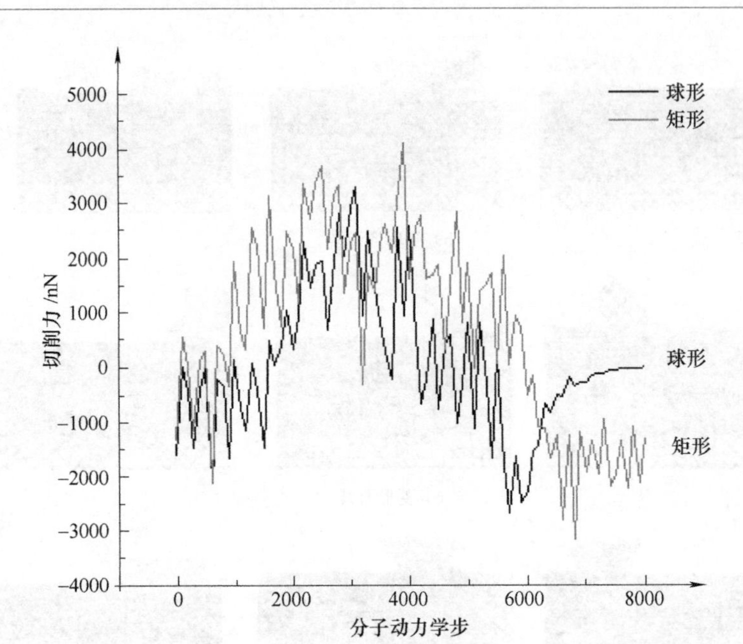

图 5-26　球形与矩形刀具在加工过程中切削力的变化曲线

参考文献

[1] LI J, FANG Q H, ZHANG L C, et al. Sub-surface damage mechanism of high speed grinding process in single crystal silicon revealed by atomistic simulations[J]. Applied Surface Science, 2015, 324(1): 464-474.

[2] 郭晓光，张亮，金洙吉，等．分子动力学仿真过程中硅晶体位错模型的构建 [J]．中国机械工程，2013，24（17）：2285-2289．

[3] ZHAO H W, SHI C L, ZHANG P, et al. Research on the effects of machining-induced subsurface damages on mono-crystalline silicon via molecular dynamics simulation[J]. Applied Surface Science, 2012, 259(15): 66-71.

[4] 高玉飞，葛培琪，侯志坚．单晶硅超精密加工的分子动力学仿真研究进展 [J]．工具技术，2006，40（9）：3-6．

[5] 文玉华，朱如曾，周富信，等．分子动力学模拟的主要技术 [J]．力学进展，2003，33（1）：65-73．

[6] 陈正隆，徐为人，汤立达．分子模拟的理论与实践 [M]．北京：化学工业出版社，2007．

第 6 章

硅表面可控自组装微纳结构制造

在制造自组装微纳结构时，本书采用的机械 - 化学方法与以往的常用方法相比有其独特的优势。这种机械 - 化学方法不同于加热氢终止的硅片使 Si—H 键断裂再和有不饱和键的溶液反应生成有机膜，也不同于紫外线光引发自由基生成稳定的 Si-C 共价键以制备致密平整的单层膜。利用该技术不但可以在硅基底上制备具有特殊性质、特殊功能的特定结构，实现形状和位置的高度可控，而且大大提高了制备自组装结构的效率。在硅表面刻划生长的大部分微纳结构在空气、水、热酸和 X 射线下的稳定性很好，这就使得它具有更好的应用前景。

本章依据第 2 章提出的硅表面可控自组装微纳结构的反应机理，利用建立的微加工系统在芳香烃重氮盐溶液中进行硅表面可控自组装实验，分别使用 AFM、SEM、X 射线光电子能谱（X-ray Photoelectron Spectroscopy，XPS）、红外光谱（Infrared Spectra，IR）和飞行时间二次离子质谱（Time-of-Flight Secondary Ion Mass Spectrometry，TOF-SIMS）对制造的自组装微纳结构进行检测和分析，从实验角度验证芳香烃重氮盐在硅表面进行可控自组装的反应机理。

6.1 实验设备及材料

硅表面可控自组装实验选用了三种四氟化硼芳香烃重氮盐，其中一端接硝基（—NO_2）和一端接羧基（—COOH）的芳香烃重氮盐应用较广。选择这两种重氮盐主要从以下方面考虑，第一，这种重氮盐较易脱离出活性基团与刻划得到的硅自由基发生加合反应；第二，考虑到它的末端基团可以根据需要的特性进行修饰，具有很大的灵活性和潜在的应用价值。其中，末端基团为—NO_2 的单层结构用来共价连接单臂碳纳米管（SWNTs），而末端基团为—COOH 的自组装结构用来共价连接单链 DNA（ssDNA）。比如国外有人研究用一端接有氨基（—NH_2）的重氮盐分子作为中间体，实现硅与 SWNTs 的共价连接，而避免使用高成本的化学气相沉积法（CVD）；或者利用该分子末端功能基团的吸电和供电特性在其上沉积金属纳米粒子，如在一端为羧基的分子膜上吸附铂离子，然后用化学还原的方法还原为铂原子，这样就在硅表面实现了纳米级宽的导线。

6.1.1 实验设备

本实验操作过程中使用的主要仪器设备列于表 6-1 中。

表 6-1 实验设备列表

设备名称	规格	用途
超声波清洗仪	KQ2100	清洗基片，进行预处理
电子天平	Sartorius BS 224S	称量药品
磁力搅拌器	DF-2 型，0-1250r	混匀溶液
原子力显微镜	Dimension 3100 (Digital Instruments)	检测
扫描电子显微镜		检测形貌
X 射线光电子能谱仪	PHI 5700 ESCA System	检测硅表面元素种类
红外光谱仪	AVATAR 360 型	判断有机基团的类型
飞行时间二次离子质谱		详细检测元素种类
接触角仪	SL200B	测量组装结构的接触角
荧光显微镜	Olympus BX51	检测标记有荧光的 DNA

6.1.2 实验基片、药品及试剂

实验基底可以采用 p 型或者 n 型硅，晶面可以是 Si（100）或 Si（111）。本实验采用的基底为 p 型 Si（100），厚度为（460±15）μm，电阻率为 0.001 ～ 0.004Ω・cm。

实验中使用的各种药品和试剂如表 6-2 所示。此外，实验还使用了纯度为 99.999% 的高纯氮气、电阻系数为 18.2MΩ 的超纯水（Milli-Q wate），以及蒸馏水。在自组装膜上连接单链 DNA（ssDNA）的实验中用到的药品有 5' 端标记 FAM 荧光，3' 端修饰—NH_2 的 ssDNA、共价偶联活化剂 N—乙基—N'—（3—二甲胺丙基）碳二亚胺 [N—ethyl—N'—（3-dimethylaminopropyl）carbodiimide hydrochloride，EDC] 等。

表 6-2 实验药品和试剂列表

药品名称	分子式	分子量	纯度	产地
丙酮	CH_3COCH_3	58.08	分析纯	天津
无水乙醇	CH_3CH_2OH	46.07	分析纯	天津
浓硫酸	H_2SO_4	98.08	95% ～ 98%	天津
浓盐酸	HCl	36.46	35% ～ 37%	天津
双氧水	H_2O_2	34.01	30%	天津
氢氟酸	HF	20.01	5%	天津
氟化铵	NH_4F	37.04	40%	天津
二氯甲烷	CH_2Cl_2	119.38	分析纯	天津

（续）

药品名称	分子式	分子量	纯度	产地
对硝基苯胺	$C_6H_6N_2O_2$	138.13	分析纯	上海
己腈	CH_3CN	44.05	色谱纯	天津
对氨基苯甲酸	$C_7H_7NO_2$	137.14	分析纯	上海
对苯二胺	$C_6H_8N_2$	108.14	分析纯	上海
亚硝酸异戊酯	$C_5H_{11}NO_2$	117.15	分析纯	上海
十二烷基硫酸钠	$C_{12}H_{25}O_4SNa$	288.38	分析纯	天津
1,6—二溴己烷	$C_6H_{12}Br_2$	243.98	分析纯	天津
甲醇	CH_3OH	32.04	分析纯	上海
正戊醇	$C_5H_{12}O$	88.15	分析纯	上海
正辛醇	$C_8H_{18}O$	130.23	分析纯	上海

6.2 硅表面可控自组装微纳结构的制造方法

基于机械 - 化学方法的硅表面自组装膜制造技术是依据“割草、种花”的思想，在硅表面完成刻蚀—修饰一步到位的并行纳米加工新工艺，参考了国内外优秀学者的实验方案，设计出图 6-1 所示的总体加工流程，并对其中的重要步骤做如下介绍。

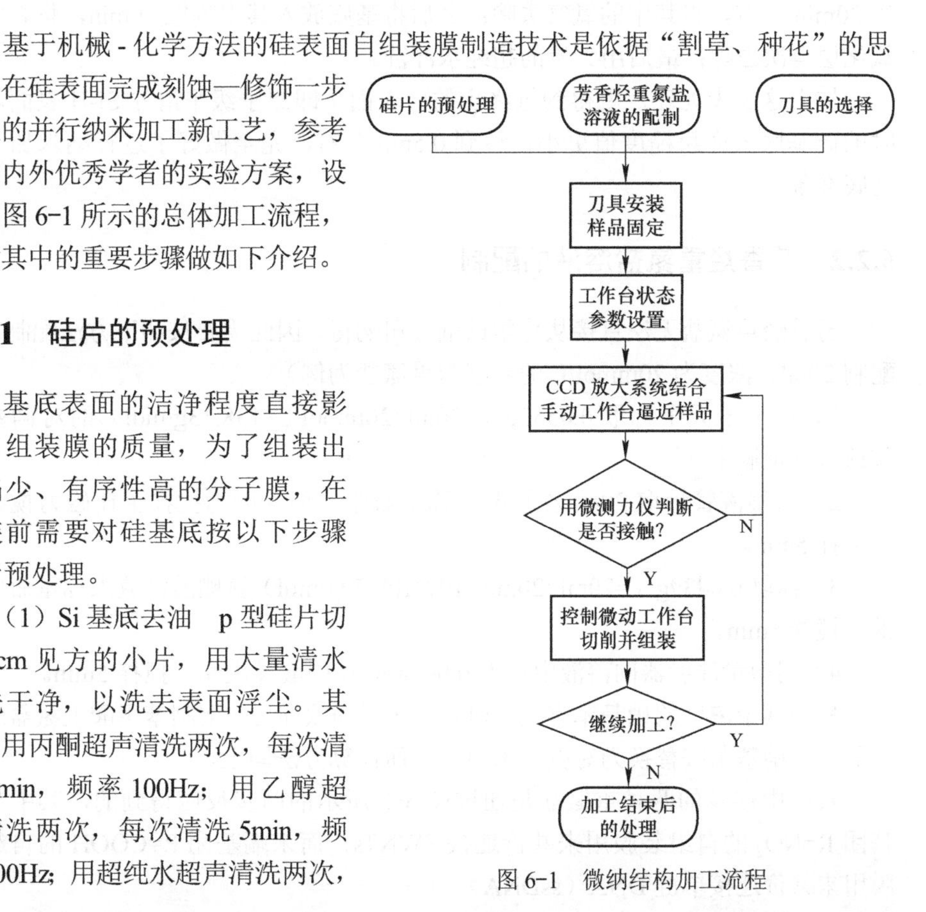

图 6-1 微纳结构加工流程

6.2.1 硅片的预处理

基底表面的洁净程度直接影响自组装膜的质量，为了组装出缺陷少、有序性高的分子膜，在组装前需要对硅基底按以下步骤进行预处理。

（1）Si 基底去油　p 型硅片切成 1cm 见方的小片，用大量清水冲洗干净，以洗去表面浮尘。其中，用丙酮超声清洗两次，每次清洗 5min，频率 100Hz；用乙醇超声清洗两次，每次清洗 5min，频率 100Hz；用超纯水超声清洗两次，每次清洗 5min，频率 100Hz，以除去表面的有机污染物。

（2）Si 基底氧化　把 Si 基底放入浓硫酸 : 双氧水 =7:3（体积比）的混合溶液中 [食人鱼（Piranha）溶液]，在 90℃下腐蚀 20min（在通风橱中进行）。这步处理可使硅表面生成氧化薄层。冷却之后，用超纯水冲洗。

经过上述处理，得到洁净的氧终止的硅表面，这时的硅基底表面粗糙度值较小，大概在 0.7nm 左右，为分子自组装提供了非常好的基础。当然在进行烯烃类有机试剂的实验时，根据反应机理应采用氢终止硅表面，因此需要对氧终止硅表面做如下的进一步处理。

（3）除氧化层　把 Si 基底放在质量分数为 5% 的 HF 溶液中刻蚀 5min，除掉表面的氧化层。

（4）Si 基底再氧化　把 Si 基底放入水 : 浓盐酸 : 双氧水 =4:1:1（体积比）的混合液中加热 20min，使表面再次被氧化，力求表面氧化均匀。

（5）再次除氧化层　向质量分数为 40% 的半导体纯的 NH_4F 溶液中通入氮气 20min 左右，将其中的氧气去除；之后将基底放入其中刻蚀 10min，将表面的氧化层再次去除；最后用大量的超纯水冲洗。

加上这 3 步处理，就得到氢终止的硅表面，即原子级平滑的 Si-H 表面。这时的硅基底表面粗糙度值更小，达到 0.5nm 左右，完全做好了进行纳米加工的基底准备。

6.2.2　芳香烃重氮盐溶液的配制

芳香烃重氮盐无法直接从化学试剂公司购得，因此需要按如下方法配制（以配制 20ml、浓度为 20mmol/L 的硝基苯重氮盐为例）。

1）用电子天平称取 0.0553g（=20ml×20mmol/L×138.13g/mol）的对硝基苯胺放入称量瓶中。

2）用移液管量取 20ml 乙腈倒入称量瓶中，放入磁力搅拌子在磁力搅拌器上搅拌 5min。

3）称取 0.0439g（=20ml×20mmol/L×109.79g/mol）氟硼酸钠放入称量瓶中，继续搅拌 5min。

4）用微量注射器向溶液中加入 0.0648ml 亚硝酸异戊酯，搅拌 5min。

配制其余浓度的硝基苯重氮盐时，按比例缩放即可。配制苯甲酸重氮盐时，只需将对硝基苯胺替换为对氨基苯甲酸，而计算方法同上。

实验中涉及的两种重氮盐是通过图 6-2 所示的两步反应得到的，其中末端基团 $R=NO_2$ 的自组装膜用来共价连接 SWNTs，而末端基团 R=COOH 的自组装膜用来共价连接单链 DNA（ssDNA）。

$$R-C_6H_4-NH_2 \xrightarrow{C_5H_{11}NO_2} R-C_6H_4-N_2^+$$

$$\xrightarrow{NaBF_4} R-C_6H_4-N_2BF_4 \quad \begin{array}{l} 1.\ R=NO_2 \\ 2.\ R=COOH \end{array}$$

图 6-2　两种芳烃重氮盐的制备

6.2.3　利用 CCD 放大系统和微测力仪对刀

在对刀过程中先用手动工作台调整刀具的 *Z* 向距离，当刀尖距离样品表面很近时（用 CCD 对刀，能够移动到接近甚至小于 100μm 处）停止。启动微测力仪，其时间设置为 10s 左右（和微动台 *Z* 向移动速度以及刀尖和样品的距离有关），利用微动工作台控制刀具向样品慢慢逼近，同时可以从所测得的 *Z* 向力的突变来判断刀尖和样品的接触情况，并通过它对切削深度进行控制。如图 6-3a 所示为刀具未接触样品时微测力仪所受的力，图中 *Z* 向力为 −0.10N，是由样品及固定件自身重力引起的，此时主要判断此力的突变情况，继续用微动工作台控制刀具逼近样品表面，当所受的 *Z* 向力有突变时，如图 6-3b 所示，表明刀具和样品发生接触，此时刀尖对样品作用力大约为 25mN。图 6-4 显示的则是从 CCD 放大系统中看到的刀具逼近样品时的情形。

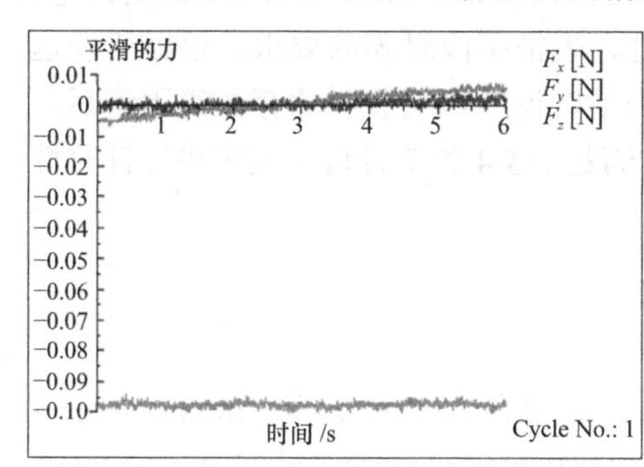

a）未接触

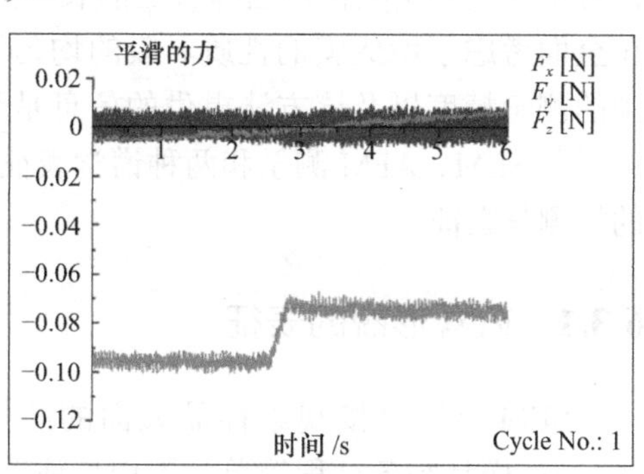

b）接触

图 6-3　刀具逼近样品时微测力仪受力变化

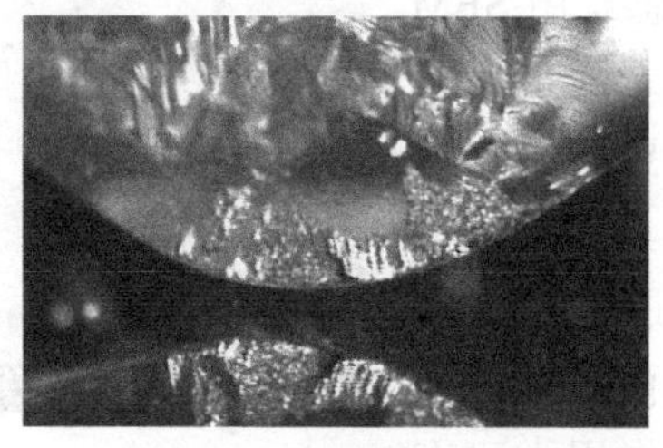

a）未接触

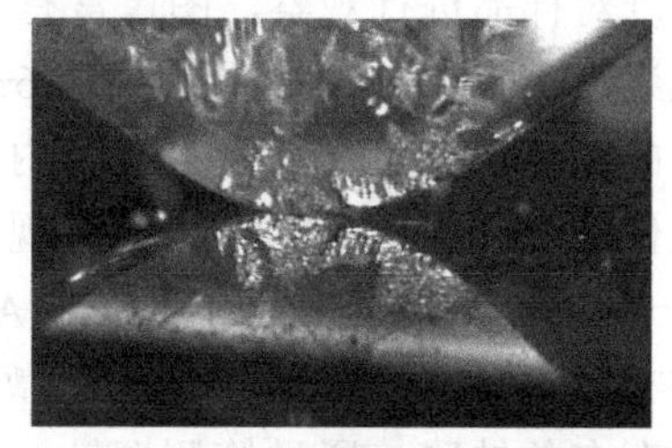

b）接触

图 6-4　CCD 拍摄的刀具逼近样品的过程照片

6.2.4 微加工结束后的处理

在金刚石刀具刻划完成后，退出刀具，取出硅样品。自组装膜需要一段反应时间才能较好地长在硅片表面，因此要将硅片较长时间地置于组装溶液中。为了尽量减少氧气对组装过程的影响，需将硅片放置于图 6-5 所示的反应容器中，并注意避光保存，等到一定的组装时间后取出硅片，将重建的硅样品使用已腈、丙酮、无水乙醇和大量超纯水冲洗，以待检测和表征。

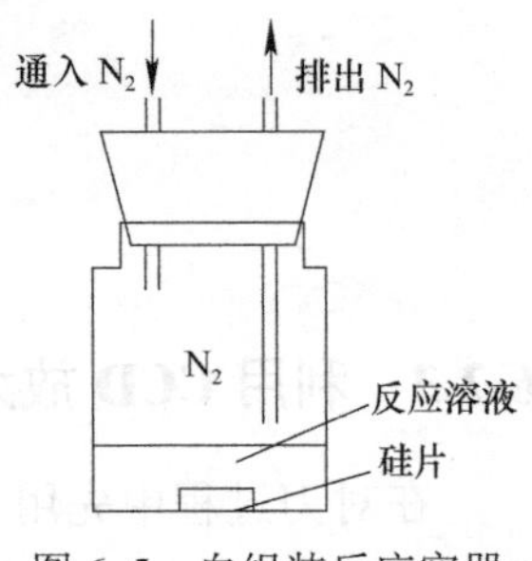

图 6-5　自组装反应容器

6.3 可控自组装微纳结构的检测与表征

本实验分别在芳香烃重氮盐、烯烃、卤代烃、醇这 4 类共计 7 种有机试剂中进行硅表面的金刚石刀具刻划，理论上会形成 4 类不同形态、结构和性质的自组装膜。这些自组装膜是否真实存在，它们之间有何联系与区别，这些都是值得探究的问题，此时各种常规与尖端的表征方法有了用武之地。

表征方法如同一扇窗户，通过它可以得到肉眼观测不到的信息，因此如何针对不同类的实验材料选择合适的表征方法和参数是一个值得重点考虑的问题。在全面考虑了所成膜的性质、膜的均匀性、表征手段对膜的要求、仪器所能达到的测量精度以及该方法提供的信息是否足以说明自组装膜的存在等因素后，选择了 SEM、AFM 测量和两种谱学表征方法对这 4 类 7 种自组装膜进行针对性的检测与表征。

6.3.1 微观形貌的表征

SEM 能够直接观察样品表面的结构，样品的尺寸可大至 120mm×80mm×50mm；样品制备过程简单，不用切成薄片；样品可以在样品室中作三度空间的平移和旋转，因此，可以从各种角度对样品进行观察，图像富有立体感。用 SEM 检测组装后的微结构整体形貌如图 6-6 所示，可以看出制造的矩形结构形状比较规则，内部平整均匀，但还不能依此确定组装后的结构在微观上的具体形貌，要想进一步了解微观结构，需要应用 AFM 进行表征。

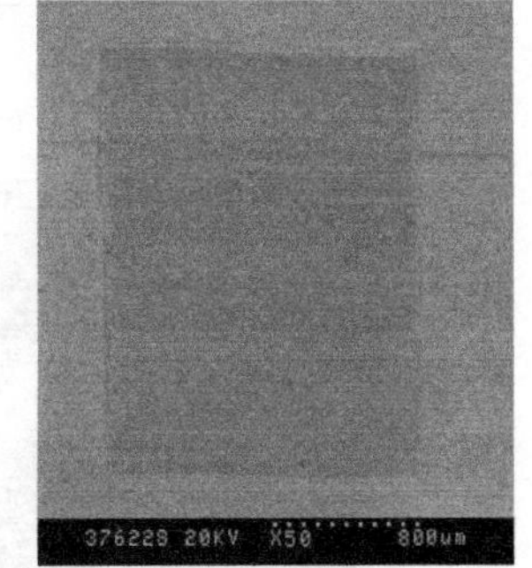

图 6-6　组装后硅片刻划处形貌的 SEM 图

AFM 可以直接表征微纳结构的微观表面形貌以及结构中存在的缺陷。通过检测探针—样品作用力可表征样品表面的三维形貌，这是 AFM 最基本的功能。形貌测量是在 Dimension 3100（数码设备）上进行的。在接触模式下分别记录组装前后样品表面的形貌图像。为比较方便起见，所有的形貌图像都是采用同一个针尖（“V”形 Si_3N_4 微悬臂，长度 200 为 μm，弹性常数为 0.12N/m）扫描得到的。成像在大气下进行，温度为 300K（1K=1℃），相对湿度为 60%。扫描范围为 0 ～ 3μm，扫描速率为 1.5Hz。图 6-7 为组装前后的表面形貌图像。

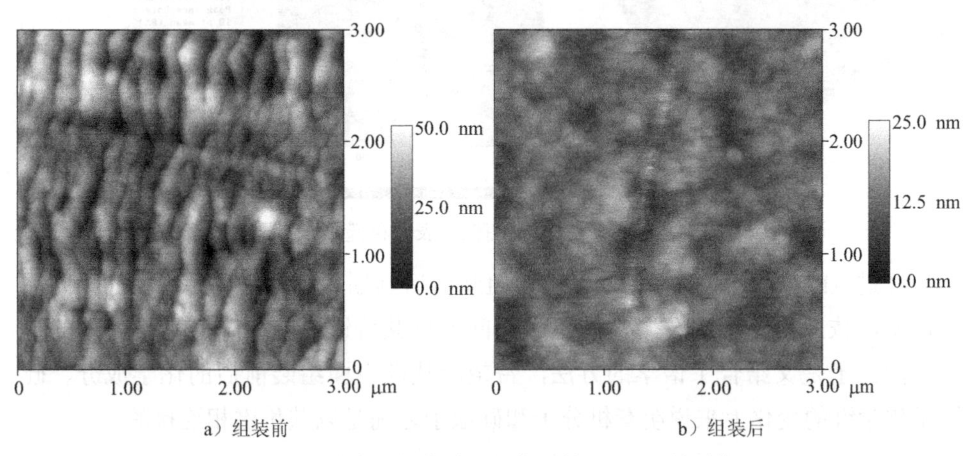

图 6-7　硅表面组装前和组装后的 AFM 形貌图像

从图 6-7 可以看出，组装前刻划表面的表面粗糙度值较大，表面有很多沟槽；组装后 SAMs 结构表面较平整，有团状形貌出现，沟槽消失，形成了相对较均匀的点阵结构。图 6-8 是组装前后刻划处的三维图像和表面粗糙度（RMS）分析图像。可以看出，组装后的表面形貌较组装前有很大变化，通过表面粗糙度分析可知，组装前的 RMS 为 7.855nm，组装后为 2.503nm，可以判定刻划处有 SAMs 生成，且生长的结构一定程度上改善了刻划处的表面质量。

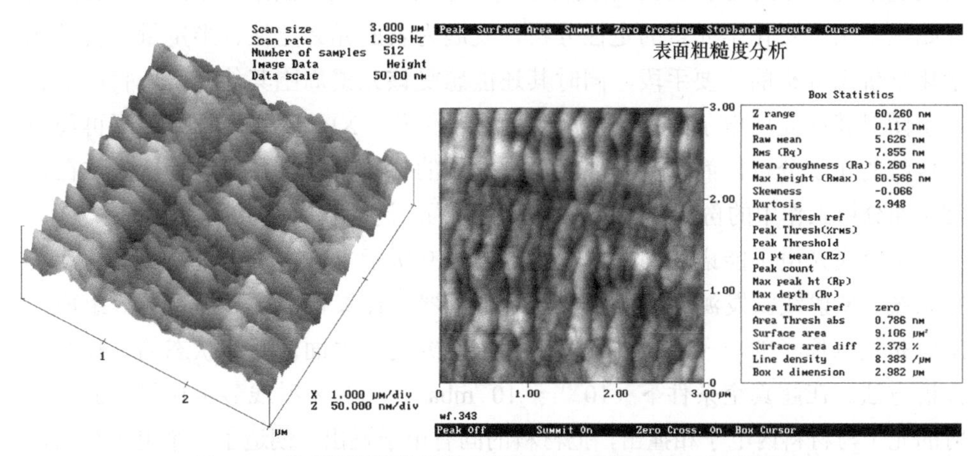

图 6-8　硅表面组装前后的三维图像和表面粗糙度分析图像

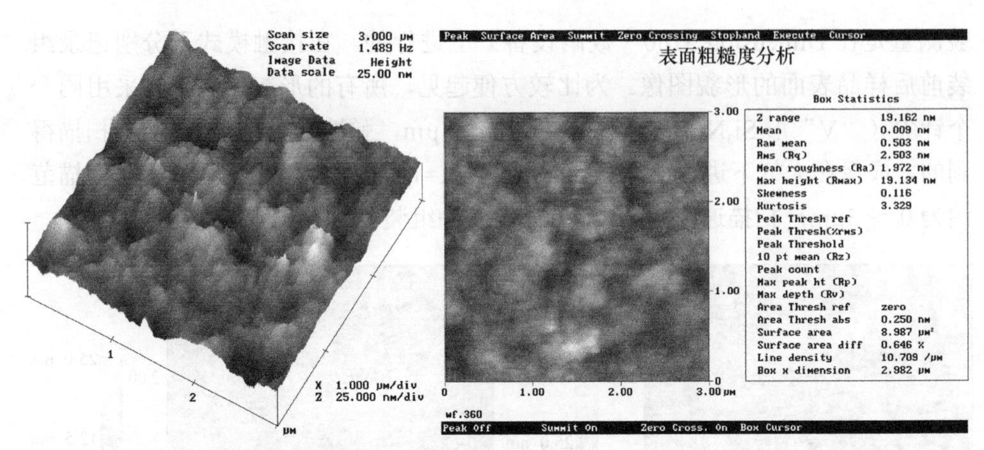

图 6-8　硅表面组装前后的三维图像和表面粗糙度分析图像（续）

经过 AFM 的检测表征可以看出，组装前后刻划区域的确有形貌上的不同，但还不能依此推论组装分子与硅原子之间是以共价键连接的，而不是简单的物理吸附。于是又结合了谱学的方法，希望能从硅表面组装前后的化学成分、硅原子化学键的变化上来说明有机分子和硅原子之间是以共价键相连接的。

6.3.2　组成元素的分析

XPS 也被称作化学分析电子能谱（Electron Spectroscopy for Chemical Analysis，ESCA），是研究基底与成键原子成键性质最为有用的工具，也是能直接提供材料表面化学信息的非破坏性分析手段，能检测除 H、He 以外周期表中的所有元素，并具有很高的灵敏度。该方法是在 1967 年由瑞典科学家 Kai Siegbahn 教授发展起来的，并因此于 1981 年获得了诺贝尔物理学奖。四十年来，XPS 已从刚开始主要用来对化学元素的定性分析，发展为表面元素定性、半定量分析及元素化学价态分析的重要手段，同时其还能感受该元素周围其他元素、官能团、原子团对其内壳层电子的影响所产生的化学位移。XPS 的研究领域也不再局限于传统的化学分析，而扩展到现代迅猛发展的材料学科。目前该分析方法在日常表面分析工作中的份额约 50%，是应用最为广泛的表面分析技术。

X 射线光电子能谱仪的基本构造如图 6-9 所示，它主要由进样室、超高真空系统、X 射线激发源、离子源、能量分析器及计算机数据处理系统等组成。XPS 是根据原子的电子结合能及其变化来研究物质表面性质和状态的一种物理分析方法。在超真空条件下（10^{-11} ～ 10^{-9}mbar），用 X 射线轰击材料表面，入射的光子与材料内电子相撞击，把材料的固有电子逐出，创造了一个电子空穴，其他层的电子就填补了这个空穴。此时该原子处于激发状态，并通过对这些二次离子的检测，就可以很容易地确定材料的组分、化学状态。XPS 的测量深度为 3 ～ 10nm，对多组分样品，元素的检测限为 0.1%。

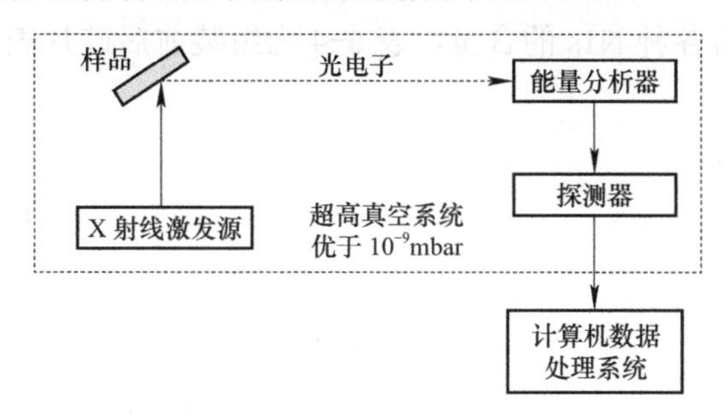

图 6-9　X 射线光电子能谱仪的基本构造

X 射线光电子谱的检测结果是一张 XPS 谱图，据此确定试样表面的元素组成、化学价态以及各种物理效应的能量范围和电子结构。本实验使用的是美国物理电子公司生产的 PHI 5700 ESCA System，以 Al Ka（$h\nu$=1486.60eV）为激发源，下面按材料类别分别说明检测结果。

1. 硅基底在芳香烃重氮盐中的组装结果及分析

图 6-10 为硅片在硝基苯重氮盐溶液中组装前后的 XPS 扫描全谱对比。可以看出组装前后硅表面化学元素组成有明显变化：组装后出现了组装前不曾有的氮元素（N）和氟元素（F）。其中氮元素将结合图 6-13 做进一步分析，而氟元素的出现则是由于重氮盐溶液配制过程中产生的 BF4⁻ 沉积在硅基底上引起的。

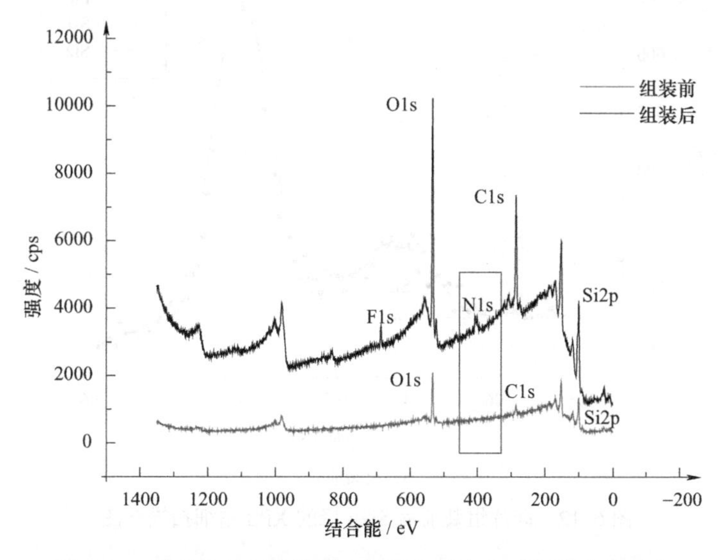

图 6-10　硅片在重氮盐溶液中组装前后的 XPS 扫描全谱对比

图6-11～图6-13为硅片三种主要元素组装前后的XPS精细扫描谱图。表6-3为硅片表面组装后各种N1s的含量，表6-4为组装前后硅片表面各元素所占百分比。

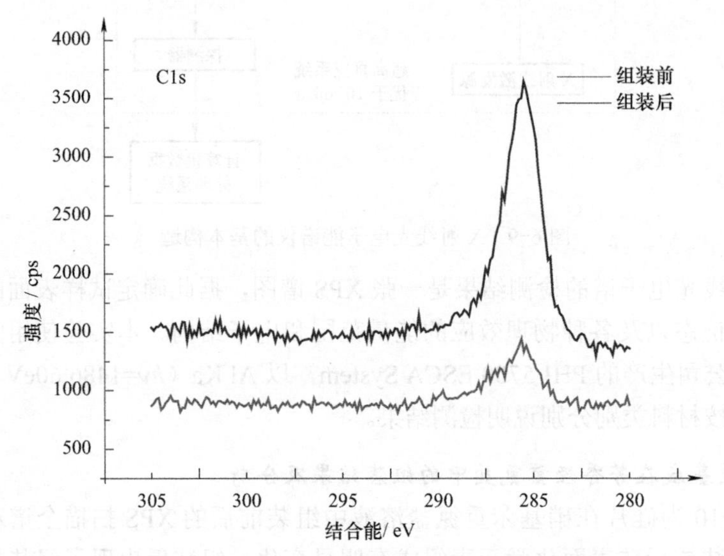

图6-11　硅片组装前后C1s峰的XPS精细扫描谱图

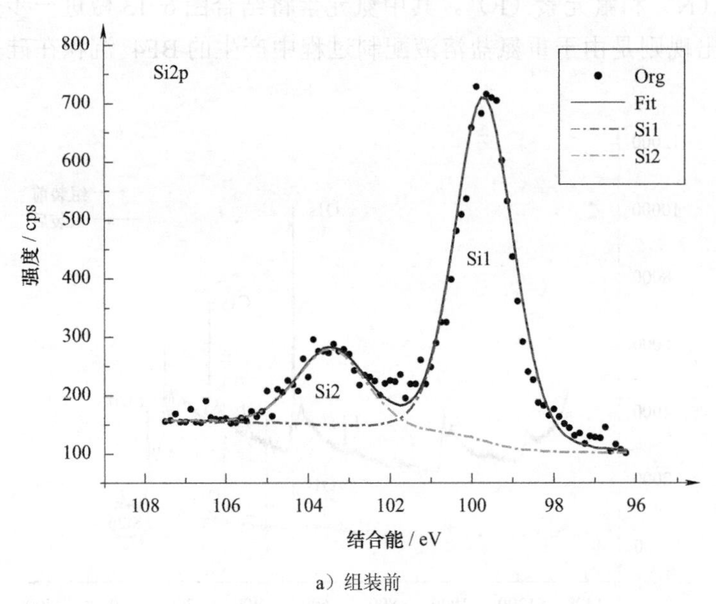

a）组装前

图6-12　硅片组装前后Si2p峰的XPS精细扫描谱图

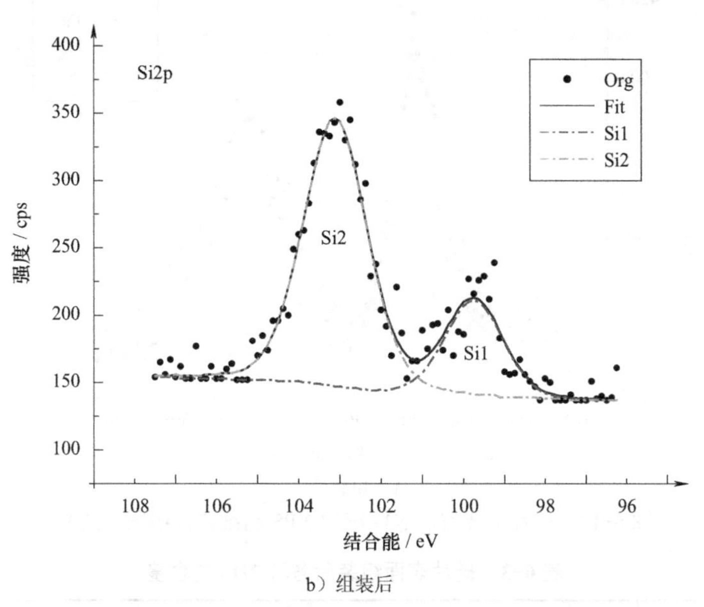

b）组装后

图 6-12　硅片组装前后 Si2p 峰的 XPS 精细扫描谱图（续）

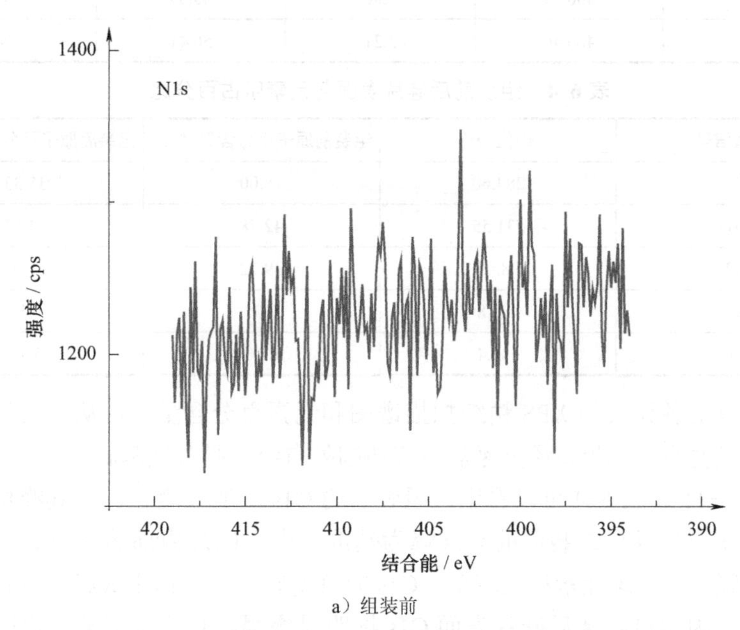

a）组装前

图 6-13　硅片组装前后 N1s 峰的 XPS 精细扫描谱图

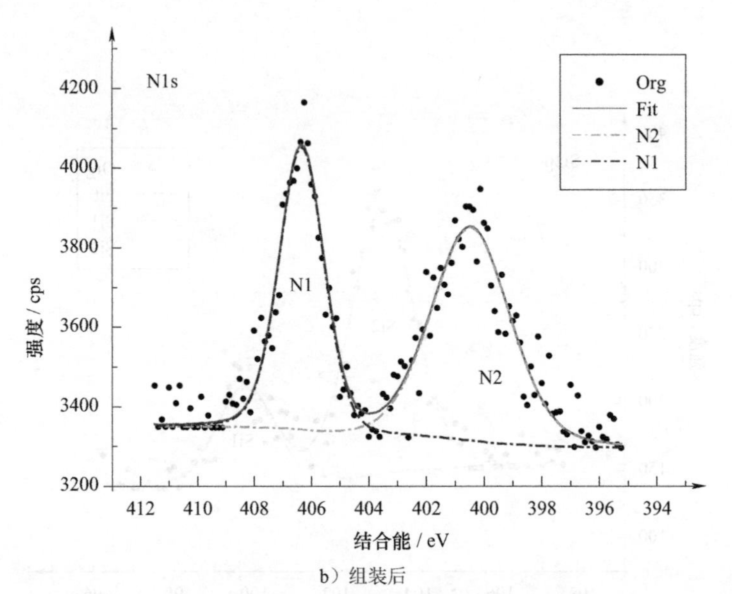

b）组装后

图 6-13 硅片组装前后 N1s 峰的 XPS 精细扫描谱图（续）

表 6-3 硅片表面组装后各种 N1s 的含量

N1s 分峰编号	峰位 /eV	FWHM	含量（%）	对应的基团
N1	406.34	1.86	43.59	$-NO_2$
N2	400.46	3.21	56.41	N_2

表 6-4 组装前后硅片表面各元素所占百分比

峰值信号	峰位 /eV	组装前原子百分含量（%）	组装后原子百分含量（%）
C1s	284.60	18.00	35.33
O1s	531.55	42.78	34.52
Si2p	98.05	39.22	21.93
N1s	405.8	0.00	5.11
F1s	686.4	0.00	3.11

结合以上各元素的 XPS 精细扫描谱图和元素百分含量表，从主要元素含量的变化情况说明，在芳香烃重氮盐溶液切削处自组装膜有硅基底。

由图 6-11 和表 6-4 可以看出，组装后的 C1s 峰明显增强，且其峰位保持不变，峰宽变窄。以自组装前的 C1s 峰为基准，由于硅片内部的杂质碳以及吸附大气中的碳元素，碳元素种类较杂，C1s 峰峰宽较大。而由于成膜的有机分子中含有苯环，因此自组装后硅片表面 C1s 峰明显增强，且峰宽变窄，说明碳元素存在的价态种类变少，价态相对集中。这就表明重氮盐上的苯环分子已组装到硅基底上，与理论推断相符。

从氧元素的含量来看，由于刻划区域的自组装膜取代了原来的 Si—O 连接，因此氧元素的含量呈大幅减少之势，这与实验测定结果一致。

Si2p 峰明显减弱，因为自组装膜的存在覆盖了部分硅原子，导致检测到的 Si 含量减小，这与实验结果相符。而从图 6-12 对 Si2p 峰的精细扫描分析和分峰拟合可以看出，Si2p 峰总分裂为两个分峰，即硅表面存在两种形态的 Si，查峰值归属表可得 99.83eV 处的 Si 位于 Si—Si 键中，而 103.45eV 处的 Si 位于 Si—O 或 Si—C 键中。反应前 99.83eV 处与 103.45eV 处硅峰面积之比约为 4:1，表明硅基底表面以单质硅的形态为主；反应后两处硅峰面积之比约为 1:3，表明硅基底表面与氧和碳结合的硅大大增多，这是由于重氮盐有机分子以 Si—C 键与 Si 基底相结合而替代 Si—Si 键造成的。

最重要的是研究组装前后氮元素的变化，从图 6-13 容易看出，组装前硅表面不含氮元素，而组装后却明显有 N1s 峰的存在，并分裂为两峰，这是自组装膜共价存在的重要证据。对组装后的 N1s 峰进行了分峰拟合，如图 6-13b 所示，并根据各个峰的面积，计算出各种化学态氮含量及其可能对应的基团，具体见表 6-3。根据资料所提供的氮的标准峰值，在结合能为 400.46eV 处的峰是由于重氮盐从大气中吸附的氮气而引起的，占自组装膜中氮元素总量的 56.41%；而在 406.34eV 处的峰是 $-NO_2$ 中氮原子的特征峰，占氮元素总量的 43.59%。这是由于氮原子所处的化学环境不同引起的，产生了化学位移，因此需要着重关注的是结合能为 406.34eV 处的 N1s 峰，此处 N1s 峰的存在证实了硝基苯重氮盐分子已结合到硅片表面。

这里有个疑问：作为主要证据的 406.34eV 处的氮元素是通过共价化学键结合在硅表面的，还是通过物理吸附作用结合在硅表面的？为此设计如下对照实验进行验证：在 50mmol/L 的硝基苯重氮盐溶液中不对硅基底刻划，只浸润于溶液中，12h 后不清洗直接用 XPS 检测其表面得到 Pre-Wash 曲线，然后清洗该硅片后用 XPS 进行检测，得到 Aft-Wash 曲线，如图 6-14 所示。同时对清洗前后硅片表面的 N1s 峰进行 XPS 精细扫描，得到图 6-15。

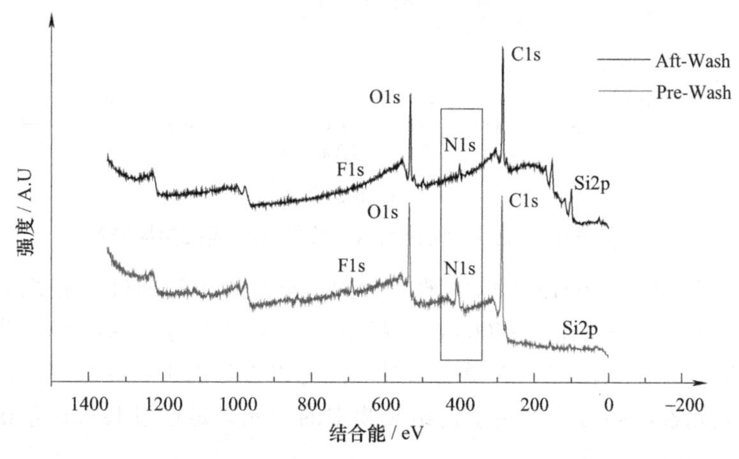

图 6-14　硅片在重氮盐溶液中清洗前后的 XPS 扫描全谱对比

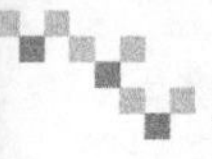

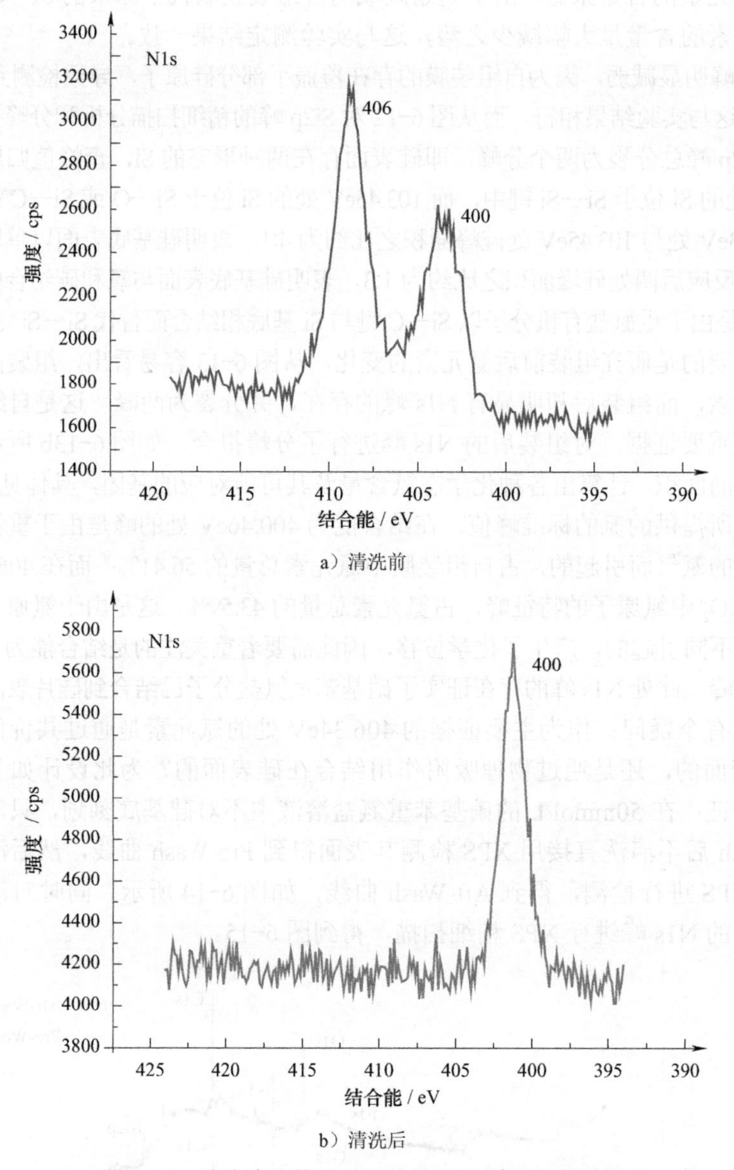

a）清洗前

b）清洗后

图 6-15　硅片清洗前后 N1s 峰的 XPS 精细扫描谱图

从图 6-14、图 6-15 可以清晰地看到，不发生组装的硅基底在清洗前后都存在氮元素，但清洗前在 400.46eV 和 406.34eV 处都存在 N1s 峰，清洗后只在 400.46eV 处存在 N1s 峰，这说明通过清洗可以去除由于物理吸附而沉积在硅基底上的氮元素，同时也证实了自组装膜中的氮元素是通过共价化学键结合在硅表面的。

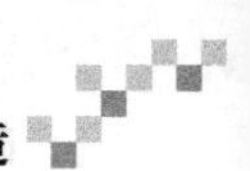

实验中用到的另一种重氮盐试剂是一端带—COOH 的苯甲酸重氮盐，硅基底在其溶液中组装前后各元素所占百分比见表 6-5。可以看出，各元素含量组装前后的变化趋势和硅基底在一端带—NO_2 的硝基苯重氮盐中组装时一致，具体原因不在此赘述。

表 6-5 组装前后硅片表面各元素所占百分比

峰值信号	峰位 /eV	组装前原子百分含量（%）	组装前原子百分含量（%）
C1s	284.60	18.00	25.33
O1s	531.55	42.78	37.06
Si2p	98.05	39.22	31.48
N1s	405.8	0.00	3.12
F1s	686.4	0.00	3.02

相对于硝基苯重氮盐，苯甲酸重氮盐与硅基底结合的重要证据主要是 C1s 峰。图 6-16 是对组装前后 C1s 峰的 XPS 精细扫描谱图，并进行了分峰拟合，具体含量和对应的基团见表 6-6。根据资料所提供的碳的标准峰值，在结合能为 285.83eV 处的峰是硅表面吸附和混合的各种杂质碳引起的，占自组装膜中碳元素总量的 86.58%；而在 289.37V 处的峰是—COOH 中碳原子的特征峰，占碳元素总量的 13.42%。因此，289.37V 处 C1s 峰的存在证实了一端带—COOH 的苯甲酸重氮盐分子已结合到硅片表面。

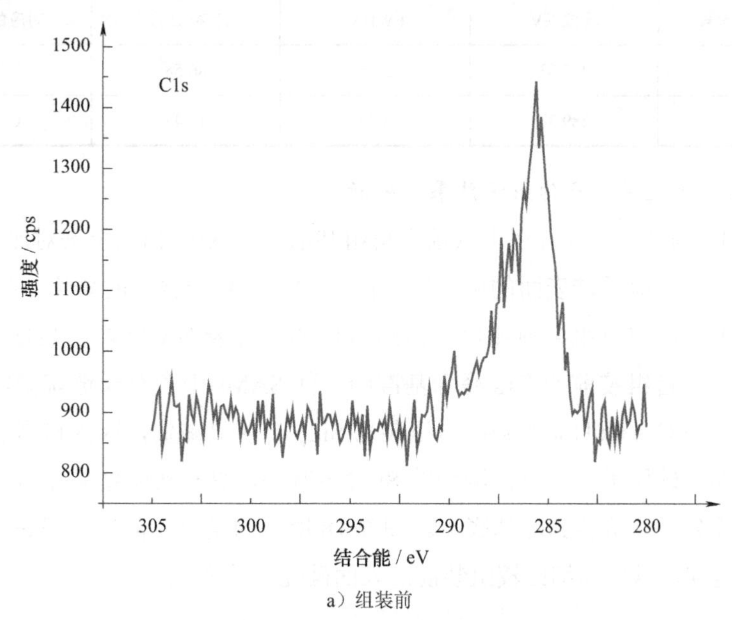

a）组装前

图 6-16 硅片组装前后 C1s 峰的 XPS 精细扫描谱图

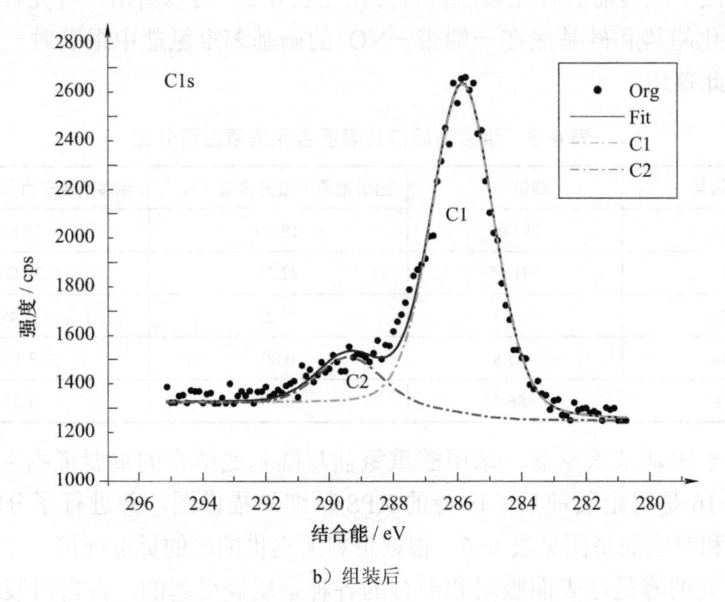

b）组装后

图 6-16　硅片组装前后 C1s 峰的 XPS 精细扫描谱图（续）

表 6-6　硅片表面组装后各种 C1s 的含量和对应基团

C1s 分峰编号	峰位 /eV	FWHM	含量（%）	对应的基团
C1	285.83	2.28	86.58	杂质碳
C2	289.37	2.40	13.42	-COOH

2. 硅基底在烯烃中的组装结果及分析

图 6-17 为氢终止硅片在十八烯中自组装前后的 XPS 扫描全谱对比。表 6-7 总结了在自组装前后硅表面的碳、氧、硅三种元素百分含量的变化。从图 6-17 和表 6-7 可见，与自组装前相比，自组装后的硅片表面 C1s 峰明显增强，Si2p 峰明显下降。自组装前的 C1s 峰为基准峰，而 SAMs 中含有长链烷基，结合后应导致硅表面 C1s 峰明显增强；自组装后 Si2p 峰明显减弱，因为自组装膜的存在覆盖了部分硅原子，导致检测到的 Si 含量减小，这与实验结果相符，从而证明了十八烯分子已组装到硅基底上。图 6-18 所示的是反应前后硅基底两种形态的硅峰的差异，以便详细比较组装前后表面硅元素的变化。

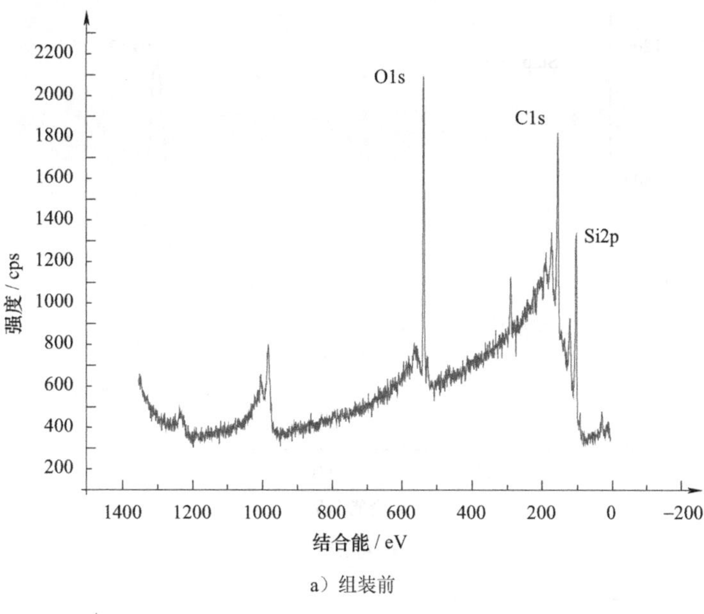

a）组装前

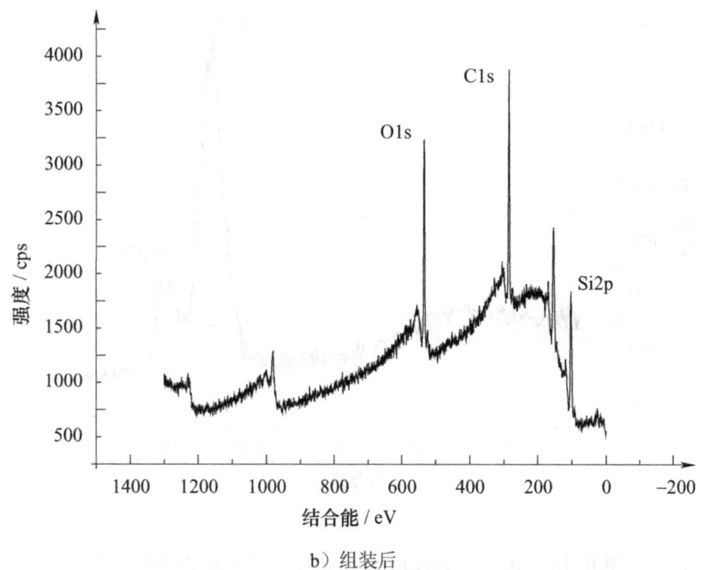

b）组装后

图 6-17　硅片在十八烯中组装前后的 XPS 扫描全谱对比

表 6-7　自组装前后硅表面各元素百分含量

峰值信号	峰位 /eV	组装前（%）	组装后（%）
C1s	284.60	18.00	50.02
O1s	531.55	42.78	27.55
Si2p	98.05	39.22	22.43

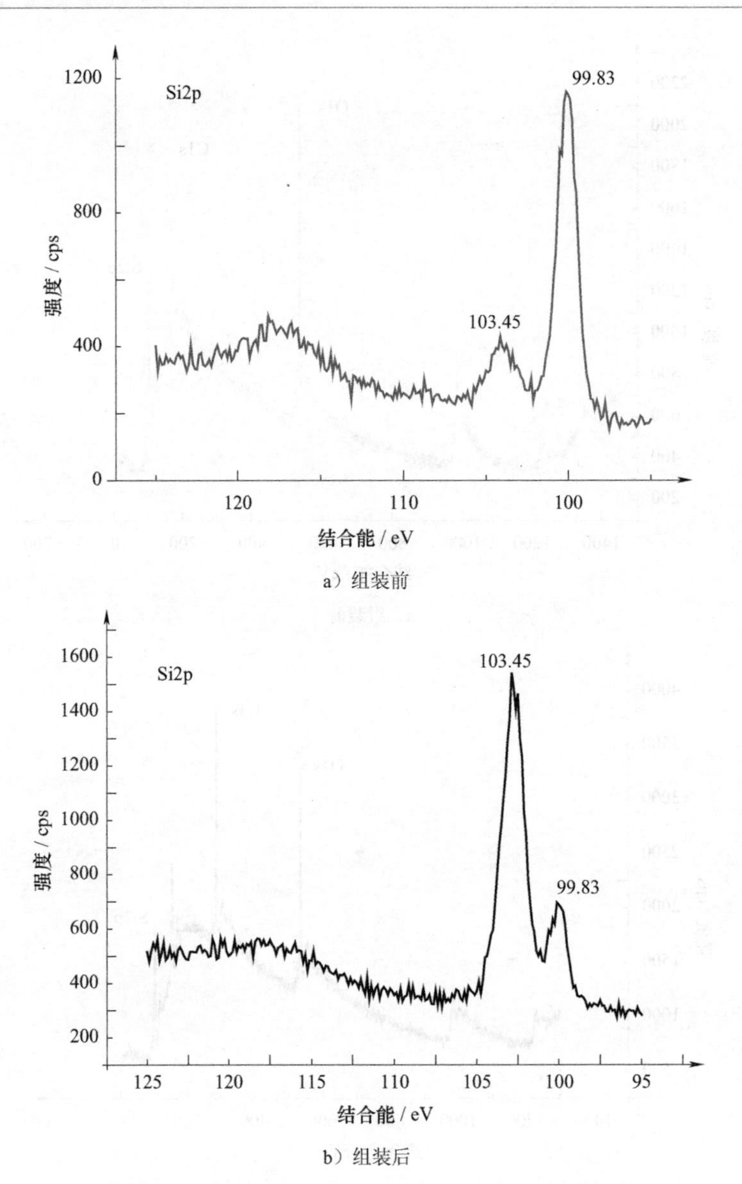

a）组装前

b）组装后

图 6-18　硅片组装前后 Si2p 峰的 XPS 精细扫描谱图

从图 6-18 可以看出，Si2p 峰总分裂为两组，即硅表面存在两种形态的 Si，查峰值归属表可得 99.83eV 处的 Si 是在 Si-Si 键中的，而 103.45eV 处的 Si 处在 Si—O 或 Si—C 键中。反应前 99.83eV 处与 103.45eV 处硅峰面积之比约为 4:1，表明硅基底表面以单质硅的形态为主；反应后两处硅峰面积之比为 1:4，表明硅基底表面与氧和碳结合的硅大大增多。从以上分析可以进一步证明，反应后硅基底表面形成了自组装单分子膜，十八烯分子已经连接到硅基底上。

6.3.3 结构和成键类型的分析

由于 XPS 只能分析组装结构的组成元素（不包括氢），为了更进一步地确定自组装单层的结构及其与硅表面的成键类型，又用红外光谱和飞行时间二次离子质谱对单层进行检测和分析。

（1）红外光谱　红外光谱是分子吸收光谱。当样品受到频率连续变化的红外光照射，照射光频率与基团的骨架振动频率一致时，样品分子就会吸收其中某些频率的辐射，并由其振动或转动运动引起分子振动偶极矩的净变化，进而产生分子振动和转动能级从基态到激发态的跃迁，使得相应于这些吸收区域的透射光强度减弱。记录红外光的百分透射比与波数（cm^{-1}）或波长（μm）关系曲线，即吸收峰的位置与强度，就可以得到这个物质的红外吸收光谱，一般把它简称为红外光谱。

红外吸收光谱在 4000 ～ 1300cm^{-1} 的吸收有一个共同特点：每一红外吸收峰都和一定的官能团相对应，这一区域称为官能团区；1300cm^{-1} 以下的区域与官能团区不同，虽然在这个区域内的一些吸收也对应着某些官能团，但大量的吸收峰仅显示了化合物的红外特征，好像人的指纹，因此叫指纹区。这些吸收峰是由分子中官能团和整个分子的振动、转动所引起的，所以这些峰一般比较复杂，也是反映整个分子的特征峰。本实验所用的是美国 Nicolet 公司生产的 AVATAR 360 型傅里叶变换红外光谱仪（Fourier transform infrared，FT-IR），扫描次数为 64 次，分辨率为 4 个波数。

在用红外光谱进行检测过程中，必须清楚地认识到制样方法对测得光谱的质量有极大的影响。为了得到更全面更加可信的结果，实验分别采用了溴化钾压片法和漫反射法进行检测。由于本实验中自组装结构生长在硅片表面，而且是只有刻划过的地方才可能存在，这样自组装结构的成分就比较少，加大了检测的难度和结果的不确定性，所以对结果不仅要进行纵向分析，还要进行横向不同方法之间的对比。在用溴化钾压片法时，需用刀具把刻划处表面上的结构刮磨下来，以备制样。图 6-19 是用 KBr 压片法对未经过修饰的硅片和组装有一端为硝基的芳香烃重氮盐单层结构的硅片分别进行检测所得到的红外光谱图。

从图 6-19 中 a 可以看出，只在 1087.15cm^{-1} 处有一个稍明显的峰，此处是氧化硅的吸收峰。从图 6-19 中 b 可以看出，谱图峰值与图 6-19 中 a 相比有很大变化，根据芳烃的特征吸收峰位置和归属表判断在 1604.07cm^{-1} 处的峰为苯环骨架—C=C—振动吸收峰（1625 ～ 1450cm^{-1}），802.82cm^{-1} 处为 1，4—二取代的苯环上 =C—H 面外弯曲振动吸收峰（860 ～ 800cm^{-1}）。特征吸收谱带为 3100 ～ 3000cm^{-1} 的 $\upsilon_{=C-H}$ 伸缩在此种溶液生成的组装结构中处于 2844 ～ 2924cm^{-1} 之间。图中从 3249 ～ 3234cm^{-1} 的几个特征峰对应着 N-H 的伸

缩振动，这是由组装分子中的氨基导致。由于芳香硝基化合物的反对称和对称伸缩振动峰分别位于 1550 ～ 1510cm^{-1}、1370 ～ 1335cm^{-1} 处，图 6-19 中 b 可以看出末端带有硝基的组装结构在 1530cm^{-1} 左右有吸收峰，由于此峰位置受苯环上取代基的影响，在谱图中会有偏移。在图 6-19 中 b 的 1086.96cm^{-1} 处也发现了氧化硅的吸收峰，这可能是由于刻划不完全或者生长的组装结构较薄且不均匀所致。通过 KBr 压片方法测得的吸收峰可以证明硅片表面硝基重氮盐组装分子的存在。同时，从图 6-19 中还可以发现在 1422.98cm^{-1} 处有明显的吸收峰，通过特征吸收峰位置归属表可知硅和苯环相连时，苯环的振动在 1480 ～ 1425cm^{-1} 处会引起振动吸收峰，该峰形状较尖。证明该峰所处位置即为 Si—C 共价相连的波数位置，说明重氮盐分子是通过 Si—C 键嫁接到硅表面的。

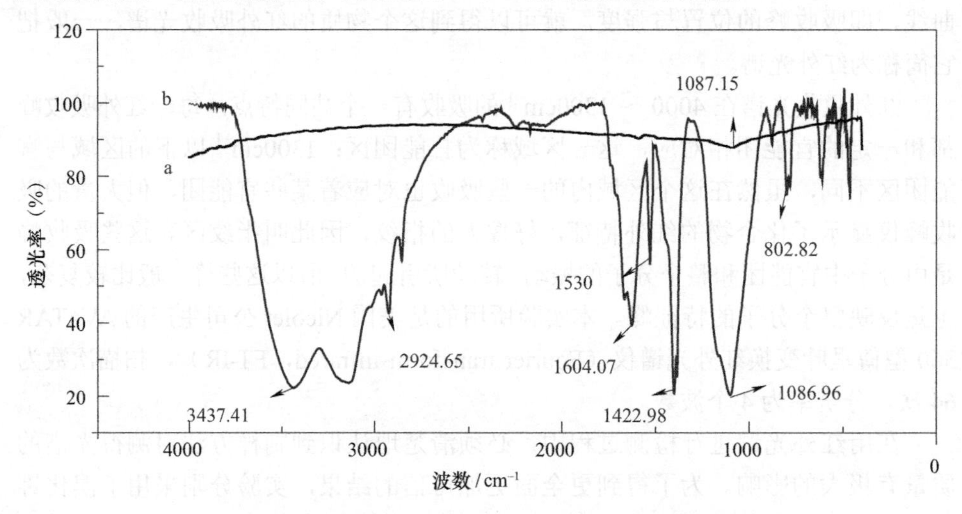

a—未组装硅表面　b—在 $NO_2C_6H_4N_2BF_4$ 溶液中组装

图 6-19　用 KBr 压片法检测自组装单层结构

图 6-20 是用漫反射法检测的在 $COOHC_6H_4N_2BF_4$ 溶液和 $C_6H_5N_2BF_4$ 重氮盐溶液中刻划硅表面所得到的 SAMs 的红外光谱图。可以看出两种溶液的苯环骨架振动吸收峰都很明显，分别处于 1620.93cm^{-1} 和 1624.13cm^{-1} 处，之所以 a 溶液苯环骨架振动峰往高处移动，判断是由于分子中的羧基是吸电子基导致。特征吸收谱带为 3100 ～ 3000cm^{-1} 的 $\upsilon_{=C—H}$ 伸缩在此两种溶液生成的组装结构中处于 2844 ～ 2924cm^{-1} 之间。两种溶液的谱图在官能团区内很相近，但在图 6-20 中 a 2326.68cm^{-1} 处有一个明显的峰值，分析该峰为羧酸中的 O—H 伸缩振动吸收峰（2500 ～ 3300cm^{-1}）。根据特征吸收峰位置归属表可知，当硅表面与苯环通过 Si—C 相连时，由于环的振动产生的吸收峰应位于 1480 ～ 1425cm^{-1} 范围，图 6-20 中两种溶液分别在 1420.13cm^{-1} 和 1452.64cm^{-1} 处存在这样的吸收峰，证明两种组装结构都是通过 Si—C 连接到硅表面的。

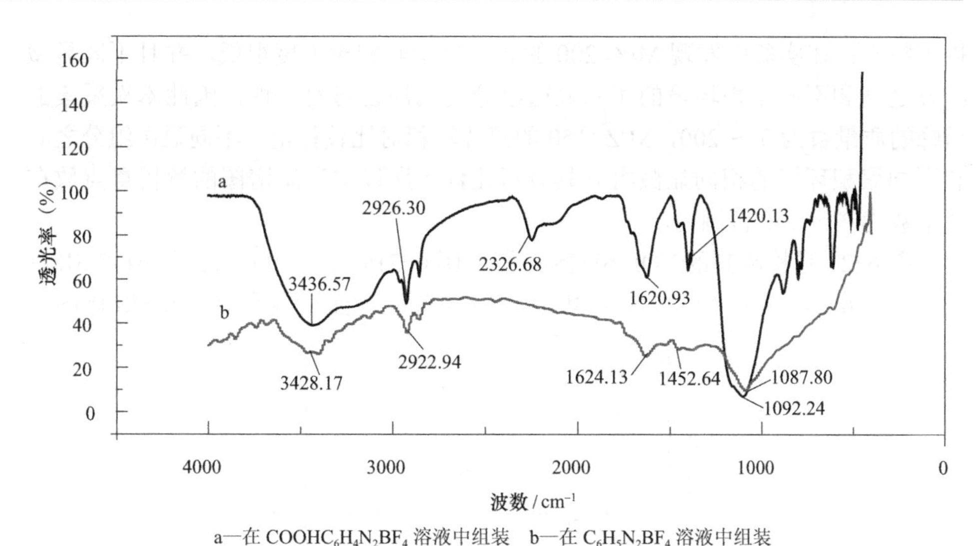

a—在 $COOHC_6H_4N_2BF_4$ 溶液中组装　b—在 $C_6H_5N_2BF_4$ 溶液中组装

图 6-20　用漫反射法检测自组装单层结构的 SAMs 红外光谱图

经过上述两种方法的红外光谱检测，证明了在三种重氮盐溶液中刻划硅表面得到的单层结构都存在苯环，而且是通过 Si—C 共价连接在硅表面，这从实验角度初步验证了之前提出的用机械 - 化学方法在重氮盐溶液中刻划硅的组装机理。上述研究内容已作为本团队研究成果发表在国际期刊 *Processes* 上，详见参考文献 [8]。

（2）飞行时间二次离子质谱　二次离子质谱是一种对表面灵敏的质谱技术，建立在表面各种类型带正、负电荷原子或分子发射的基础上。用飞行时间（Time of flight，TOF）仪器对这些二次离子进行质量分析，能确保并行质量登录、高质量范围、高流通率下的高分辨和精确质量测定这些优异性能。配合细聚焦扫描一次离子束，可在优于 1nm 的高深度分辨率和优于 50nm 的横向分辨率下，实现对表面优于单层 ppm（百万分之一）量级的极高检测灵敏度。ToF-SIMS 与 XPS 相比，具有图像功能，同时可以检测大分子和大分子碎片、官能基团等，具有极高的灵敏度，再加上即使对大分子及不易挥发性分子都独具的敏感性，使它成为很多高技术领域不可缺少的分析手段。

运用中国矿业大学（北京）煤炭资源特性研究国家重点专业实验室从美国 PHI-Evans 公司引进的飞行时间型二次离子质谱仪（型号为 TFS-2000 TOF–SIMS），该仪器配置镓（^{69}Ga）枪和 YAG 激光两种一次电离束，在使用 15kV 镓枪模式下，质量分辨率高达 7500（^{28}Si）；在 25kV 镓枪模式下，扫描离子成像的空间分辨率通常可达到 0.5μm。实验时采用 ^{69}Ga 一次离子束，真空度达 133×10^{-8}Pa，在 15kV 引出电压下采用单点分析模式，离子类型为正离子，采集时间均为 10min，采集谱图质量数范围为 0 ～ 200，时间记录使用单道 TDC，样品台电压为 3kV。

质谱图是物质结构和组成的反映，本次研究发现获得的 TOF-SIMS 谱图有以下特点：在实验中发现 M/Z>200 的碎片离子峰相对丰度很低，并且不同显微组分之间和不同聚积环境的相同显微组分之间缺乏可对比性，因此本次采集的谱峰的质量数为 0 ～ 200，M/Z<150 的碎片峰相对比较稳定，不同显微组分之间和不同聚积环境的相同显微组分具有可比性，所以本次质谱图的解析重点放在质量数为 0 ～ 150 范围内。

图 6-21 是检测到的 TOF-SIMS 谱图，图 6-21a 为纯 SiO_2 表面的 TOF-SIMS 谱图，图 6-21b 为在 $NO_2C_6H_4N_2BF_4$ 溶液中刻划硅表面获得的 TOF-SIMS 谱图。

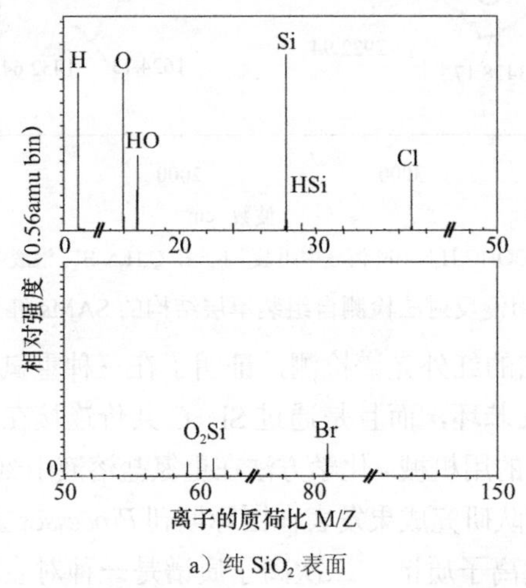

a）纯 SiO_2 表面

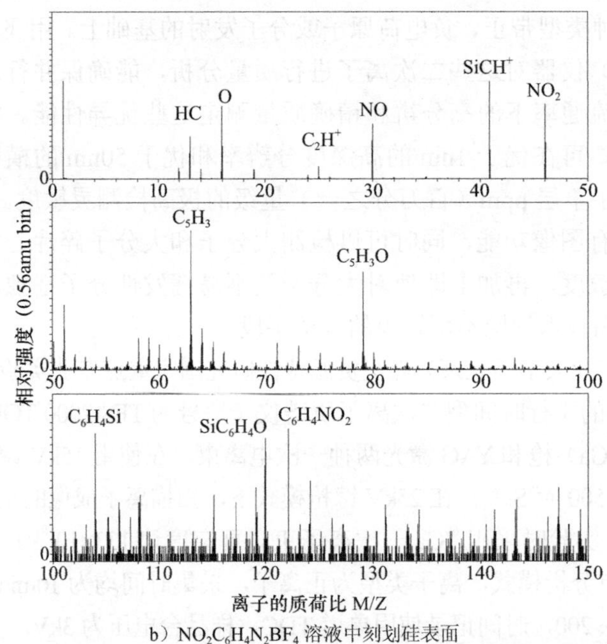

b）$NO_2C_6H_4N_2BF_4$ 溶液中刻划硅表面

图 6-21　纯 SiO_2 表面及在 $NO_2C_6H_4N_2BF_4$ 溶液中刻划硅表面获得的 TOF-SIMS 谱图

从图 6-21a 中离子谱 Si、H、Cl、O、Br 的原子离子峰可以判别，表面上有 Si、H、O、Cl、Br 等元素存在，其中的 Cl 和 Br 元素可能是由于样品在空气中存放，表面吸附一些杂质或人为因素引入的杂质。同时，从离子谱还可以判别，表面上含有 SiO_2、H_2O 等化合物。图 6-21b 相对于图 6-21a 可以看到，表面的离子结构发生了很大变化。从离子谱 HC、C_2H^+、$SiCH^+$、C_5H_3、C_5H_3O、C_6H_4Si 和 SiC_6H_4O 可判别，表面上有碳氢、硅碳和碳氢氧组成的有机化合物存在。为了进一步确定组装结构的成分，我们进行了下面的分析。

根据芳香族硝基化合物的质谱分析可知，芳香族硝基化合物由于脱去 NO_2 而得到一个很强的 M-46 峰，也常发生失去 NO 得到 M-30 峰（NO^+），依此可以推断在 $NO_2C_6H_4N_2BF_4$ 溶液中刻划硅表面生成的组装结构，如果是通过 Si—C 连接的，可能发生：①当脱去 NO_2 时，在质荷比 M/Z 为 104 处应该产生峰，继续脱去 Si—C ≡ H 应产生 M-41 峰和 M/Z63 峰；②当脱去 NO 时，在质荷比 M/Z 为 120 处应该产生峰，继续脱去 Si—C ≡ H 应产生 M/Z79 峰。图 4-11 中间图的数据验证了我们的推断，证明了一端为硝基的芳香烃重氮盐组装结构通过 Si—C 共价键连接到经过刻划的硅表面。

6.4 影响硅表面自组装膜质量的多因素分析

6.4.1 不同切削刀具对成膜质量的影响

在实验过程中用到了金刚石尖刀、圆弧刃刀具、直线刃刀具和缝衣针，如图 6-22 所示。其中尖刀的夹角为 83° 58′，圆弧刃刀具的刀尖圆弧半径为 5mm，利用末端微进给机构，可以更好地控制刀尖用力。用圆弧刃和直线刃刀具刻划出来的图形表面质量比尖刀更好，而尖刀可以刻划出更窄的线（1μm 左右），但难以保证较小的表面粗糙度。缝衣针的硬度最小，韧性最大，刻划效果最差。因此具体操作时需要“量材取刀”，选择最合适的刀具进行刻划。

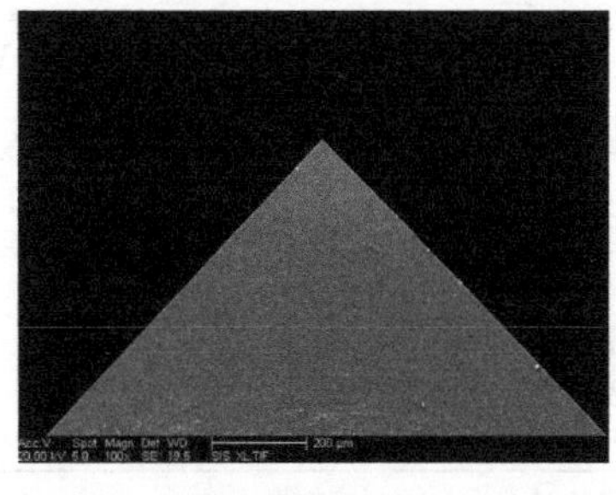

a）金刚石尖刀

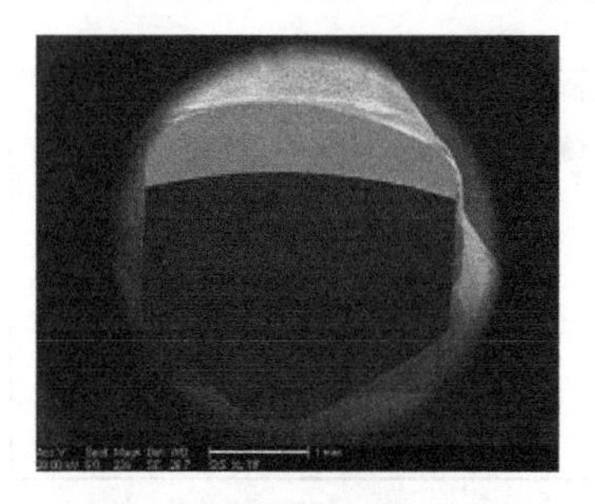

b）圆弧刃刀具

图 6-22　4 种金刚石刀具的形貌图

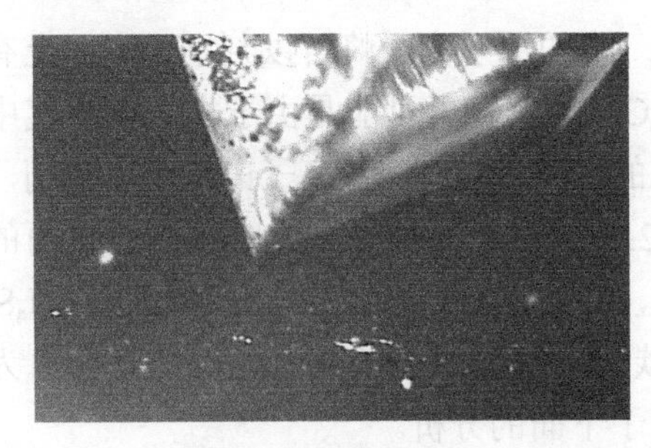

c）直线刃刀具

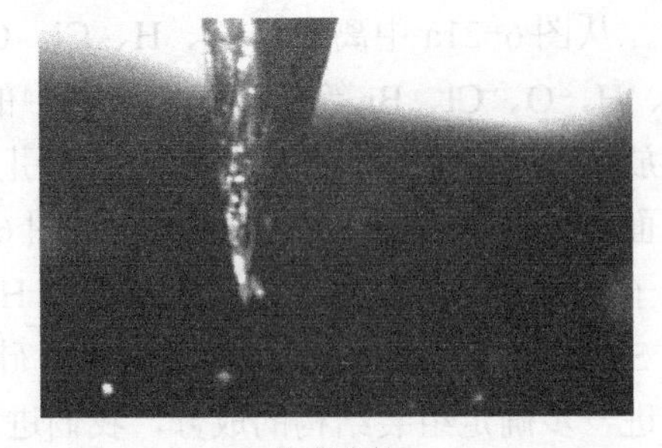

d）缝衣针

图 6-22　4 种金刚石刀具的形貌图（续）

6.4.2　切削力对表面加工质量的影响

通过控制刀具 Z 向力的大小，可以实现不同深度沟槽的切削。用圆弧刃刀具在切削速度为 2μm/s，Z 向力分别为 20mN、50mN、80mN 时刻划硅片，得到图 6-23 所示的表面形貌图。可以看出，Z 向力越大，切削深度越大，但表面质量越差，经过实验发现 Z 向力为 20 ～ 40mN 时切削的表面质量较为理想。

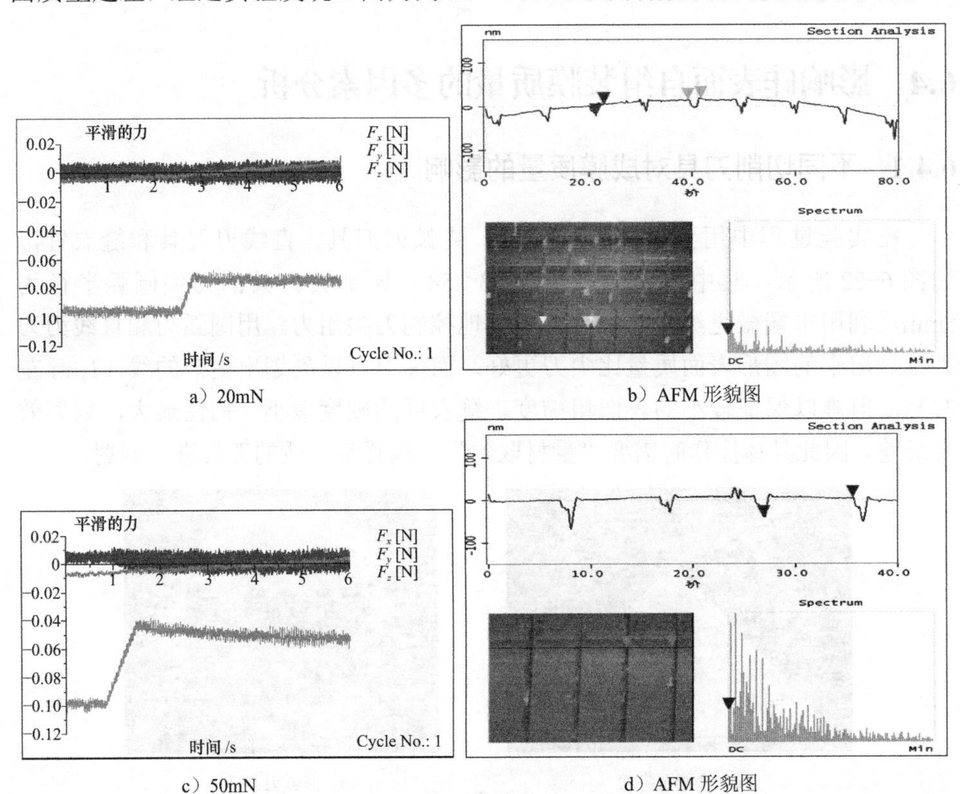

a）20mN　　b）AFM 形貌图

c）50mN　　d）AFM 形貌图

图 6-23　AFM 检测不同切削力切削的表面形貌图

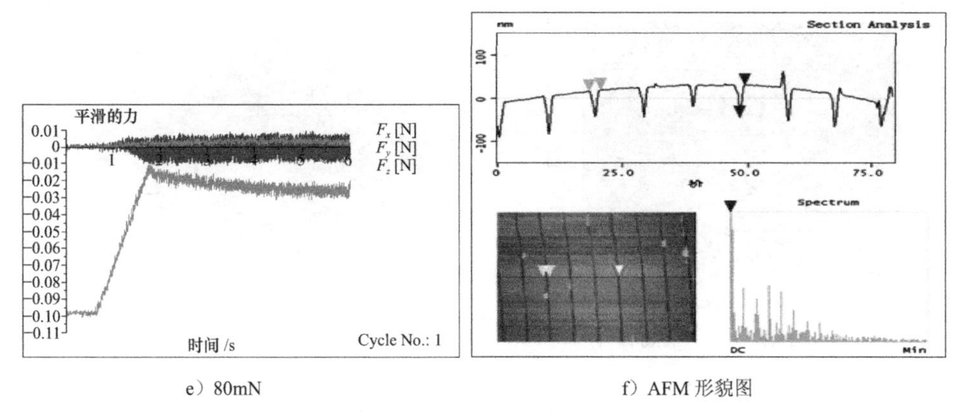

e）80mN　　f）AFM 形貌图

图 6-23　AFM 检测不同切削力切削的表面形貌图（续）

6.4.3　刀具切削速度对表面加工质量的影响

实验研究发现，切削速度对微结构表面质量有较大的影响，不同切削速度对组装膜质量的影响如图 6-24 所示，可以看出当切削速度为 500 ～ 1000nm/s 时，组装膜表面质量较好。

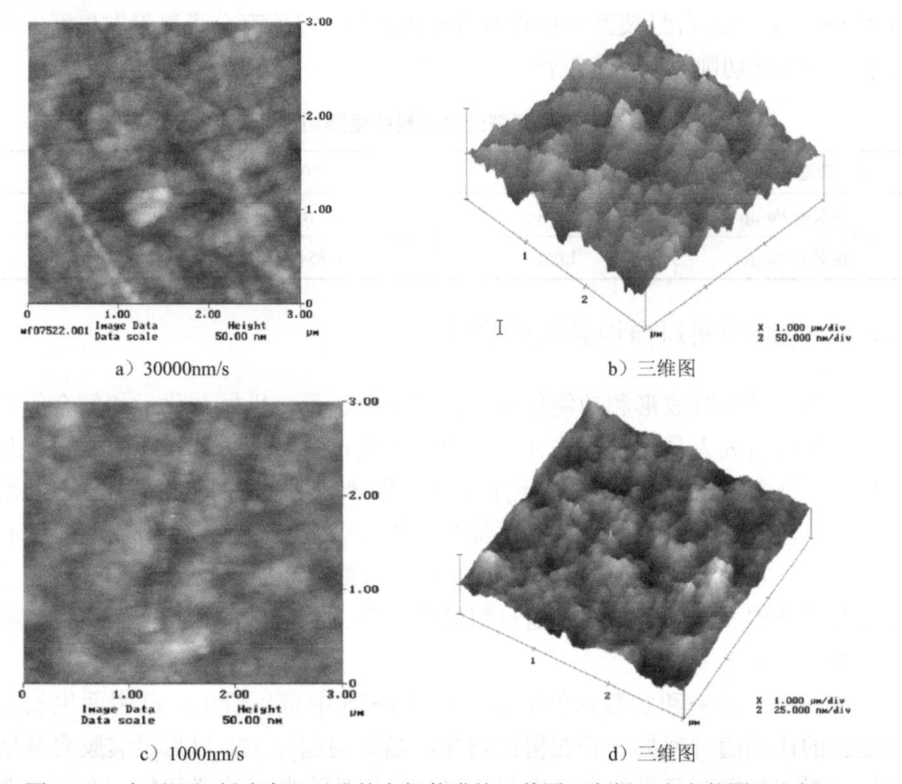

a）30000nm/s　　b）三维图

c）1000nm/s　　d）三维图

图 6-24　在不同切削速度下形成的自组装膜的形貌图（左侧）和立体图（右侧）

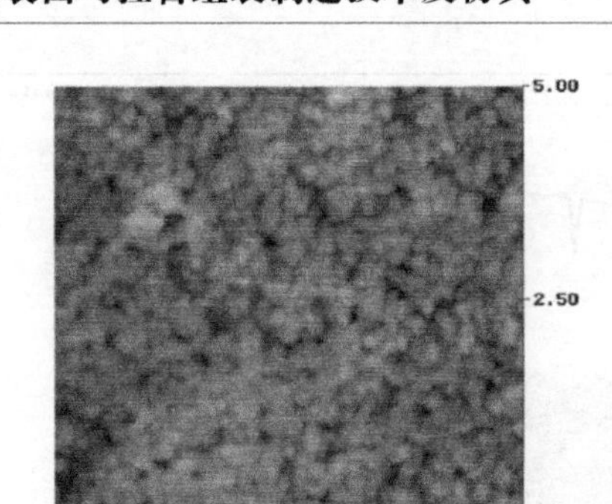

e）500nm/s

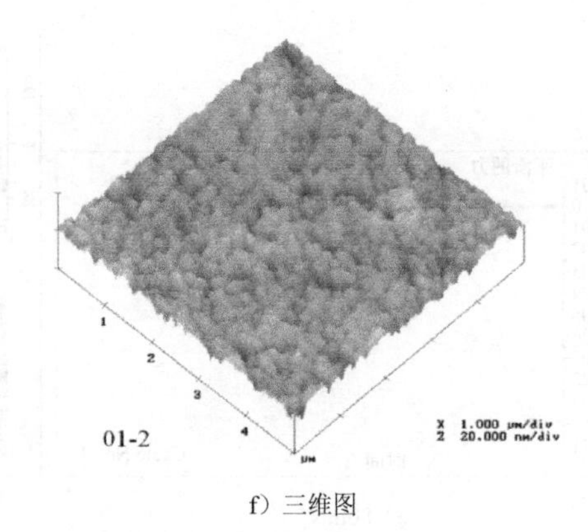

f）三维图

图 6-24　在不同切削速度下形成的自组装膜的形貌图（左侧）和立体图（右侧）（续）

因为在使用金刚石刀具刻划时，随着速度的增加，切削沟槽底部表面粗糙度将增大，另外切削速度过快会使组装分子没有足够的时间移动到刀尖与样品接触处形成的“狭窄区域”，而且也可能超过重氮盐分子和硅原子的吸附速度，使得“狭窄区域自组装”（Spatially Confined Self-Assembly，SCSA）不能有效进行，同时随着切削速度的增加导致切削处表面形貌变差，表面粗糙度值增加（表 6-8），进而自组装膜生长的不均匀性增加，可能有分子凝聚发生而生成自组装岛，因此切削速度不宜过快。

表 6-8　组装前后切削处表面粗糙度随切削速度的变化

切削速度 /（nm/s）	500	1000	30000
组装前 *Ra*/μm	2.291	5.016	7.683
组装后 *Ra*/μm	1.056	4.854	6.027

6.4.4　组装时间对自组装膜的影响

作为一种同时成形和功能化硅表面的快捷工具，机械与化学相结合的方法已经展现在研究人员面前。这种方法的一大优点就是成形硅表面的成本低且速度快。通过实验发现，在对硅片进行机械 - 化学组装后，需要将硅片在组装溶液中浸泡一段时间，让更多的硅活性键与组装分子发生反应，而且组装膜的有序化也需要一定的时间。为了研究组装时间对自组装膜的影响，用 XPS 检测不同组装时间下硅表面硝基苯重氮盐自组装膜中各主要元素的含量，其变化趋势如图 6-25 所示。

排除检测误差和实验偶然因素，从图 6-25 中可以看出，硅表面生长有自组装膜的比例随时间的延长在慢慢增加，当时间超过 12h 以后组装膜含量增加比较缓慢，各主要元素的含量也趋于平稳，可认为此时成膜比较完全了；在刚刻划后立即取出的成膜效果并不好，经过乙腈、丙酮、无水乙醇、超纯水冲洗后，表面 C1s 含量只有极少量的增加，而随着自组装时间的延长，C1s 含量明显增加；O1s 含量总体趋势下降，但由于在切削过程中和切削后样品都有机会接触氧气，因此对 O1s 含量会有影响；而 Si2p 的含量在分子组装膜的覆盖下有减小的趋势，但也要考虑在切削过程中新刻划暴露出来的硅对其的影响。综合考虑实验数据，确定在本实验条件下组装时间为 12h 左右时成膜效果较好。

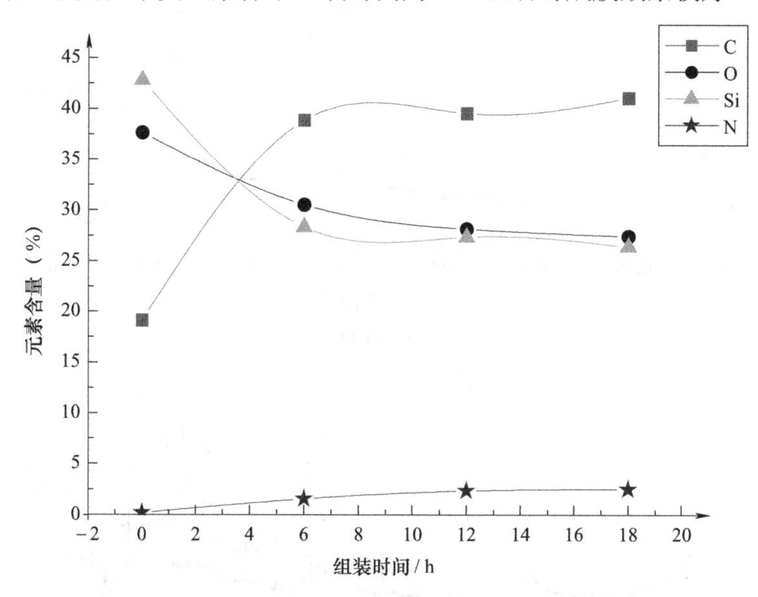

图 6-25　元素含量百分比随组装时间的变化

6.4.5　溶液浓度对自组装膜质量的影响

溶液浓度是影响自组装膜成膜质量的重要因素。本实验针对该因素以硝基苯重氮盐为例做了实验研究。在不同浓度的硝基苯重氮盐中对硅片进行刻划，并进行 XPS 检测，结果如表 6-9 和图 6-26 所示。

表 6-9　元素含量百分比随重氮盐溶液浓度的变化　　（单位：%）

浓度 / (mmol/L)	30	40	50	60
C1s	28.14	24.63	35.33	49.04
O1s	39.58	38.96	34.52	29.91
Si2p	25.93	27.20	21.93	14.19
N1s	3.11	4.49	5.11	4.68
F1s	3.24	4.72	3.11	2.18

如图 6-26 所示，对上述 4 个硅片样品表面自组装膜中的 N 元素进行精细扫

描，然后对 N1s 峰进行分峰拟合，并根据各个峰的面积，计算出各种化学态氮含量及其可能对应的基团，具体见各浓度下的小图拟合。结果表明，与—NO_2中的氮原子相对应的 N1s 峰出现在 406eV，占氮元素总量的 40% ～ 50%。此峰位的氮元素百分比含量随溶液浓度变化的具体情况见表 6-9。

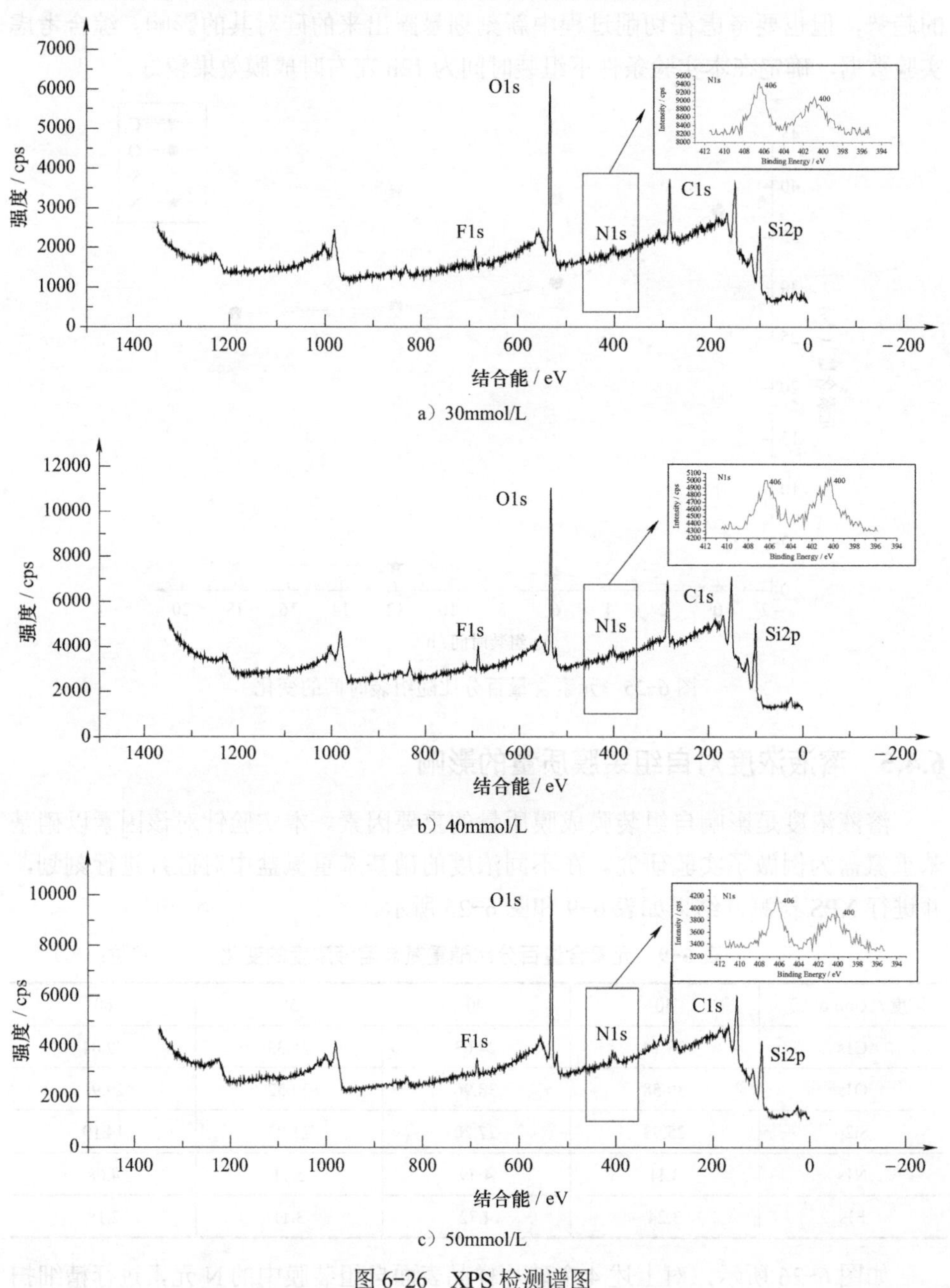

a）30mmol/L

b）40mmol/L

c）50mmol/L

图 6-26　XPS 检测谱图

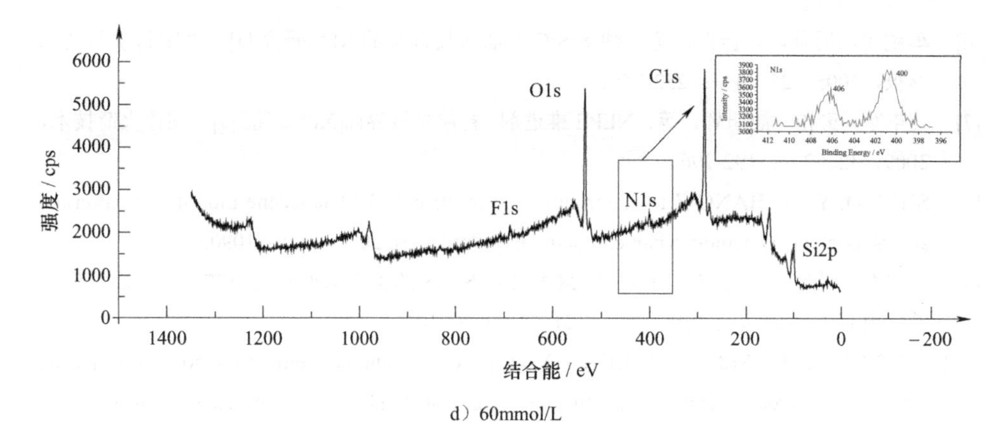

d）60mmol/L

图 6-26　XPS 检测谱图（续）

从图 6-26 中可以看到，当硝基苯重氮盐溶液的浓度从 30mmol/L 增加到 50mmol/L 时，硅片表面的氮元素含量逐渐增加，这符合“反应物增加，产物增加”的化学原理。但是当溶液浓度从 50mmol/L 增加到 60mmol/L 时，硅片表面的氮元素含量却减少。分析其原因主要有两点，一是出现偶氮化反应，使氮元素含量降低，此时仍有部分氮元素保留；二是发生联苯反应，此时氮元素完全脱离，这种原因的可能性相对较小。

综合实验条件和相应结果，确定本实验中硝基苯重氮盐溶液的最佳浓度为 50mmol/L。

参考文献

[1] ZILCH L W, HUSSEINI G A, LUA Y Y, et al. A rapid and convenient method for preparing masters for microcontact printing with 1 ～ 12μm features[J]. Review of Scientific Instruments, 2004, 18 (75): 3065-3067.

[2] CHEN B, FLATT A K, JIAN H H et al. Molecular grafting to silicon surfaces in air using organic triazenes as stable diazonium sources and HF as a constant hydride-passivation source[J]. Chemistry of Material, 2005, 17(19): 4832-4836.

[3] YOO B K, MYUNG S, LEE M, et al. Self-assembly of functionalized single-walled carbon nanotubes prepared from aryl diazonium compounds on Ag surfaces[J]. Materials Letters, 2006, 60(27): 3224-3226.

[4] ZHAO J W, UOSAKI K. Electron transfer through organic monolayers directly bonded to silicon probed by current sensing atomic force microscopy: effect of chain length and applied force[J]. Journal of Physical Chemistry B, 2004, 108(44): 17129-17135.

[5] Hussain Sabir．先进原子力显微镜研究二维材料的局部结构和性质 [D]．北京：中国科学院大学，2021．

[6] 车剑飞，周莉，马佳郡，等．纳米 SiC 表面接枝修饰的 XPS 研究 [J]．真空科学与技术学报，2005，25（4）：252-255．

[7] 吴丰军，彭松，池旭辉，等．NEPE 推进剂 / 衬层粘接界面 XPS 表征 [J]．固体火箭技术，2009，32（2）：192-196．

[8] SHI L Q, YU F, HANG Z M. Fabrication of multiscale 1-Octadecene monolayer patterned arrays based on a chemomechanical method[J]. Processes, 2022, 10 (6): 1090.

[9] 雷晓春，林鹿，李可成．XPS、AFM 和 ToF-SIMS 的工作原理及在植物纤维表面分析中的应用 [J]．中国造纸学报，2006，21（4）：97-101．

[10] ZILCH L W, HUSSEINI G A, LUA Y Y, et al. A rapid and convenient method for preparing masters for microcontact printing with 1 ～ 12μm features[J]. Review of Scientific Instruments, 2004, 24 (75): 3065-3067.

[11] SEOL R, GEORGE C S. Nanografting: modeling and simulation[J]. Journal of the American Chemical Society, 2006, 128 (35): 11563-11573.

第 7 章

硅表面可控自组装微纳结构的纳米力学性能检测

在微纳机电系统（MEMS/NEMS）中，硅构件相对运动界面间的黏附、摩擦和磨损将影响系统的性能、可靠性和寿命。为此，在构件表面自组装一层低摩擦系数的结构成为解决这类润滑问题的主要途径。与此同时，硅表面的摩擦性能和黏附性的测试受到越来越多的关注，接触角测量仪和 AFM 已经成为研究微纳米尺度下表面力的强有力的工具，尤以 AFM 的功能更为强大，应用范围更广。

AFM 是一种可对物质的表面形貌、表面微结构等信息进行综合测量和分析的第三代显微镜，它是 1986 年由 IBM 公司苏黎世实验室的 G. Binnig 等人研制出的。由于 AFM 不仅能在纳米或原子级成像，而且具有分辨率高、操作简单的特点，已被广泛应用于材料研究、缺陷分析、成膜条件评价、质量控制等诸多方面，成为人们观测和探知微观世界的重要工具。AFM 既可对导体进行探测，又可得到不具有导电性的组织、生物材料和有机材料等绝缘体的高分辨率表面形貌图像，从而使它具有更广阔的应用空间。目前，AFM 已被广泛应用于表面分析的各个领域，通过对表面形貌的分析、归纳、总结，可以获得更深层次的信息。

AFM 针尖在样品表面的扫描，可以模拟在 MEMS/NEMS 中大量存在的点面接触情况，有效表征微纳结构表面黏附力及摩擦力。在本章中，基于 AFM 建立一套摩擦性能测试系统及软件，在考虑外界湿度、扫描速度等因素的前提下，研究了基于机械 - 化学方法在单晶硅（100）表面制备的芳香烃微纳结构的摩擦和黏附性，期望从微观角度为硅表面制造的功能性结构在 MEMS/NEMS 中的应用提供依据。利用建立的系统检测摩擦和黏附性时，主要使用 AFM 侧向力模式（LFM）定性测量摩擦性能，使用 AFM 力曲线模式测量黏附性。

7.1 对自组装膜表面接触角的测量与分析

7.1.1 接触角及其基础理论

将液体滴于固体表面，由于体系性质的不同，液体或铺展而覆盖固体表面，或形成一液滴停于其上，如图 7-1 所示。液体与固体平面所形成的液滴的形状

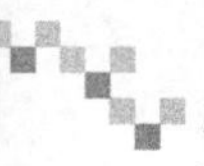

用接触角（Contact Angle）来描述。准确的接触角是在固、液、气三相交界处，自固液界面经液体内部到气体界面的夹角，通常以 θ 来表示。接触角是分析润湿性的一个非常重要的物理化学性质。润湿性问题与采矿浮选、石油开采、纺织印染、农药加工、感光胶片生产、油漆配方以及防水、洗涤等都有密切关系。

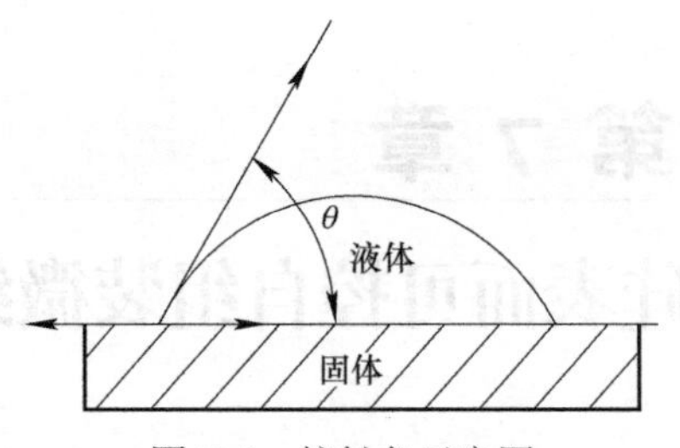

图 7-1　接触角示意图

具体应用中，把接触角大小作为评判润湿性的重要指标。通常接触角越小，润湿性也即亲水性就越好。习惯上，把 θ=90° 作为润湿与否的标准；把 θ>90° 作为不润湿；θ<90° 作为润湿。平衡接触角不存在或为 0，则为铺展。

7.1.2　接触角检测方法及接触角仪系统简介

对于接触角的检测，有一系列简易、廉价的技术，其中大多数技术均被开发出一些操作简便的仪器。根据直接测定的物理量，将接触角测量技术分为影像分析法、插板法、力测量法和透过测量法（主要是粉体接触角）四种。最常用的两种测试方法是影像分析法和力测量法（也称为 Tensiometry，即使用表面张力测量方法测试接触角值）。但需要注意的是，这两种方法均用于测量没有孔隙的固体表面。其中，影像分析法用于分析一个测试液静滴（Sessile Drop）滴在固体上后的角度影像；力测量法是用称重传感器测量固体与测试液间的界面张力，通过换算得出接触角值。

本实验所采用的接触角仪系统就是基于影像分析法建立的，SL 系列接触角仪为实现此类测试功能的标准接触角仪。仪器主要包括 4 个部分：CCD 光学系统部分、样品台及固定架部分、光源控制部分和软件分析部分。

7.1.3　接触角的测量和结果分析

本章中硅表面自组装单层结构的水接触角在 SL200 系列接触角测定仪（上海梭伦信息科技有限公司）上测定，采用黄色光源在室温（20 ～ 25℃）及相对湿度 40% ～ 50% 下进行测定，每个样品至少进行 5 次平行测试，取平均值。SL200B 型接触角仪是基于影像分析法开发的，操作手册建议采用悬滴法，即测量时将液滴从上向下悬着滴下停在固体上表面，也称静态液体法（Pendant Drop）。液滴与单层结构表面接触角测量示意图如图 7-2 所示。

a）空白硅片

b）$NO_2C_6H_4N_2BF_4$

c）正辛醇

图 7-2　液滴与单层结构表面接触角测量示意图

按照标准的实验步骤，测得各种材料自组装膜的接触角见表 7-1。

表 7-1　各种材料自组装膜的接触角　（单位：°）

序号	材料名称	左接触角	右接触角	单次接触角	平均接触角
1	空白硅片	24.59	23.91	24.25	24.25
2	苯甲酸重氮盐	31.88	31.90	31.89	30.84
		31.25	33.35	32.30	
		28.41	28.24	28.33	
3	硝基苯重氮盐	57.05	60.93	58.99	57.93
		51.39	53.38	52.38	
		60.93	63.90	62.41	
4	1,6—二溴己烷	80.45	78.78	79.61	78.61
		77.06	77.84	77.45	
		77.33	80.20	78.77	
5	甲醇	64.48	64.48	64.48	64.38
		64.29	64.29	64.29	
		64.35	64.35	64.35	
6	正戊醇	113.00	113.00	113.00	115.04
		118.07	118.07	118.07	
		114.04	114.04	114.04	
7	正辛醇	115.20	115.99	115.59	117.34
		119.90	120.20	120.05	
		116.39	116.39	116.39	

从测量结果发现，各种材料自组装膜的接触角差别较大。根据“接触角越小，亲水性越好”的原理，上述 6 种材料的硅表面自组装膜的亲水性按由强到弱的排序为：苯甲酸重氮盐、硝基苯重氮盐、甲醇、1,6—二溴己烷、正戊醇、正辛醇；醇类中的 3 种材料按亲水性由强到弱排序为：甲醇、正戊醇、正辛醇，这些测

量结果和其化学结构和相关性质有紧密联系。

在前面的章节叙述中，对于各类材料中自组装膜的形成机理以及形成的最终膜表面化学结构都做了详细的介绍。一般认为，有机分子中的亲水和亲油基团是影响整个分子亲水性的关键因素。亲水基团又称疏油基团，具有溶于水或容易与水亲和的原子团，这类分子形成的固体表面易被水润湿。阴离子表面活性剂的亲水基团有羧酸基、磺酸基、硫酸基与磷酸基等。阳离子表面活性剂有氨基、季氨基等；非离子表面活性剂有由含氧基团组成的醚基和羟基与羧酸酯、嵌段聚醚等。亲油基团又称疏水基团，对水无亲和力，不溶于水或溶解度极小。亲油基团通常是 C8 ～ C20 的烃基，且碳链越长，亲油性越强；含有芳基、酯、醚、胺、酰胺等基团的烃基；含有双键的烃基。亲油基也可以是聚氧丙烯基、长链全氟烷基、聚硅氧烷基等。实验中用到的两种重氮盐在硅表面形成的自组装膜结构中分别含有亲水基团（羧酸基）和疏水基团（硝基），因此苯甲酸重氮盐的自组装膜和空白硅表面一样都具有较强的亲水性，而硝基苯重氮盐的自组装膜则具有较强的疏水性；1,6—二溴己烷虽然有较长的碳链，但碳链两端都与硅形成 Si—C 键，成为一个环状结构，且有卤素结合在硅表面，这都在一定程度上增强了整个分子的亲水性。对于三种链长不一的醇类，烃基本身就属于亲油基团，因此接触角相对较大。而根据“碳链越长，亲油性越强”的化学理论，测得的接触角应该按甲醇、正戊醇、正辛醇的顺序逐渐增大，这与实验结果完全吻合。

各种材料自组装膜表面接触角的测量与亲疏水性的分析，为硅表面自组装膜力学性能的检测提供了初步信息，也为进一步表征其纳米力学性能奠定了坚实的基础。

7.2 利用 AFM 检测纳米摩擦性能

AFM 是通过控制并检测针尖—样品间的相互作用力，如原子间斥力、摩擦力、弹力、范德华力、磁力和静电力等，来分析研究表面性质的。它利用一个一端固定而另一端装有针尖的弹性微悬臂来检测样品表面形貌或其他表面性质，当样品在针尖下面扫描时，同距离有关的针尖—样品间相互作用力（既可能是吸引的，也可能是排斥的），会引起微悬臂的形变，也就是说，微悬臂的形变可作为样品—针尖相互作用力的直接度量。如图 7-3 所示，一束激光入射到该悬臂梁微尖端的背面，经过反射由光电检测器接收，因为悬臂梁的弯曲使得激光反射角度发生变化，导致光电检测器中感光二极管上激光光斑变化，造成二极管中电流改变。通过测量电流的变化可以得知悬臂梁的弯曲程度，经过处理即可获得样品表面的三维形貌。

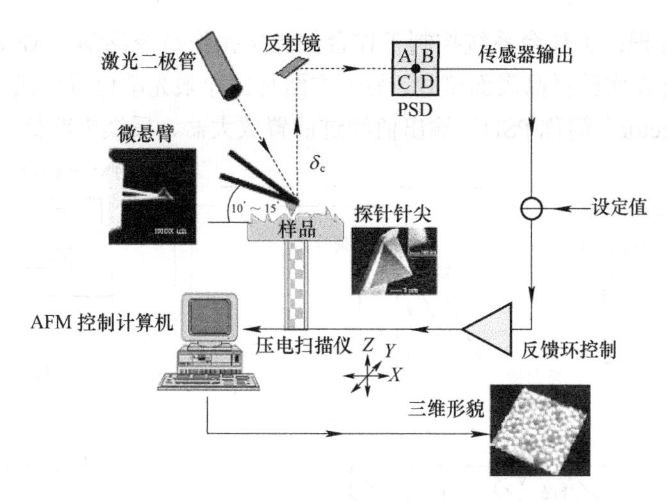

图 7-3 AFM 示意图

由于 AFM 是利用针尖与样品之间的力场来控制针尖的扫描，所以从最广的意义上说，AFM 的图像所反映的是样品局部的力学性能。对于较硬的样品，图像主要由表面的形貌和针尖的几何形状决定；而对于柔软样品，样品的黏弹性对成像有很大的贡献。很多的例子表明，随着样品柔性的增加，AFM 的图像分辨率降低，这意味着弹性在软样品的成像过程中起重要作用。这种对力学性质的敏感性为 AFM 开辟了一个新的应用——检测成像样品的力学性能。当样品和探针的悬臂梁在刚性上具有可比性时，所测得的高度就与样品的弹性有关。可以利用这一效应通过 AFM 来测量样品局部的弹性。这种在微米和亚微米的尺度上表征材料性能的能力是 AFM 所特有的。同时，它提供了一种考察大尺度和小尺度上材料的性能之间关系的方法。

7.2.1 基于 AFM 建立摩擦性能测试系统

摩擦是存在于自然界的一种极其广泛的物理现象，凡是相对运动着的接触物体之间，都有摩擦存在。物体结构不同，摩擦力也不同。AFM 是精确测量聚合物表面纳米摩擦力的有效手段。

摩擦性能测试系统主要由测量控制系统、AFM 系统和工作台系统三部分组成。测量控制系统由主控制计算机（上位机）和单片机控制系统组成；AFM 系统由 AFM、AFM 控制计算机、AFM 控制器及信号接收模块（Signal Access Module）组成；工作台系统由工作台以及工作台控制器组成。AFM 是美国 DI 公司生产的 Dimension 3100，工作台是由德国 PI 公司生产的三维微动精密工作台。测量系统原理如图 7-4 所示。测量控制系统主要负责指令的发送和返回数据的显示与处理；工作台系统控制工作台按指定操作命令移动；AFM 系统一方面操作微探针在实验样品表面刻划，另一方面将四象限光敏位置探测器（Position Sensitive Detector，简称 PSD）输出值经过前置放大器、反馈电路处理后返回。

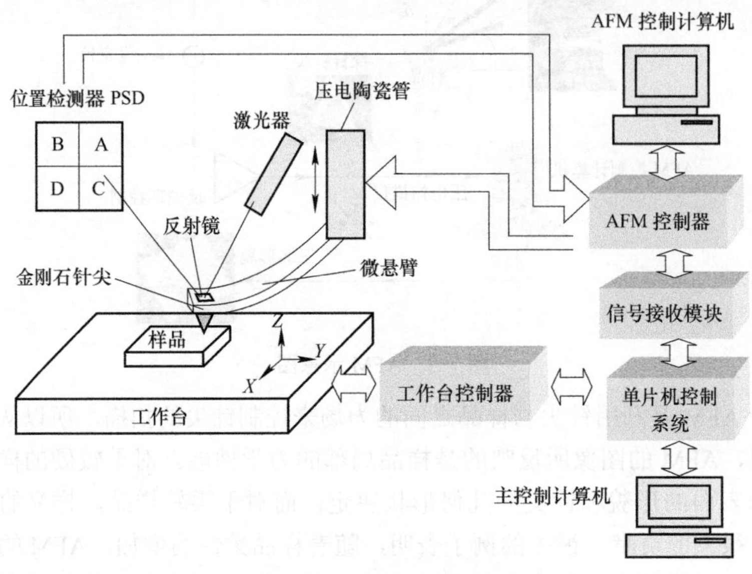

图 7-4　测量系统原理

在这个系统中进行测试过程如下：用户在主控制计算机的刻划软件上设置 AFM、工作台、刻划等参数。利用 AFM 将针尖逼近样品表面后，通过刻划软件发送命令。命令通过 RS232 串口传输到单片机控制器（AFM 辅助控制器）。在该模块内，命令被识别并分配给工作台控制器和 SAM 口，前者接收到来自单片机的命令后以上位机设置方式驱动精密工作台沿 *X*、*Y* 向移动；后者将命令发送给 AFM 控制器，通过压电陶瓷管控制微悬臂使金刚石针尖以一定的压力压入样品表面，或者采用导电探针逼近表面。探针针尖的加载与工作台的移动相配合完成整个刻划过程。与此同时，AFM 返回值直接通过单片机控制器传给主控制计算机进行数据分析与处理。

7.2.2　利用 AFM 接触模式检测摩擦性能的原理

在接触模式中，针尖始终同样品接触并简单地在表面移动，针尖—样品间的相互作用力是互相接触原子的电子间存在的库仑排斥力。样品表面的 AFM 形貌图像通常是采用这种斥力模式获得的。在得到表面形貌的同时，也能够得到探针与表面摩擦的信号。利用摩擦信号，可以区别样品表面不同区域的表面性质，对样品成像，也可以研究不同样品表面的纳米摩擦性能。

利用建立的 AFM 外部控制系统检测纳米摩擦性能时，其工作原理与 AFM 的基础测试模式（样品保持静止，微悬臂带动针尖在样品上方扫描）不同的是：本实验采用了微悬臂静止而工作台带动样品按指定的规律运动的方法。在扫描过程中，由于针尖与样品表面的相互作用而导致悬臂摆动。其摆动的方向大致有两个：竖直方向（图 7-4 中 *Z* 向）和水平方向（图 7-4 中 *Y* 向）。一般来说，PSD 探测到的竖直方向的变化，反映的是样品表面的形态；在水平方向上探测到的信号的变化，是由于物质表面材料特性的不同，反映的是其摩擦性能。所以在实验过程中，导致微悬臂上下弯曲的原因是由于样品形貌变化而在针尖与样品表面产生的法向力作用；导致微悬臂左右扭转的原因是探针针尖与样品表面的摩擦力作用。如图 7-4 所示，如果 A、B、C、D 正比于入射光的相应象限，PSD 的强度信号 $V_{(A+B)}-V_{(C+D)}$ 测定的是弯曲信号，$V_{(A+C)}-V_{(B+D)}$ 测定的是微悬臂的扭转信号。通过相应的计算公式可以同时将弯曲信号和扭转信号量化，从而得到外加载荷和侧向力（可近似地看作为摩擦力）的数值。针尖微悬臂的变形量与针尖的弯曲刚度的乘积即为针尖所受的外加载荷。由于针尖的确切扭转刚度是一个未知量，而校准针尖的扭转刚度要经历一段非常复杂的过程，因此实验中测得的摩擦力只是一个相对大小，用采集的电压数据来表示摩擦力信号，作为单晶硅表面组装微纳结构前后的摩擦性能的定性分析。

为了得到摩擦力随载荷的变化曲线，在扫描中通过设置改变 PSD 偏压来改变所加的外载荷（由于 PSD 偏压变化与作用在微悬臂上的正压力成正比，改变 PSD 偏压等效于改变正压力）。工作台按指定的速度移动，同时微悬臂以与之相协调的速率线性加载，通过采集表征摩擦力信号的 AFM 返回值即可得到一条摩擦力信号随载荷变化的曲线。

7.2.3 摩擦性能的测量结果及分析

在摩擦性能测试实验中，测量样品分别为氧终止 Si（100）表面、机械 - 化学方法制备的苯甲酸芳香烃组装结构 $COOHC_6H_4$ SAM/Si 和硝基芳香烃组装结构 $NO_2C_6H_4$ SAM/Si。为了更能说明问题，测量时分别采用了恒力加载模式和斜坡加载模式。

（1）恒力加载模式测试摩擦性能　实验在一个封闭的温度和湿度可控的小型实验室里进行，使用 Dimension 3100 型 AFM 在硝基重氮盐溶液中刻划与未刻划的区域对氧终止 Si（100）表面进行纳米摩擦力的测量。探针采用 V 形的 Si_3N_4 微悬臂，长度为 200μm，弹性常数为 0.12N/m。扫描角度为 90°。成像在大气下进行，温度为 300K，相对湿度为 40%。具体实验参数如下：表征竖

直载荷的偏压为 2V，扫描范围为 0 ～ 30μm，工作台移动速率为 0.5μm/s。对样品进行扫描实验，扫描前 0 ～ 10μm 和 20 ～ 30μm 均为氧终止的 Si（100）表面，中间的 10 ～ 20μm 为溶液中刻划获得的区域，如图 7-5 所示。从图 7-5 可以看出：

1）两者在相同载荷下的初始摩擦力 F_0 不同，这也证明组装前后硅表面的化学组成发生变化。

2）在 2V 的载荷电压下，Si—O 表面的摩擦信号为 0.55V 左右，而 $NO_2C_6H_4$ SAM/Si 表面的摩擦信号为 0.35V 左右。组装后 $NO_2C_6H_4$ SAM/Si 表面的摩擦信号比组装前 Si—O 表面的摩擦信号弱。这表明，$NO_2C_6H_4$ SAM/Si 可以减小单晶 Si 表面的摩擦力，改善其摩擦特性。

分析其原因，是由于硅表面形成末端为硝基的SAMS结构后，其疏水性增强，所以我们推测在较高的相对湿度下，Si—O 表面较厚的水膜具有流体膜的润滑作用，使得摩擦力较小。在检测摩擦力过程中发现，刻划过的区域有些地方的摩擦力变化不大，分析原因可能是 SAMS 生长得不十分均匀，这也和金刚石刀具刻划的表面质量好坏有关。进一步提高自组装结构的均匀性也是需要投入更多研究的地方。

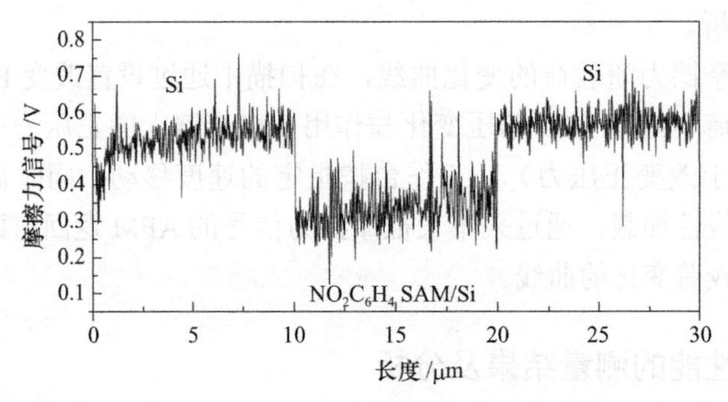

图 7-5　在硝基重氮盐溶液中刻划硅表面摩擦力信号的变化

（2）斜坡加载模式测试摩擦性能　使用建立的系统分别对 Si（100）面和 $NO_2C_6H_4$SAM/Si 表面进行斜坡加载模式下的摩擦力测量。探针采用 V 形的 Si_3N_4 微悬臂，长度为 200μm，弹性常数为 0.12N/m，扫描角度为 90°。成像在大气下进行，温度为 300K，相对湿度为 40%。载荷从一个数值开始逐步增加，摩擦力信号与载荷的关系曲线由此得到。具体实验参数：针尖的扫描速度为 2.0Hz，扫描范围是 0 ～ 50μm，竖直载荷采用斜坡加载模式（加载电压为 0 ～ 4V，增幅为 0.008V）。工作台移动速度为 0.5μm/s。所得到的摩擦力随载荷变化曲线如图 7-6 所示。

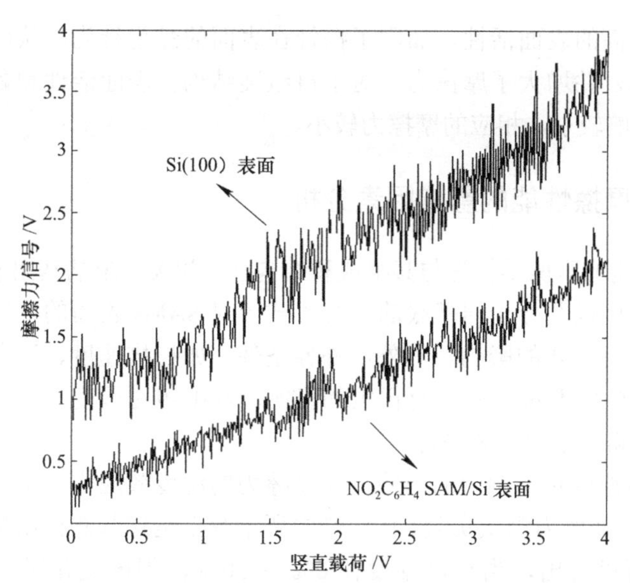

图 7-6　Si（100）面和 $NO_2C_6H_4$ SAM/Si 表面的摩擦力随载荷变化曲线

由图 7-6 可以发现：

1）两条曲线均不过原点，即在零载荷条件下均有一个初始摩擦力且大小各不相同，这与宏观干摩擦条件有所不同。这种初始摩擦力不是由外载荷引起的，而是由黏附力引起的。根据宏观条件下的摩擦二项式定律，微摩擦条件下的摩擦力与载荷满足下式关系：

$$F = fW + \alpha F_{ad} \tag{7-1}$$

式中，F 为微摩擦条件下的摩擦力（N）；W 为载荷（N）；f 为摩擦系数；α 为黏着力系数；F_{ad} 为黏附力（N）。其中，α 反映了黏附力对摩擦力的影响程度，它与滑动速度、环境温度和湿度以及界面状况有关。αF_{ad} 为摩擦力曲线中的零载荷时的初始摩擦力。式（7-1）表明，微摩擦条件下，黏附力和外加载荷在同一数量级，其对摩擦力的影响不可忽略。

2）两个样品的摩擦信号与载荷关系曲线的斜率各不相同，即各样品表面的摩擦系数 f 不一致，也进一步表明，硅片和组装结构表面的摩擦性能有一定的区别。两者摩擦系数的关系为：$NO_2C_6H_4$ SAM/Si<Si（100）。

3）两条曲线均出现了不同幅度的振动，这主要与针尖的振动、电源电压的波动以及刻划区域表面粗糙度有关。

比较各条曲线可以大致看出，氧终止硅表面的摩擦系数和初始摩擦力均比自组装结构表面的大；因此，在相同载荷下，氧终止硅表面的摩擦力大于芳香烃自组装结构表面的摩擦力。其中原因分析如下：氧终止的硅表面存在 Si—OH

悬键，具有较高的表面活性，加剧了探针在表面的黏附行为，从而使得摩擦力的变化较剧烈，并增大了摩擦力。对于自组装结构，表面活性和黏附能较低，表面受水膜影响较小，相应的摩擦力较小。

7.2.4 纳米摩擦性能的影响因素分析

SAMs 结构的摩擦学行为与其组成和结构密切相关，末端基团的性质、分子链长、堆积密度以及分子同基底的结合方式等对 SAMs 表面的物理化学性能、摩擦学行为具有重要的影响。另外，外界条件，如扫描速度、法向载荷、空气湿度等对 SAMs 的摩擦性能也有很大的影响，其中相对湿度和扫描速度的影响较为典型，值得后续研究和探讨。

（1）相对湿度对摩擦力的影响　在摩擦力的湿度效应实验中，每一个相对湿度点取 20 次摩擦力测试实验，图 7-7 中所示数据是这些测试结果的平均值。从图 7-7 中可以看出，当相对湿度在 0% ～ 50% 范围内变化时，Si 表面的摩擦力逐渐增大，但随着湿度继续增大，摩擦力反而减小；而 $NO_2C_6H_4$ SAM/Si 摩擦力在 0% ～ 50% 范围内基本没太大变化，随着湿度继续增大，摩擦力稍微减小；$COOHC_6H_4$ SAM/Si 摩擦力随湿度的变化趋势与 Si 很相似，但没有 Si 变化得那么明显。

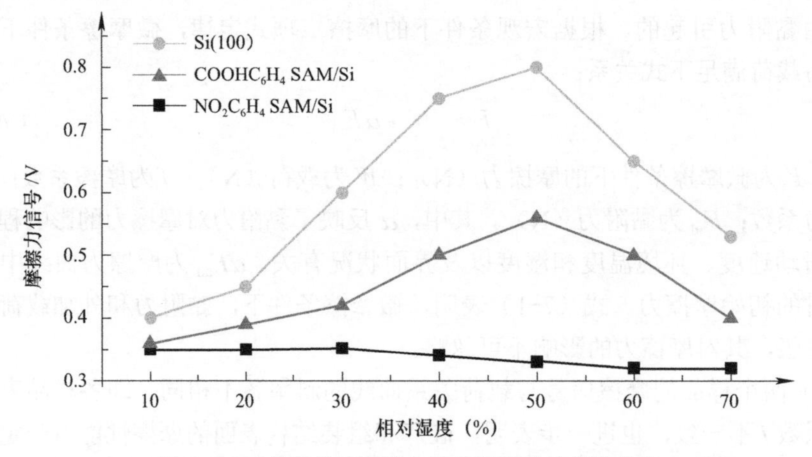

图 7-7　三个样品的摩擦力信号随湿度的变化曲线

以上现象可以从三种材料的黏附性能进行分析。随着湿度的增大，二氧化硅表面由于其强的亲水性，会形成较大的水膜，从而产生较大的表面张力。在湿度增大的过程中，由于水膜的形成、扩展和增厚，使得二氧化硅表面的摩擦力表现出先增大后减小的马鞍形的变化趋势。与此相反，在疏水的 $NO_2C_6H_4$ SAM/Si 表面，由于表面能较小，不易在固体表面间形成水膜，水膜表面张力的影响被大大减弱，使得 $NO_2C_6H_4$ SAM 摩擦系数也相对稳定。另外，水膜表面能可以从 Si（100）基片的 95mJ/m^2 降低到覆盖 $NO_2C_6H_4$ SAM/Si 后的 39mJ/m^2，所以 $NO_2C_6H_4$ SAM/Si 的表面黏附力和摩擦系数能够大大低于 Si（100）表面的黏附力和摩擦系数。可见，空气中的相对湿度对亲水的硅表面的黏附力和摩擦力影响较大，而对疏水的 $NO_2C_6H_4$ SAM/Si 影响不大。

（2）扫描速度对摩擦力的影响　目前，扫描速度对摩擦性能的影响尚无定论，本书就两者之间的关系做了初步的考察，得到相对湿度为 40%、温度为 25°、外加载荷电压为 2V 的情况下，代表摩擦力的电压信号随扫描速度变化的曲线，如图 7-8 所示。

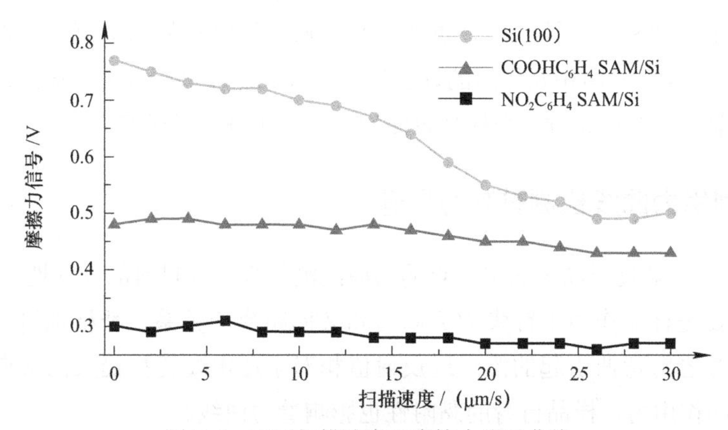

图 7-8　不同扫描速度下摩擦力信号曲线

从图 7-8 中不难发现，在其他条件不变的情况下，虽然扫描速度对 Si（100）面和 $NO_2C_6H_4$ SAM/Si 的摩擦力变化的影响存在一定差异，但随着扫描速度的增加，探针针尖与样品表面的摩擦力均呈现减小的趋势。对于 Si（100）来讲，随着探针扫描速度的增大，一方面，高速移动的探针使得划破的水膜没有足够的时间来恢复，从而减小针尖的剪切阻力，相应的摩擦力也变小；另一方面，探针与样品间的接触应力和较高的移动速度容易导致 Si（100）表面自然氧化层 SiO_2 和 Si_3N_4 探针与水膜发生摩擦化学作用，生成具有低剪切强度的 Si（OH）$_4$ 润滑膜。相对而言，由于 $NO_2C_6H_4$ SAM/Si 表面吸附较少的水分子，更容易被高速扫描的探针移走而得不到补充，因此造成同样条件下 $NO_2C_6H_4$ SAM/Si 表面摩擦力小于 Si 表面摩擦力。

由于水合化学作用生成润滑膜的缘故，微构件的摩擦性能受相互间运动速度影响较大，且适当提高构件表面间的相对速度可以减小摩擦力；而施加 $NO_2C_6H_4$ SAM/Si 后的微构件，摩擦力随着相互间运动速度的增大基本不变，体现出较好的稳定性。

7.3 自组装结构黏附性能的检测

在微摩擦条件下，当两固体表面的距离小于10nm时，由水分子的毛细作用力引起的黏附力是材料表面黏附力的主要组成部分，这是导致微构件和微机械元件失效的主要方式。因此，研究微摩擦条件下单晶硅表面的黏附性能，不仅有助于理解微观条件下特殊的物理现象和规律，而且通过控制硅表面的黏附力可以实现硅表面的功能化。

材料表面的黏附性与材料本身的亲水和疏水性有很大关系，接触角是衡量材料表面亲水性和疏水性的一个重要参数。通过接触角的测量可以获得材料表面固-液、固-气界面相互作用的许多信息。因此，在进行硅表面微纳结构的黏附性检测前，我们首先对三个样品表面的水接触角进行了研究。

7.3.1 利用力曲线检测黏附力原理

AFM可以通过样品表面单个点的力曲线测量来研究材料的黏附性。AFM的力曲线主要是样品作用于针尖的*Z*向力和*Z*向距离的关系。严格地讲，力曲线是测量由微悬臂弯曲引起的激光斑反射值相对于压电陶瓷扫描头的*Z*向伸缩。除了分子间作用力，样品自身的黏附性也影响着力曲线。

基于AFM力曲线测量黏附力的原理如图7-9a所示，*AB*段表示探针接近表面的过程，如图7-9b中（b-1）所示；*BC*段表示探针突跳到样品表面的过程，如图7-9b中（b-2）所示，由于表面力（包括黏附力、表面力和范德华力等）对针尖具有吸附作用，而当表面力的变化梯度大于AFM微悬臂的弹性常数时，产生的一种现象；*CD*段表示探针与表面接触部分，这个阶段微悬臂产生变形，如图7-9b中（b-3）所示；*DE*段表示探针从表面脱离的过程，悬臂变形到*E*点而不是*C*点是由于表面黏附力对探针的作用，并在*E*点由于黏附力小于微悬臂的弹性力而使探针突变回到表面*F*点，*D*点状态如图7-9b中（b-4）所示，*E*点状态如图7-9b中（b-5）所示，*F*点状态如图7-9b中（b-6）所示，此时与探针初始状态相同。通过测量*EF*的长度（表示微悬臂的弯曲变形量）即可通过AFM标准力曲线以及悬臂梁的弹性常数求得黏附力的大小。力曲线的不同可以很好地反映样品表面各点处不同的黏附力。

每次测量得到的数据有*EF*的长度*L*（div）、*DE*段的斜率*S.D*（nm/V）、探针微悬臂的弹性系数*Ks*（N/m）和纵坐标*J*（V/div），根据黏附力的定义，

可得到 SAMs 表面黏附力 F_{ad} 的计算公式即

$$F_{ad} = LS.DKsJ \qquad (7-2)$$

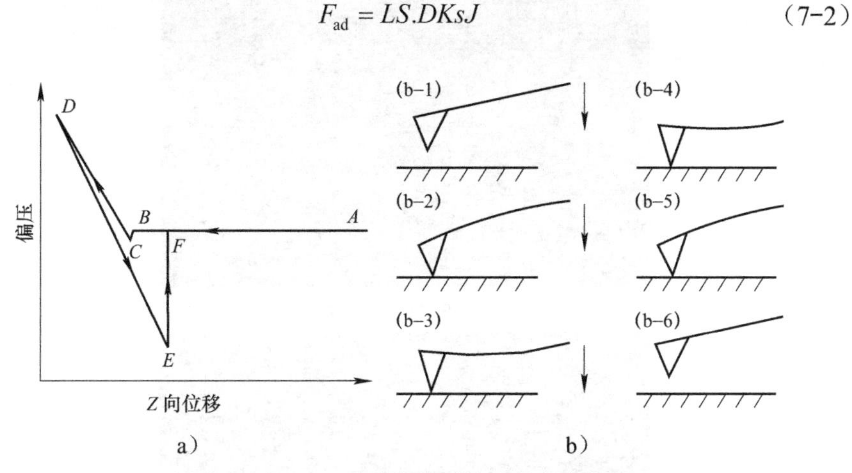

图 7-9　基于 AFM 力曲线测量黏附力的原理

7.3.2　黏附性能的测量结果及分析

测量样品为氧终止 Si（100）、机械 - 化学方法制备的苯甲酸重氮盐组装结构 $COOHC_6H_4$ SAM/Si 和硝基重氮盐组装结构 $NO_2C_6H_4$ SAM/Si，在接触模式下，分别记录力曲线来检测 3 个样品的黏附性。为了更能说明问题，所有的力曲线都是采用同一个针尖（V 形的 Si_3N_4 微悬臂，长度为 200μm，弹性常数为 0.12N/m）测量得到的。实验在一个封闭的温度和湿度可控的小型实验室里进行，温度为 300K，相对湿度为 40%。图 7-10 所示的是 3 个样品表面的典型力曲线，实验中对每种样品均测量 5 个不同点的黏附力曲线，根据式（7-2）计算出 SAMs 表面黏附力 F_{ad}，然后对同一样品的数值取平均值，得到各样品表面黏附力的对比数据，具体见表 7-2。

可以看到，各样品的黏附力曲线有较大的区别：Si（100）表面和 $COOHC_6H_4$ SAM/Si 的自组装结构表面的力曲线显示其具有较大的黏附力；$NO_2C_6H_4$ SAM/Si 表面的力曲线表现出来的黏附力较小。这些现象说明以下问题。

1）组装前后硅基底的表面化学组成及结构发生了变化。

2）不同材料下金刚石刀具刻划形成的自组装微纳结构表面黏附力大小也有较大区别。这也就证明了基于机械 - 化学的方法能够实现在硅基底上的可控自组装和对其进行表面改性。

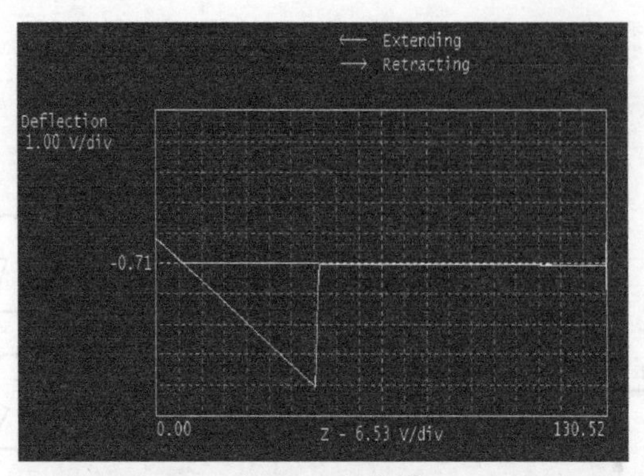

a）Si（100）表面

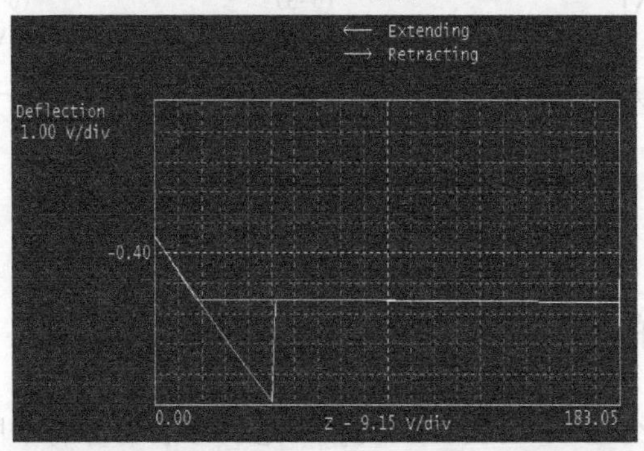

b）$COOHC_6H_4$/Si 表面

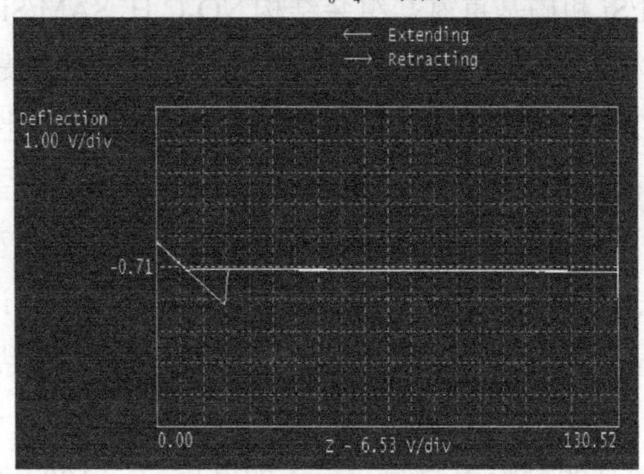

c）$NO_2C_6H_4$/Si 表面

图 7-10　Si（100）表面和 SAMs 力曲线对比

表 7-2　空白硅片和各种自组装单层表面的黏附力　（单位：nN）

序号	样品名称	第 1 点	第 2 点	第 3 点	第 4 点	第 5 点	平均值
1	Si（100）	67.5	65.2	64.2	68.8	62.9	65.7
2	$COOHC_6H_4$—	56.6	58.3	57.6	56.9	57.1	57.3
3	$NO_2C_6H_4$—	27.3	27.9	29.1	28.4	26.8	27.9

同时，还研究了三个样品在微摩擦条件下黏附力随湿度的变化规律。图 7-11 所示为三个样品的黏附力随相对湿度变化的曲线图。从图 7-11 中可以看出，对单晶 Si（100）表面来说，黏附力随着相对湿度的升高而显著增加，即受相对湿度影响较大；而组装上 $NO_2C_6H_4$ SAM/Si 结构后，相对湿度的变化对黏附力的影响大为降低。$COOHC_6H_4$ SAM/Si 表面的黏附力受相对湿度的影响介于两者之间。

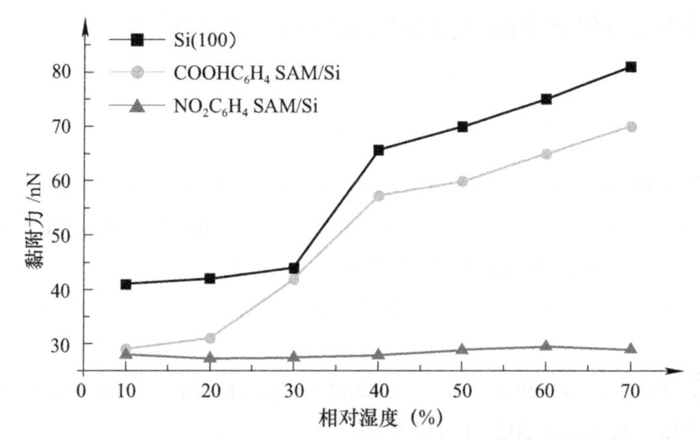

图 7-11　三个样品的黏附力随湿度变化的曲线图

下面根据表面物理和化学性能来分析一下组装前后以及各种不同材料 SAMs 表面黏附力随相对湿度变化的原因。AFM 针尖和样品表面之间的黏附力是由相互独立作用的表面张力、基本键合力和范德瓦耳斯力根据式（7-3）直接决定的。此处范德瓦耳斯力对黏附力的影响较小，可以忽略不计。有

$$F_{ad} = F_{Lap} + F_B + F_{vdW} \tag{7-3}$$

式中，F_{Lap} 为表面张力；F_B 为基本键合力；F_{vdW} 为范德瓦耳斯力。

表面张力主要是与表面结构的亲疏水性直接相关，亲水性越强，就越容易形成较大的水膜，产生较大的表面张力，从而引起相应的表面黏附力。$COOHC_6H_4$ SAM/Si 表面和 Si（100）表面一样都具有较强的亲水性，在低于 20% 的湿度范围，由于无水膜形成，表面张力和黏附力基本不变；当湿度从 20% 逐渐增大至 40% 时，由于单层水分子膜的形成和铺展，表面张力和黏附力逐渐增大；当湿度继续增大至 70% 时，由于水膜急剧增厚，表面张力和黏附力急剧增大。与此相反，$NO_2C_6H_4$ SAM/Si 表面由于存在疏水性的硝基端头，导致在其表面形成水膜的能力下降及其润湿角增大。因此，即使外界相对湿度不断增加，水蒸气在 $NO_2C_6H_4$ SAM/Si 表面形成的水膜厚度变化也很小，从而表现出图 7-11 所示的黏附力几乎不随相对湿度的改变而明显变化的情况。

另一方面，在较高相对湿度下，水膜分子可能会进入各种材料的 SAMs 结构，会削弱 SAMs 分子之间以及 SAMs 分子和硅基底表面之间的键合力，导致

SAMs 分子在扫描中易于变形甚至移动，从而减弱针尖和 SAMs 表面之间的表面黏附力。因此各种组装后的 SAMs 表面黏附力没有组装前的空白硅片大。另外，在扫描过程中，SAMs 分子可能会从样品表面转移到硅针尖表面，对针尖进行修饰，从而使针尖易于在 SAMs 表面滑动，减弱针尖和 SAMs 表面的黏附力。

基于以上的分析，可以得出这样的结论：利用机械 - 化学方法在氧终止的硅表面制备的芳香烃重氮盐微纳结构可以降低硅表面的黏附力。

参考文献

[1] HE Y, YAN Y D, GENG Y Q, et al. Fabrication of none-ridge nanogrooves with large-radius probe on PMMA thin-film using AFM tip-based dynamic plowing litho-graphy approach [J]. Journal of Manufacturing Processes, 2017, 29 (1): 204-210.

[2] 许军. 大气环境调频非接触原子力显微镜关键测量单元设计与实现 [D]. 太原：中北大学，2021.

[3] LIU X M, SHI Q F. Development trends and perspectives of future sensors and MEMS/NEMS[J]. Micromachines, 2019, 11 (1): 7-16.

[4] 周家源，卢艳. 不同基底石墨烯涂层的层间滑移减磨性能研究 [J]. 原子与分子物理学报，2024，41（5）：74-84.

[5] LIU H W, BHUSHAN B. Nanotribological characterization of molecularly-thick lubricant films for applications to MEMS/ NEMS by AFM [J]. Ultramicroscopy, 2003, 97 (1): 321-340.

[6] 白春礼，田芳，罗克. 扫描力显微术 [M]. 北京：科学出版社，2000.

[7] 朱杰，孙润广. 原子力显微镜的基本原理及其方法学研究 [J]. 生命科学仪器，2005，3（1）：1-3.

[8] 杨广彬，张平余，吴志申，等. 分子有序膜及其摩擦学行为研究进展 [J]. 河南大学学报，2005，35（2）：25-32.

[9] 王德国，冯大鹏，兰惠清，等. 分子沉积膜的制备与表征 [J]. 机械工程材料，2003，27（3）：1-3.

[10] 钱林茂，雒建斌，温诗铸，等. 二氧化硅及其硅烷自组装膜微观摩擦力与粘着力的研究（Ⅰ）：摩擦力的实验与分析 [J]. 物理学报，2000，49（11）：2240-2246.

第 8 章

硅表面可控自组装微纳结构的应用

基于机械 - 化学方法的可控自组装微纳结构制造技术主要用来实现单晶硅表面的功能化和图形化。本书采用芳香烃重氮盐作为有机溶剂进行机械 - 化学实验。由于芳香族重氮基可以被其他基团取代，生成多种类型的产物，因此，在硅表面制造的芳香烃结构可以赋予单晶硅（100）表面不同的末端基团，成为硅基底和其他分子的偶联层，有利于扩展硅表面自组装微纳结构的实际应用，对单晶硅表面的改性和功能化具有非常重要的使用价值。同时，随着一些交叉学科和高新技术的蓬勃发展，又为硅表面自组装功能化微纳结构提供了广阔的应用前景。

本章将基于机械 - 化学方法的硅表面可控微纳结构制造技术应用在如下三个方面进行研究，并分析其可行性：①在单晶硅（100）表面制备耐腐蚀的掩膜，进行三维微结构的加工；②实现硅表面 DNA 探针的有效固定，为 DNA 生物传感器的构建和 DNA 芯片的制作奠定基础；③在硅表面连接单臂碳纳米管。

8.1 自组装掩膜的制备及微结构加工

一直以来，大规模集成电路制造技术都离不开使用掩膜、光刻、腐蚀等必需的工序。要对基片进行前处理、涂胶、预烘，曝光后要显影，漂洗后要烘干，整个工艺流程复杂，生产周期长，制造成本高，而且由于掩膜本身的性质，涂覆的厚度和均匀性，以及曝光时图形位置的对准精度等都对整个集成电路的制造质量产生影响。

本章提出一种利用机械 - 化学方法在单晶硅（100）表面制造掩膜进行特定三维微结构加工的新技术，可大大简化工艺流程，缩短生产周期，降低制造成本，提高产品质量。

8.1.1 硅表面形成自组装掩膜的原理

单晶硅的湿法腐蚀加工技术分为各向同性和各向异性腐蚀加工。各向同性腐蚀加工是指使用类似于氢氟酸 - 硝酸溶液、氢氟酸水溶液等为腐蚀剂，在硅表面发生氧化还原、配位络合反应进行单晶硅表面的抛光加工。各向异性腐蚀加工是先将单晶硅材料在干态氧化，通过化学反应使单晶硅表面的硅单质形成一种或多种化合物而溶解到溶液中，而有掩膜的部分则可以保留直至生成所需要的三维微结构。

在参考文献 [2，3] 中对碱性溶液腐蚀加工单晶硅的研究已经报道，但是把机械 - 化学方法和碱性水溶液加工技术相结合进行微纳米加工研究的文献并不多。碱溶液腐蚀单晶硅加工的一个主要条件是在单晶硅的表面制备出一层与碱不反应或反应速率明显慢于单质硅与碱液反应速率的掩膜。众所周知，单晶硅易于被 KOH 腐蚀，而 KOH 不腐蚀以甲川基团（—CH）、甲基—CH_3 等有机基团终止的单晶硅（100）表面。利用这一特性，将单晶硅表面进行预处理形成氢终止的表面，用机械 - 化学方法在苯基重氮盐溶液中刻划氢终止的硅片，刻划处生成 SAMs 结构，该结构可以做碱性溶液的掩膜，把经过加工的单晶硅片放入以 KOH 为主要成分的碱性水溶液中对其进行腐蚀加工，在单晶硅的（100）表面可加工出不同形状凸出的三维微结构，为制造各种不同性能的半导体器件和不同功能的集成电路打下基础。硅表面利用掩膜制造微结构的原理如图 8-1 所示。

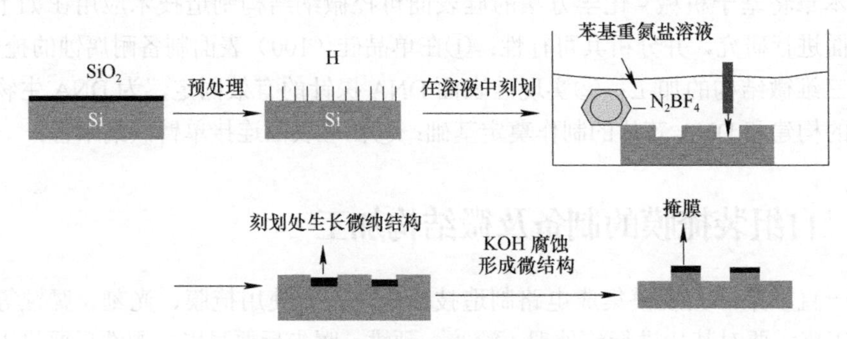

图 8-1　硅表面利用掩膜制造微结构的原理

单晶硅片经过机械 - 化学加工后将其浸入碱性溶液中在其表面将发生化学反应，水溶液中存在的反应式见式（8-1）～式（8-3）。通常条件下认为反应式（8-3）是硅在碱性溶液中反应的主要表示方式。

氢氧化钾在水溶液中电离的方程式如下：

$$KOH + H_2O = K^+ + 2OH^- + H_3O^+ \tag{8-1}$$

氢氧化钾水溶液刻蚀反应可以表示为如下两个反应式。

$$Si+2OH^- +H_2O=SiO_3^{2-} +2H_2 \tag{8-2}$$

$$Si+2OH^- +4H_2O=Si(OH)_6^{2-} +2H_2 \tag{8-3}$$

8.1.2 利用掩膜加工微结构

实验选取厚度为 350μm、电阻率为 $2.5\times10^8\Omega\cdot cm$ 的 n 型（100）取向的单晶硅作为腐蚀样品。首先将待加工硅片进行预处理，获得氢终止的表面，然后利用机械 - 化学方法在硅片表面刻划区域生成 SAMs 结构，此时结构表面的末端基团是—CH 基团，可以作为碱溶液腐蚀硅片的掩膜，进而可在硅片上制造目标微结构。具体步骤如下：

1）将单晶硅片在超声条件下分别用蒸馏水、超纯水、丙酮、氢氟酸清洗 5min，洗去硅片表面的灰尘、油污、二氧化硅等，最后用超纯水超声清洗 5min，获得氢终止的表面。

2）在苯基重氮盐溶液中刻划硅片，根据需要刻划出相应的微纳结构，刻划区域生成 SAMs 结构。

3）把生成单层结构的硅片先后用大量乙腈、丙酮、无水乙醇和超纯水冲洗，并超声振荡清洗几十秒后用超纯氮气吹干。

4）把清洗后的硅片放入盛有 KOH 溶液的容器中，以水浴加热并以恒温温度计调节电炉控温，控制加工的浓度、温度和时间，一段时间后取出，再用丙酮、无水乙醇和超纯水冲洗，以备 AFM 测量用。

8.1.3 加工结果和讨论

为了验证硅表面生成的-CH基团终止的自组装微纳结构作为掩膜的可行性，对腐蚀前后的硅表面进行了对比研究，如图 8-2 所示。

腐蚀前微结构的 SEM 图如图 8-2a 所示，是使用金刚石刀具刻划得到的十字网格，方格的边线线宽在 1.5μm 以内，每个网格的边长约为 8μm，刻划深度为 70nm 左右；图 8-2b 为经过 KOH 腐蚀后的 AFM 三维形貌图，由图可以看出本来加工的十字网格微结构的边框是凹陷的，而腐蚀后却呈凸出的结构，这主要是因为网格内部的硅被腐蚀的缘故，而网格的边框由于附有 SAMs 结构起到掩膜的作用，而未被腐蚀。其截面如图 8-2c 所示，凸起的结构高度为 30nm 左右，宽度约为 1.4μm。网格内部结构表面平滑，边缘接近垂直，凸起的高度较一致，偶有凸峰，这是由于刻划的不均匀导致 SAMs 结构不均匀或者由于刻划产生的切屑造成的。

在此实验条件下能够产生微结构的主要原因有两点。

1）硅与氢氧化钾反应，能够被腐蚀掉。

2）经过机械 - 化学方法在硅表面生成的 SAMs 结构起到掩膜的作用。

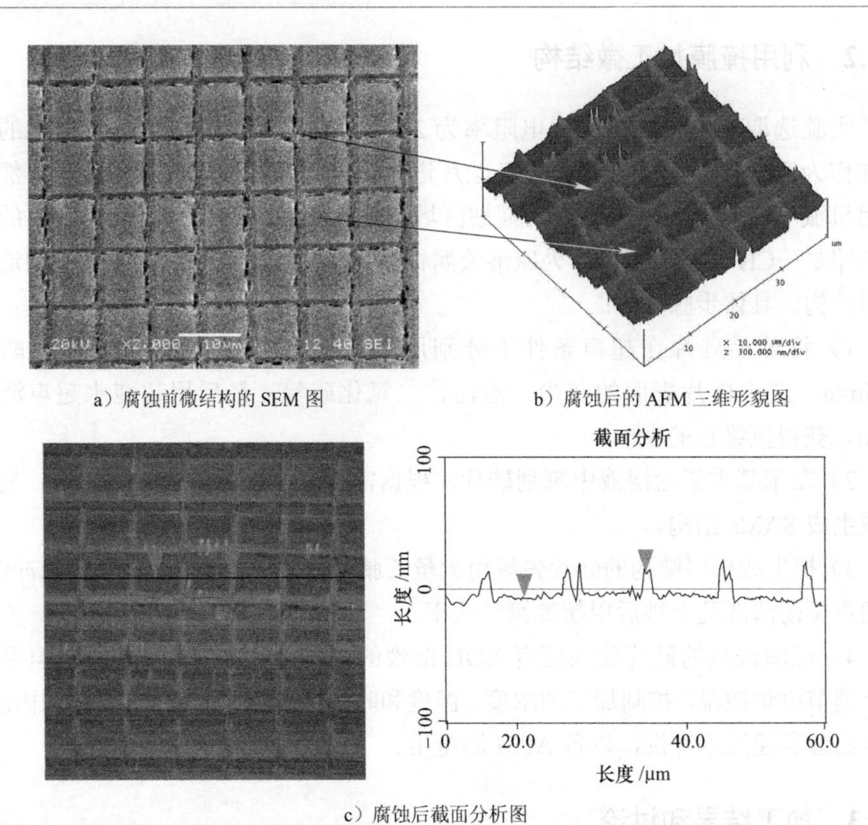

a）腐蚀前微结构的 SEM 图

b）腐蚀后的 AFM 三维形貌图

c）腐蚀后截面分析图

图 8-2　腐蚀前后硅表面微结构的对比表征

此外，通过调节刻蚀液浓度、刻蚀温度和腐蚀时间，可以将微结构的高度控制在数纳米到数百纳米的范围内。本书初步研究了腐蚀加工时间和加工图形高度之间的对应关系，结果如图 8-3 所示。从图 8-3 可以看出，腐蚀时间越长，加工出的微结构的高度越高。其原因是随着腐蚀加工时间的增长，腐蚀反应进行的程度越大，腐蚀速率快的平面越低于腐蚀速率慢的平面。

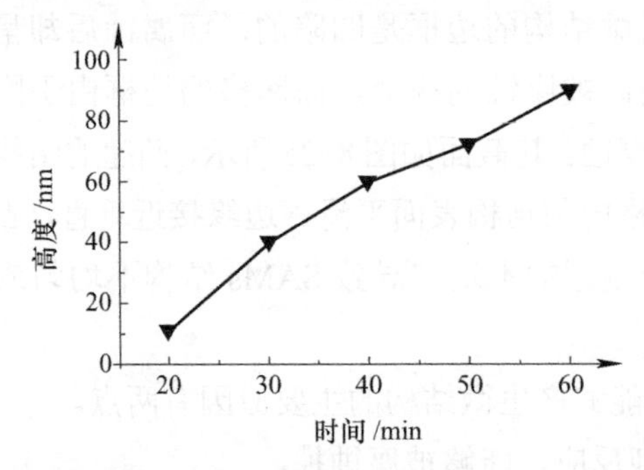

图 8-3　腐蚀加工时间对微结构高度的影响（温度为 25℃，KOH 浓度为 3.0mol/L）

因此，在一定的腐蚀时间范围内通过控制腐蚀时间可以获得不同高度的三维微结构。图 8-4 是通过控制腐蚀时间在 10min 以内加工得到的高度为 10nm 左右的直线阵列结构的 AFM 形貌图。通过剖面图可以看出，腐蚀得到的微结构高度一致，加工表面偶有突起，这是由于在利用刀具进行机械刻划时产生的切屑所致。

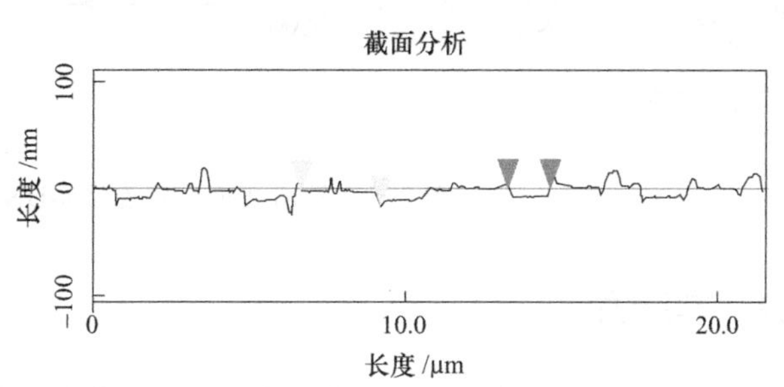

图 8-4　腐蚀加工后的直线阵列的 AFM 形貌图

8.2　硅表面固定单链 DNA

在 DNA 生物传感器的构建和 DNA 芯片的制作中，DNA 探针在转换器或载体表面的有效固定是其中重要的基础和前提。DNA 的固定化是指将大量 DNA 分子固定于支持物（Substrate）上。本书中采取机械 - 化学方法将 ssDNA 通过中间体（SAMs 结构）以共价结合的方式固定在单晶硅（100）表面，是一种重要的固定 DNA 的新方法，可以将大量的 DNA 同时固定在硅基底上，解决了传统核酸印迹杂交技术复杂、自动化程度低、检测目的分子数量少、效率低等不足。

8.2.1　硅表面固定单链 DNA 的原理

DNA 可以通过非共价键和共价键固定在支持物上。非共价键固定是由 DNA 片断中的磷酸根负离子与带正电荷的支持物表面通过正负电荷吸引而使 DNA 固定在支持物上。共价键固定则是通过共价键，如酰胺键、酯键、醚键等使 DNA 固定在支持物表面。

氨基修饰 DNA 的固定方法操作简单，所需时间也较短，是一种较常用的方法。如图 8-5 所示，先按照机械 - 化学方法在四氟化硼苯甲酸重氮盐中刻划硅表面，在其上制造规则有序的外端为羧基（—COOH）的自组装微纳结构。接着用氨基（—NH_2）和荧光（FAM，为了便于进行荧光显微镜检测）分别修饰 ssDNA 的两端。最后在共价偶联活化剂 N—乙基—N'—(3—二甲胺丙基) 碳二亚胺 [N—ethyl—N'—(3—dimethylaminopropyl) carbodiimide hydrochloride，EDC] 的作用下，探针的氨基与微结构上的羧基反应形成酰胺键，从而将 DNA 探针共价连接到微结构上，这样带有荧光标志的 ssDNA 被固定到硅表面，可以用来配对 DNA 的探测。

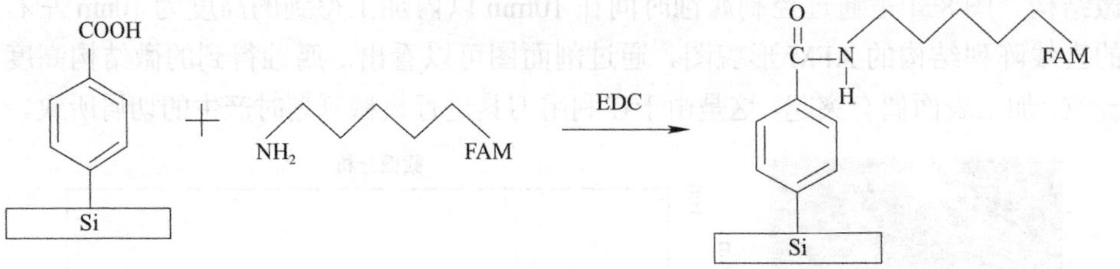

图 8-5　在 Si 表面共价连接 ssDNA

8.2.2　实验方法

本实验首先利用机械 - 化学方法在苯甲酸重氮盐溶液中刻划硅片从而生成自组装微纳结构，如图 8-6 所示。此时微结构末端基团是羧基（—COOH），然后在共价偶联剂 EDC 的作用下，与 ssDNA3’ 端修饰的氨基（$—NH_2$）发生反应形成酰胺键（—CO—NH—），这样就实现了 ssDNA 通过自组装微纳结构在硅上的连接。本实验所使用的 ssDNA 是由上海生工生物工程技术服务有限公司合成的，5’ 端标记 FAM 荧光，3’ 端修饰$—NH_2$，探针长度为 24bp，5’ 端到 3’ 端的碱基序列为 GCA AAG GGT CGT ACA CAT CAT CAT，分子量为 8063.5，净含量为 30.0OD。EDC 试剂购于北京百灵威化学技术有限公司，需在 −20℃冷冻保存。这里需要注意的是，为了检测出连接上去的 ssDNA，在其上标记了 FAM 荧光，因此一切关于 ssDNA 的操作都必须在暗室中进行，取放时也要用锡纸严密包裹，避免荧光淬灭。

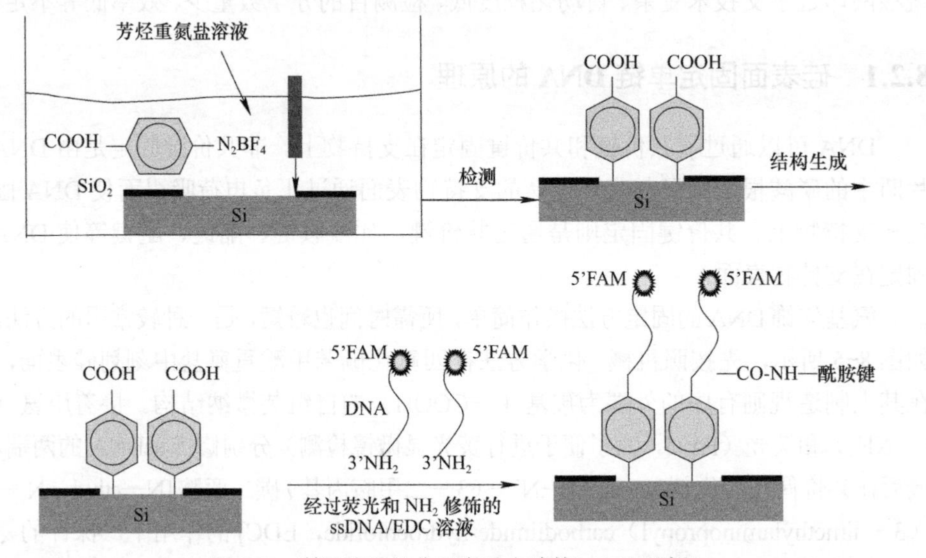

图 8-6　利用芳香烃分子在硅上连接 ssDNA 过程

下面以反应体系总容量为 1ml、ssDNA 浓度为 5μmol/L 的一次实验为例，介绍其具体操作步骤。

1）按照机械 - 化学方法在硅片表面生成自组装微纳结构。

2）配制 0.5mmol/L、pH2.2 的磷酸缓冲溶液 50ml，按照说明书配制好浓度为 100μmol/L 的 ssDNA，在 -20℃冷冻保存。

3）把刻划组装后的硅片放入 EP 管中，加入 0.5mmol/L、pH2.2 的磷酸缓冲溶液 450μL。

4）进入暗室向反应体系中加入 ssDNA 50μL，使其终浓度为 5μmol/L；5min 后向体系中加入 EDC，使其终浓度为 400mmol/L。

5）用锡纸包裹 EP 管，置于摇床上振荡 90min；取出硅片，先后用 0.2mol/L NaOH 溶液和 0.1mol/L NaCl 溶液各冲洗 30min。

6）将硅片小心地置于载玻片上，用盖玻片盖好，准备送检。

8.2.3 结果和讨论

使用 Olimpus BX51 正置荧光显微镜对刻划组装区域进行检测，它检测的最佳发射波长范围在 500nm 以上，而 FAM 荧光标记的最大发射波长（Mission）为 520nm，符合其检测范围。如图 8-7 所示，在 400 倍的荧光显微镜下可以看到发着绿色荧光的规则图形，这些图形都是由金刚石刀具刻划形成的。

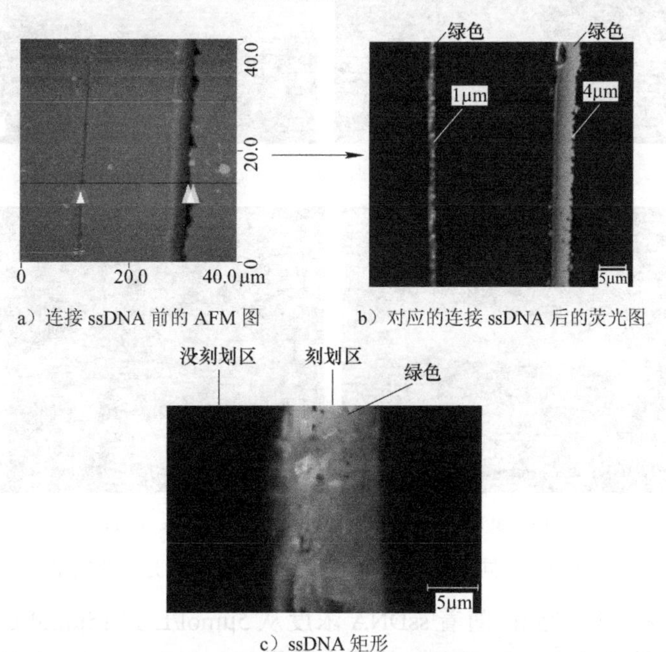

a）连接 ssDNA 前的 AFM 图　　b）对应的连接 ssDNA 后的荧光图

c）ssDNA 矩形

图 8-7　刻划区域 ssDNA 的连接情况

图 8-7a 是在溶液中刻划硅片后测得的 AFM 图，图 8-7b 是其相对应的连接 ssDNA 后的荧光图，两条直线的线宽分别是 4μm 和 1μm，虽然两者线宽差别较大，但荧光信号都比较强，说明 ssDNA 都顺利连接到硅表面的自组装微纳结构上。图 8-7c 中有荧光信号的区域是在溶液中刻划的部分，两侧的黑色区域是没经过刻划的部分，经过这样的对比，可以很好地证明利用机械 - 化学方法确实可以实现对 DNA 的固定，这为后续的 DNA 芯片和 DNA 传感器的制作奠定了基础。

为了尽量减少通过物理吸附黏附在硅表面的 ssDNA 对检测结果的影响，对反应过后的硅片用 0.2mol/L NaOH 溶液和 0.1mol/L NaCl 溶液各冲洗 30min。实验表明，不在重氮盐溶液中刻划而只浸润于溶液的硅片经过这步清洗处理后，在显微镜下没有找到荧光信号，这说明清洗对于排除伪信号十分重要。

本实验还研究了 ssDNA 探针浓度对其固定效果的影响。图 8-8 所示为不同浓度 ssDNA 进行探针固定的荧光检测结果，显微镜的放大倍数为 1000 倍。

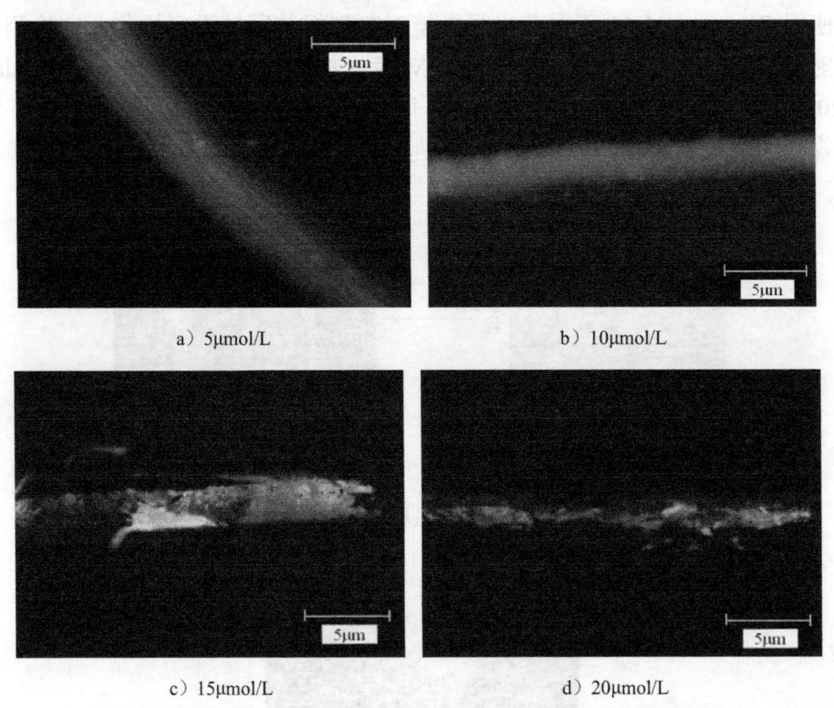

a）5μmol/L　b）10μmol/L　c）15μmol/L　d）20μmol/L

图 8-8　不同浓度 ssDNA 进行探针固定的荧光检测结果

从图 8-8 可以看到：随着 ssDNA 浓度从 5μmol/L 到 15μmol/L 逐渐增加，荧光亮度逐渐增强，说明 ssDNA 的固定量增加；但当 ssDNA 浓度从 15μmol/L

增加到 20μmol/L 时，检测到的荧光亮度反而减弱，说明其杂交量降低。究其原因，是因为与 DNA 的空间排列结构和 DNA 分子间的静电排斥有关。这一研究结果与国内一些学者的研究结果比较符合，比如刘明华等研究显示，金表面巯基修饰 DNA 探针的固定量随 DNA 浓度的增加而增加，杂交量也增加，杂交时间缩短，但当 DNA 探针达到一定浓度后，杂交量反而降低。Yamaguchi 等的研究也显示，随着探针浓度的增加，固定量增加，但浓度达到一定后，会出现饱和吸附，即固定量不再增加。

从图 8-7 和图 8-8 中也可以看出，ssDNA 在刻划区域的连接不是非常均匀有序，距离实现可控、有序、均匀地功能化硅表面的目标还有一定差距，原因主要来自以下几个方面：①第一步由金刚石刀具刻划生成的自组装微纳结构不是很均匀有序；②多步骤的实验操作导致整体实验效率偏低；③ ssDNA 的固定效果和固定液的 pH 值、离子强度、固定探针长度及浓度、固定时间等因素均有密切关系。后续的 DNA 探针固定实验需要针对上述问题和相关因素做逐一精确的研究与分析。上述研究内容已作为本团队研究成果发表在国际期刊 *Micromachines* 上，详见参考文献 [7]。

8.3 硅表面自组装膜上连接单臂碳纳米管及其他纳米粒子

美国的 Austen K. Flatt 等人用一端接有氨基（$—NH_2$）的重氮盐分子（Oligo-Phenylene Ethynylene，OPE）作为中间体，实现了硅与单臂碳纳米管(SWNTs)的共价连接，从而避免使用过程复杂、高成本的化学气相沉积法(CVD)。这种共价连接在硅表面的 SWNTs 由于其自身具有的电学和光学特性，只要稍微经过功能化处理就会有重要的意义。另一个较接近实际应用的是利用碳纳米管制造纳米导线，当只对吸附在表面的 SWNTs 末端部分进行应用处理时，由于其表面连接的其他基团使得 SWNTs 的中心活性部分将保持性质不变，因此，这种 Si—SWNTs 连接的方法为在电子学、光学和传感器中精确连接 SWNTs 提供 SWNTs 定位的基础。

碳纳米管是由碳原子 sp^2 杂化为主，混有 sp^3 杂化所构筑成的理想结构，单臂碳纳米管是理想的分子纤维。它可以看成是片状石墨烯片卷成的圆筒，因此它必然具有石墨的许多优良的本征特性，如耐热、耐腐蚀、传热和导电性好、强度高、有自润滑性和生物体相容性等一系列综合性能。碳纳米管在真空中小于 2800℃、大气中小于 750℃都能稳定存在，而微电子器件中的金属导线在 600 ～ 1000℃就会熔化。由于碳纳米管的弯曲，使电荷在空气中的传输比石墨更快。它作为电化学工作电极，表现出更快的传递速率。

8.3.1 硅表面通过芳香烃重氮盐连接碳纳米管的原理

图8-9所示为在氧终止的Si(100)表面共价连接单臂碳纳米管的原理示意图。利用在前面章节中所述的机械-化学方法在硅片表面刻划区域生成组装微纳结构，此时微纳结构末端基团是硝基（$—NO_2$），如果要使之与SWNTs发生结合，还需要将末端的硝基还原为氨基，然后将硅片放入亚硝基异戊酯乙腈溶液中将末端氨基重氮化，这样就可以和SWNTs发生共价连接。

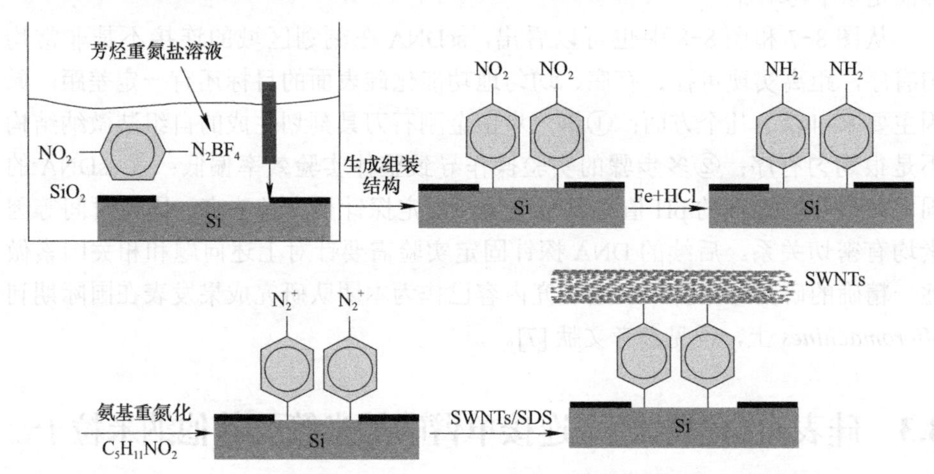

图 8-9 利用重氮盐分子在硅上连接碳纳米管的原理示意图

8.3.2 实验方法

本实验所使用的单臂碳纳米管是由深圳纳米港有限公司生产，直径小于2nm，长度为5～15μm，纯度大于90%，SWNTs纯度大于50%。实验的具体步骤如下：

1）在硅片刻划区域生成自组装微纳结构。

2）把硅片放入酸性化学还原剂（铁和稀盐酸）中，在加热条件下将硝基还原为氨基，如下式所示：

$$C_6H_5-NO_2 \xrightarrow[\triangle]{Fe+HCl} C_6H_5-NH_2$$

3）为了获得较分散的碳纳米管，配制了浓度为0.7μmol/L单臂碳纳米管的十二烷基硫酸钠（SDS）溶液（SWNTs/SDS），并用超声振荡12h，静置24h后取上层SWNTs的悬浮溶液。

4）将经过还原后的硅片放入浓度为0.3mol/L的亚硝基异戊酯与乙腈混合溶液中放置5min，将末端氨基重氮化，然后立即放入pH10的SWNTs/SDS溶液中，

24h 后取出。

5）先后用大量乙腈、丙酮、无水乙醇和超纯水冲洗，并超声振荡清洗几十秒后用超纯氮气吹干。

8.3.3 硅表面连接碳纳米管的表征

用 Dimension 3100 型 AFM 在敲击模式下对单晶硅表面连接 SWNTs 的区域进行表征，如图 8-10 所示。从图 8-10 中可以看出，硅表面覆盖了些许碳纳米管，由于受到自组装微纳结构均匀性及将微纳结构表面硝基还原为氨基不完全性的影响，在硅表面的碳纳米管不那么密集，这也和碳纳米管的分散有关。为了验证使用这种芳烃重氮盐分子及其末端氨基重氮化这两步是把 SWNTs 以共价键连接到硅表面的不可缺少的条件，有人做过如下的实验：不使用此类芳烃重氮盐，或者不将微纳结构末端的氨基重氮化，以同样的条件来和 SWNTs/SDS 溶液反应，发现并没有 SWNTs 吸附在硅表面。这也证明了 SWNTs 是以共价键连接到经过重氮化处理后的微纳结构表面。

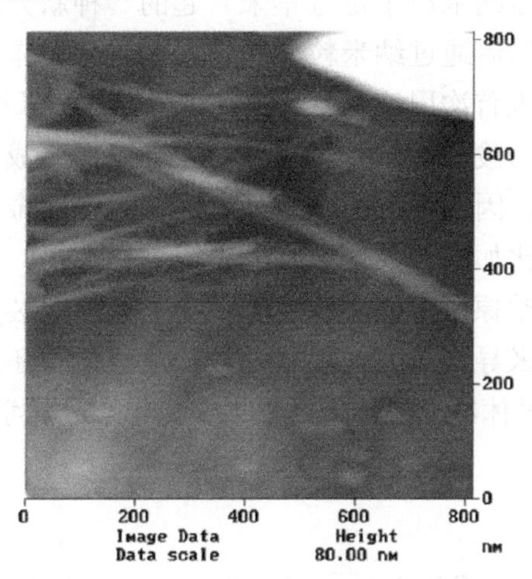

图 8-10 AFM 检测硅自组装区域连接 SWNTs 后形貌

为了尽量减少物理吸附于硅表面的 SWNTs 的数量，我们对反应过后的硅片进行冲洗和超声振荡清洗处理。从实验结果可以看出，碳纳米管在刻划区域的连接比较少且并不均匀，也不十分有序，距离我们想要得到可控、均匀、有序的结果还有很大距离，主要原因有以下几个方面：

1）第一步生成的自组装微纳结构不均匀。

2）用铁粉和稀盐酸加热还原—NO_2 为—NH_2 不完全。

3）与 SWNTs 溶液浓度及其分散程度有很大关系。

8.3.4 其他纳米粒子的自组装技术

如本书绪论中所述，纳米结构的制备有“自上而下”的物理方法和“自下而上”的化学方法，而化学方法是以分子、纳米粒子等为基本单元，通过一定的相互作用形成特定的纳米结构。纳米粒子组装是化学方法的重要组成部分，在纳米结构的制备中占有重要的地位。纳米粒子组装是以纳米粒子为结构单元，通过各层次的结构设计，并结合化学修饰技术，对组装单元之间的相互作用加以利用或者对其进行主动的操控，从而构筑具有崭新功能和特性的二维、三维等高级结构的技术。它是近几年发展起来的崭新研究领域。这种纳米粒子的复合结构将会产生一系列新的物理化学性质，对这类体系的研究一方面是为了探索特殊纳米结构的制备方法，以及这类结构特殊的物理化学性质，并为这些新性质和潜在应用做准备；另一方面也将大大加深人们对介观体系的认识。因此，大力开展这一体系的研究不但具有科学意义，而且有重要的应用前景。

利用自组装膜固定纳米粒子是近年来兴起的一种新方法。在一定的固体基底上形成自组装膜，然后通过纳米粒子和膜表面的相互作用使粒子固定到自组装膜上，Alivisatos 等人首次用这种方法实现了半导体纳米粒子的组装。

在实验中用末端为羧基的芳香烃重氮盐在硅表面生成的自组装膜，由于羧基带有很强的吸电性，因此可以用来在其上吸附带电的金属纳米粒子，最终在其上组装纳米粒子。比如已有人研究在其上吸附铂离子，然后用电化学还原的方法把铂离子还原为铂原子，就实现了金属离子在自组装膜上的固定，此方法可以用来研究制备纳米导线或其他功能部件，这些技术还可以用来指导在固体基底上组装金属和半导体纳米晶体，用以生成光学和光化学传感器。

参考文献

[1] SCHIEK L R, SCHMIDT C R. Automated surface micromachining mask creation from a 3D model[J]. Microsystem Technologies, 2006, 12 (3): 204-207.

[2] VAZSONYI E, VERTESY Z. Anisotropic etching of silicon in a two-component alkaline solution [J]. Journal of Micromechanics and Microengineering, 2003, 13(2): 165-169.

[3] SATO K, PALIK E D. Anisotropic etching rates of single crystal silicon for TMAH water solution as a function of vrystallographic orientation[J]. Sensors and Actuators A, 1999, 73(1): 131-137.

[4] 刘明华，府伟灵，汪松林，等．探针浓度对压电传感器基因杂交效应的影响 [J]．第三军医大学学报，2001，23（10）：1197-1199.

[5] 翟航．原子力显微镜原位观察镉和砷在环境矿物界面固定的动力学及有机矿物作用的单分子机制 [D]．武汉：华中农业大学，2020．

[6] YAMAGUCHI S, SHIMOMUR T A. Adsorption, immobilization and hybridization of DNA studied by the use of quartz crystal oscillators [J]. Analytical Chemistry, 1993, 65(14): 1925-1927.

[7] SHI L Q, YU F, DING MINGMING, et al. Connection of ssDNA to silicon substrate based mechano- chemical method[J]. Micromachines, 2023, 14(6): 1134.

[8] FLATT A K, CHEN B, JAMES M. Tour, fabrication of carbon nanotube-molecule-silicon junctions [J]. Journal of the American Chemical Society, 2005, 127(25): 8918-8919.

[9] COLVIN V L, GOLDSTEIN A N, ALIVISATOS A P. Semiconductor nanocrystals covalently bound to metai surfaces withself-assembled monolayers[J]. Journal of the American Chemical Society, 1992, 114(13): 5221-5230.

[10] WACASER B A, MAUGHAN M J, Mowat Ian A, et al. Chemomechanical surface patterning and functionalization of silicon surfaces using an atomic force microscope[J]. Applied Physics Letters, 2003, 82(5): 808-810.